同步辐射应用前沿丛书

同步辐射在光伏材料中的应用

The Application of Synchrotron Radiation in Photovoltaic Materials

高兴宇　杨春明　曹　亮　何丙辰　编著

科学出版社

北　京

内 容 简 介

本书首先介绍光伏材料领域的最新进展和面临的挑战,进而引入同步辐射表征技术在光伏材料及相关材料研究中的应用和优势。全书共 6 章,包括光伏材料领域的研究进展、基于同步辐射表征揭示有机太阳能电池的科学问题、基于同步辐射表征揭示钙钛矿太阳能电池的科学问题、异质界面电子结构的同步辐射研究、原位表征技术和实验装置、其他先进表征手段。

本书可供从事光伏材料与器件、同步辐射表征技术等领域的科学研究和工程技术人员参考,也可作为核科学与技术、材料科学与工程等领域研究生和高年级本科生的参考用书。

图书在版编目(CIP)数据

同步辐射在光伏材料中的应用 / 高兴宇等编著. -- 北京：科学出版社, 2025.6. -- (同步辐射应用前沿丛书). -- ISBN 978-7-03-082742-5

Ⅰ. TM914

中国国家版本馆 CIP 数据核字第 20257BE166 号

责任编辑：蒋 芳 孙 曼 曾佳佳 / 责任校对：郝璐璐
责任印制：张 伟 / 封面设计：许 瑞

科学出版社 出版
北京东黄城根北街 16 号
邮政编码：100717
http://www.sciencep.com
北京天宇星印刷厂 印刷
科学出版社发行 各地新华书店经销

*

2025 年 6 月第 一 版 开本：720 × 1000 1/16
2025 年 6 月第一次印刷 印张：16 1/2
字数：333 000
定价：169.00 元
(如有印装质量问题, 我社负责调换)

丛 书 序

　　同步辐射是以接近光速运动的带电粒子在磁场作用下发生偏转时，沿偏转轨道切线方向发出的一种电磁辐射，于 1947 年在美国通用电气公司实验室的一台能量为 70MeV 的电子同步加速器上首次被观测到。70 多年来，历经几代的发展，同步辐射光源的性能得到了大幅提升，已经成为国际上众多学科开展前沿研究必不可少的科学和技术手段，提供的谱学、成像和显微等诸多先进实验方法技术，为物理、化学、材料科学、生命科学、能源、环境、信息科学、医药学、地质学、考古学等众多学科领域的前沿领域发展、理论突破和技术实现提供了强有力的支撑。目前世界上运行的同步辐射光源有 50 余台，每年超过 10 万用户在同步辐射光源上开展实验研究。除了科学家利用同步辐射光源进行基础研究以探索自然界的奥秘以外，同步辐射技术在产业界的应用也非常广泛且日益引起重视，已经为材料、化工、能源、生物医药等众多领域的产品研发和升级换代提供了重要的技术支持，国内外已经建立专门针对产业用户的同步辐射光源或实验线站。

　　北京正负电子对撞机、合肥光源和上海同步辐射光源（SSRF，简称上海光源），分别对应于第一代、第二代和第三代同步辐射光源。目前正在北京怀柔建设高能同步辐射光源和业已开工建设的合肥先进光源（HALF）这两个基于衍射极限环的第四代同步辐射光源，建成后将和已有的光源一起，在我国形成拥有高、中、低能区同步辐射光源的格局，使我国同步辐射领域发展合理、均衡，整体达到国际先进水平。第四代同步辐射光源以其能提供更高的空间分辨率、更快的时间分辨率和更高的能量分辨率的新实验方法，对各学科研究的支撑能力将提升到一个前所未有的新高度。此外，重庆、武汉、深圳、东莞等地都在积极筹建新光源，浙江金华也在积极筹建主要面向产业用户的光源，表明国内科研界和产业界都已经逐渐认识到同步辐射这一"国之重器"对未来科技发展的强力推动作用，并对同步辐射提出了巨大的技术需求，而前沿科学和技术领域的进步反过来也必将促进同步辐射技术的进一步发展。

　　在一个先进的同步辐射光源上能否做出一流的工作，一半取决于光源装置的技术水平，另一半还取决于用户群体的水平，这也是合肥先进光源英文名为"HALF"的一个重要原因。整体上来看，同步辐射技术在我国的应用时间并不很长，对国内大多数科技人员来说依然是新鲜的、陌生的，对产业界更是如此。同步辐射专业人员除了建好光源装置之外，还应当示范和引导国内广大科研工作者和产业研发者如何用好装置，让他们快速了解各类同步辐射技术的特点和优势，体会同步辐射技术在若干重要的前沿研究中的不可或缺性，并帮助他们在实际研究和研发工作中熟练掌握和运用这些技术，让同步辐射大科学装置在"面向世界科技前沿、面向经济主战场、面向国家重大需求、面向人民生命健康"为导向的科创发展战略中发挥"国之重器"和"科技利器"的作用。

基于上述考虑，我们联合科学出版社共同组织策划了这套"同步辐射应用前沿丛书"。不同于常规的同步辐射相关图书以技术为主线，采用同步辐射基础理论、光源和光束线设计、各种实验技术的分门别类介绍和少量应用案例的"纵向"内容编排，本丛书从科学问题的"横向"需求导向出发，选取当前能源材料、量子材料与器件、碳循环等一些重要的前沿科学和技术领域，集中介绍如何综合运用各类同步辐射技术，解决这些领域中的重要科学问题。力求站在用户的角度，通过具体的应用实例，深入浅出地阐述同步辐射技术面对科研困境时是如何破局的，是一套具有很高学术价值和实践意义的著作。

本丛书的编写团队由国内知名同步辐射单位的专家学者组成，他们既对各类同步辐射技术有深入的了解，又对同步辐射技术的实际应用具有丰富的实践经验，学术造诣深厚，学术成果丰硕且年富力强。所选择的研究实例汇集了国内外同步辐射技术在相关领域应用的最新研究成果，其中很多实例都是编写者所开展的研究工作，因此能更清晰地介绍这些工作的来龙去脉，呈现这些工作的精髓，对读者有很好的启迪和引领作用。阅读本丛书不仅可以了解到最新的同步辐射研究成果，还可以感受到这一领域高水平研究者的激情与追求。

我相信，本丛书的出版不仅会对同步辐射技术领域的专业人员有所帮助，更重要的是能为广大的科技工作者和产业研发人员提供宝贵的参考资料。

赵东来

2024 年 9 月

前　言

　　光伏材料是太阳能电池的核心组成部分，极大地决定了太阳能电池的光电转换效率和稳定性。随着人类对清洁能源的需求日益增长，光伏材料及相关材料的研究也不断发展和创新。本书旨在介绍光伏材料领域的最新进展和挑战，进而引出同步辐射表征技术在光伏材料及相关材料研究中的应用和优势。同步辐射光源是一种利用高速运动的电子具有加速度时发出的电磁波作为光源的科学装置。它具有高亮度、宽波段、高准直性、脉冲性和偏振性等特点，是物理学、化学、材料科学、生命科学、医学等领域不可或缺的先进实验平台，提供了多种多样丰富的先进表征技术。同步辐射光源的发展历史可以分为四代，第一代是同步辐射与高能物理研究兼用，如北京同步辐射装置（BSRF）。第二代同步辐射装置专用于同步辐射的应用，开始采用具有特殊的磁铁序列的插入件来提高亮度，如合肥国家同步辐射实验室（NSRL）。第三代同步辐射装置则大量使用插入件来产生高亮度和低发散度的光束，是目前世界上主流的光源，如上海同步辐射光源（SSRF）。第四代同步辐射装置一般是指衍射极限同步辐射光源，通过将束流发射度降低到光学衍射极限以获得高亮度、高空间相干的同步辐射，如在建的北京高能同步辐射光源（HEPS）和合肥先进光源（HALF）。此外，自由电子激光有时也被归为第四代同步辐射装置，其具有更高的亮度和更短的时间分辨率（飞秒量级），如上海软 X 射线自由电子激光装置（SXFEL）和在建的上海硬 X 射线自由电子激光装置（SHINE）。光伏器件是一种将太阳能转换为电能的器件，其性能和效率从根本上取决于其内部多种材料的结构和特性。基于同步辐射光源的多种实验方法，如 X 射线衍射、X 射线吸收谱、X 射线荧光分析、X 射线小角散射等，可以对光伏器件中的各种材料开展研究，以获得晶体结构、电子结构、化学组成、缺陷分布、纳米结构等关键信息。这些信息对于揭示材料与器件的构效关系，指导优化光伏器件的设计和制造，提高器件转换效率和稳定性具有非常重要的意义。

　　事实上，基于同步辐射的表征技术已经被广泛应用于光伏材料及相关材料与光伏器件的研究中，并且取得了大量引人瞩目的成果。特别是同步辐射表征技术具有原位、实时动态及工作状态下的表征能力，对光伏材料制备、工作、退化等涉及的微观机制研究起到了不可或缺的作用。为了更好地推广和提升基于同步辐射的表征技术在我国光伏材料与器件领域的应用，本书主要以有机太阳能电池和钙钛矿太阳能电池为例，对目前的研究状况进行总结。本书共分为六章，第 1 章概述了太阳能电池的技术发展历程，重点介绍了硅基、有机、钙钛矿等不同类型的光伏材料的特点和优缺点，以及面向光伏材料领域的主要同步辐射研究方法。第 2 章和第 3 章分别详细讨论了有机太阳能电池和钙钛矿太阳能电池的关键科学问题及基于同步辐射的相关研究，包括结晶动力学、相分离形貌、添加剂效应、稳定性、迟滞效应等方面的内容。第 4 章重点介绍了异质界面电子结构的同步辐射研究，包括有机半导体/无机半导体异质界面、有机半导体/氧化物传输层异质界面、钙钛矿薄膜/电荷传输层异质界面等。第 5 章介绍了基于同步辐射的原位表征技术和实验装置，包括液相成膜原位表征、后处理的原位表征、稳定性的原位表征、柔韧性的原位表征等。第 6 章介绍了一些先进的表征手段，包括同步辐射表征和常规手段的联用、基于衍射极限环的同步辐射实验方法及其应用、基于 X 射线自由电子激光的相关技术及其应用等。

　　本书共 6 章，由高兴宇筹划和编排。具体章节贡献如下：杨春明（1.1 节，1.2 节，1.4.2 节，第 2 章，第 5 章和 6.1 节），曹亮（1.1.4 节，1.3 节和 1.4 节，第 3 章，第 4 章，6.2 节和 6.3 节），何丙辰（参与编写 1.3 节，3.3 节，5.1 节和 5.3 节）。书中参考文献、文字和图表格式排版均由何丙辰整理。

　　由于作者水平有限，书中难免有不全面和不妥之处，恳请读者批评指正。

作　者

2024 年 8 月

扫码查看本书彩图

目　录

第1章　光伏材料领域的研究进展

1.1　太阳能电池的材料发展

太阳能是地球上绝大部分生物直接或间接的能量来源，具有清洁、可再生的特点。与之对应，目前广泛使用的化石燃料则是二氧化碳排放的主要来源，并已成为一个全球性的环境问题。因此，为了满足社会发展对能源日益增长的需求，同时减少对化石燃料的依赖，可再生能源的发展得到世界各国的广泛重视。减少化石燃料消耗的一个理想方法是将太阳能转换为电能或化学燃料。其中，太阳能光伏（photovoltaics，PV）可直接将太阳能转换成电能，对于减少碳排放，将全球气温上升限制在不超过工业化以前平均水平的 1.5℃ 以内，以实现地球的可持续发展有着至关重要的作用。随着光伏技术的进步以及可再生能源政策的补贴和多样化的融资，2013～2023 年全球光伏产业的年均复合增长率在 25% 以上。2022 年，全球光伏出货量约为 283GW，比 2021 年增长了 46%，其中中国贡献 75% 的增长[1]。2004～2022 年，中国制造的全球光伏出货量的份额从 1% 增长到 71%，而美国制造则从 13% 降低到 1.2%［图 1.1（a）］。目前，光伏发电的成本不断降低［图 1.1（b）］，在世界上大部分地区，公用事业规模的光伏电站的平准化度电成本（levelized cost of energy，LCOE）已低于传统的化石燃料发电。光伏与储能在成本方面的竞争优势逐渐显现。

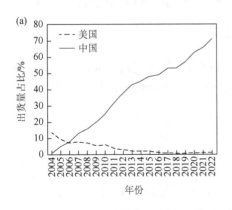
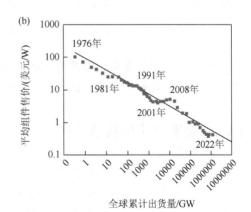

图 1.1　光伏产业相关数据图

（a）2004～2022 年中国和美国光伏产业累计出货量，中国的产量比例持续增加，美国的比例则越来越低；
（b）光伏平均组件销售价格与光伏组件出货量之间的关系，也称为 Swanson 定律，数据来自文献[2]～[4]

在过去 50 年里，全球范围内的多个国家为光伏产业做出了重大贡献。例如，美国率先建设第一批大型光伏电站；澳大利亚在偏远地区建立了许多大型光伏电站；日本建立了第一个住宅光伏市场。21 世纪初，德国等欧洲国家纷纷加大光伏行业的投入，增强了该行业的制造能力。特别值得一提的是，中国制造在全球光伏大规模工业化中发挥了重要作用。从图 1.1（a）可以看出，在 2006 年中国的光伏产业出货量就超过了美国，从 2009 年起一直稳居世界第一。例如，我国单体最大采煤沉陷区光伏基地——蓝海光伏电站（图 1.2），位于内蒙古鄂尔多斯市鄂托克前旗，整个电站铺设了大约 590 万块光伏板，总装机容量 3000MW，年发电量 57 亿 kW·h，是国家"西电东送、西部开发"——内蒙古西部至山东南部特高压直流输电工程的重点配套项目[5]。

图 1.2　蓝海光伏电站

光伏技术主要涉及太阳能电池板（组件）、控制器和逆变器三大部分，其最基本发电元件是太阳能电池，以下按其材料类型分类对太阳能电池进行阐述。

1.1.1　硅基光伏材料的发展

商业化的太阳能电池板要求价格低廉且易于制造。为实现这一目标，人们针对硅基、有机、钙钛矿等基于不同光伏材料的太阳能电池开发了多种策略。2018 年，全球太阳能光伏发电量占全球电力的近 3%，到 2023 年则提升到了 5.5%，其中晶体硅（c-Si）模块（也称为面板）占全球光伏市场的 90% 以上。人类将太阳能转换为电能加以利用还要追溯到 20 世纪中叶。1954 年，贝尔实验室的 D. M.

Chapin 团队报道了世界上第一块带有扩散 PN 结的单晶硅太阳能电池，其光电转换效率（power conversion efficiency，PCE）为 6%[6]。PN 结主要是由硼元素扩散到砷掺杂硅晶圆来形成 P$^+$/N 型结构的 N 型电池片。而 N 型电池和 P 型电池在发电原理上无本质差异，都是依据 PN 结进行光生载流子分离（图 1.3）；如果在 P 型半导体材料上扩散磷元素，就形成了 N$^+$/P 型结构的太阳能电池，即为 P 型电池片。

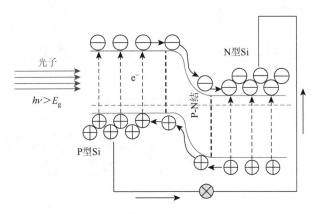

图 1.3　PN 结能带图

20 世纪 60 年代，从 N 型晶圆转换为 P 型晶圆后，进一步引入了铝背表面场（aluminum back surface field，Al-BSF）[7]，将后触点合金化到衬底中，形成 N$^+$PP$^+$结构，减少了后侧的复合［图 1.4（a）］。因此，这种电池也称为铝背场电池。1962 年，太阳能电池效率达到 14%以上，然而这个效率并不足以实现光伏产业化[8]。直到 20 世纪 70 年代初，硅基太阳能电池在卫星上得到应用，这一突破为太阳能电池的后续发展提供了动力。1976 年，COMSAT 实验室 R. A. Arndt 等报道了 17%效率的晶硅太阳能电池，这一纪录保持了近十年之久[9]。2017 年，Al-BSF 太阳能电池的最高效率达到了 20%[10]，2017 年之前在行业中占据了主导地位。

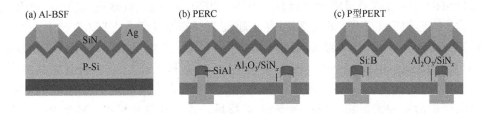

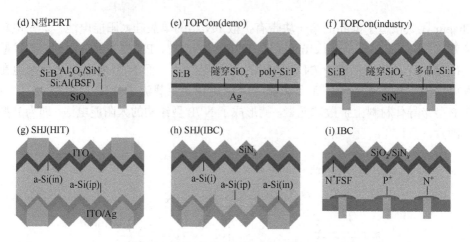

图 1.4　不同硅基太阳能电池结构示意图

（a）一种基于 P 型 Si 的简单电池设计，通过磷扩散形成高度 N+掺杂的正面，而在硅片的背光面沉积一层铝膜，形成高度 P+掺杂的背面，这种类型的电池称为铝背场电池；（b）PERC 结构中的局部背接触设计；局部接触也用于 PERT 中，该设计适用于 P 型（c）和 N 型（d）晶片；具有隧穿氧化层钝化接触（TOPCon）设计的 N 型电池，采用蒸发银接触点设计（e），以及采用工业中引入的局部穿透式金属化设计（f）；（g）硅异质结（SHJ）也称为本征薄层异质结（HIT）的设计；（h）IBC 的背接触 SHJ 电池；（i）具有 N+掺杂正面场（FSF）和扩散背接触的 IBC 设计

　　硅基太阳能电池的主要挑战在于应用金属电极来提取载流子，而金属/半导体异质界面处较高的缺陷密度是激子复合的重要来源。有以下两种主要的手段来进行优化。

　　（1）第一种方法是减小金属/硅的接触面积。20 世纪 80 年代，澳大利亚新南威尔士大学 Green 团队将 Al-BSF 电池结构进行了升级，通过在背面进行 Al_2O_3/SiN_x 钝化，并采用激光对其背面局部开孔进行电极的制备，开发了发射极钝化和背面接触电池（passivated emitter and rear cell，PERC）[图 1.4（b）]。PERC 大幅降低电池背面的复合电流密度，将太阳能电池的光电转换效率提升到 20% 以上[11]。1995 年，升级版的 PERC 钝化发射极后局部扩散电池结构使电池效率达到 24% 以上[12]。PERC 也因此成为光伏行业中的主流电池工艺。目前在各种光伏电池技术中占比最大，其规模生产的光电转换效率已经达到 23.3%，接近这种结构的理论效率极限——25%。2016～2020 年，从 Al-BSF 电池到 PERC 进行了快速的工业转型，截至 2020 年底超过 70% 的电池市场是 PERC 技术。另一种工业晶体硅（c-Si）电池结构是钝化发射极背表面全扩散电池（passivated emitter and rear totally-diffused cell，PERT）[图 1.4（c）和（d）]，这种设计尤其适用于 N 型衬底。对于 N 型衬底，BSF 和 Al 接触的组合形成是不可能的，PERT 采用硼扩散形成发射极，磷扩散形成 N+背场。由于其晶片极性，N 型 PERT 电池不太容易受到与硼相关的降解效应影响。同时，由于其体寿命对一些金属杂质的敏感性较低，相较于 P 型 PERC 电池，N 型 PERT 电池具有更大的应用潜力。然而，如果要求更长的初始寿命，则工艺复杂性更高，并且衬底可能更昂贵。

（2）第二种方法是从硅晶圆中分离金属电极。在硅和金属之间插入一层钝化膜（以减小界面缺陷的密度）和一层掺杂膜（选择性地只传导一个极性的电荷）。1975 年，Schwartz 首次提出背接触式太阳能电池。电池正面没有栅线，大大增加了电池片受光面积，进而提高了电池的光电转换效率。经过多年的发展，现在已研发出了交叉指式背接触（IBC）太阳能电池——将正负极金属接触均移到电池片背面的技术。1986 年，斯坦福大学报道了背部点接触构型电池，在测试中首次获得了超过 22%的效率。目前，广泛使用的堆栈包括本征和掺杂的非晶硅［图 1.4（g）和（h）］或氧化硅和多晶硅［图 1.4（e）和（f）］[13]。钝化触点使得太阳能电池的光电转换效率纪录超过了 25%[14]。

与此同时，Walter Fuhs 在 1974 年首次提出结合非晶硅和晶硅材料的具有本征薄层的异质结（heterojunction with intrinsic thin layer，HIT）结构。1989 年，日本三洋公司通过将本征非晶硅插入硅片和掺杂的非晶硅层之间取得重大突破，并将该技术申请专利。1990 年通过用非晶硅薄膜代替本征非晶硅，将 HIT 电池转换效率进一步提升至 15%。目前，通过将两个接触极性以交叉指式背接触设计［图 1.4（h）和（i）］放置在单元的后侧，可以避免正面接触的阴影。基于这种设计，P 型基质和 N 型基质的两个指定面积最高效率分别为 26.1%和 26.7%。SunPower 公司在其高效模块中成功地将总面积效率约为 25.0%的背接触电池商业化。2022 年 11 月 19 日，我国隆基绿能科技股份有限公司宣布自主研发的硅异质结太阳能电池转换效率达到 26.81%。这是第一次由中国企业创造的硅基太阳能电池效率的最高纪录。

除了加工工艺方面的不断优化和发展，硅基太阳能电池载流子寿命也是一个值得关注的问题。硅的间接带隙只能产生适度的吸收，因此需要 100～200μm 厚度的晶圆来吸收带隙以上能量的光子。为了使光产生的少数载流子以最小的复合损失向选择触点扩散，有效的少数载流子扩散长度 L_{eff} 应大于晶圆厚度。L_{eff} 由少数载流子扩散率 D 和有效剩余载流子寿命 τ_{eff} 定义为：$L_{eff} = (D \times \tau_{eff})^{1/2}$。在太阳能电池的制造工艺优化中，追求较长的 τ_{eff} 非常重要，为了确保持久和高效的太阳能发电，τ_{eff} 在工作条件下的稳定性也同样值得关注。例如，在高氧浓度下掺硼的直拉单晶硅（Czochralski silicon）电池在光老化下就很容易降解。这种效应在载流子注入的几小时内就会导致 τ_{eff} 的缩短；它与硼浓度呈线性关系，与氧浓度呈大致二次方关系[15]。2006 年，研究人员发现，在氢气环境下，硼氧关联光诱导降解（boron-oxygen-related light-induced degradation，BO-LID）的样品在 150～300℃下，可以实现 τ_{eff} 的再生。退火、降解和再生可以实现动力学循环，因此 BO-LID 不再是掺硼直拉单晶硅基太阳能电池的主要限制。此外，镓后续几乎完全取代了硼，用于制造 P 型晶圆，从而避免了 BO-LID 问题。另外，2012 年发现体硅的另一种降解机制仅在室温以上的可测量时间尺度上发生，主要发生在 P 型材料中，也称为光照和高温诱导的降解（light- and elevated-temperature-induced degradation，LeTID）[16]。这种效应在多晶体材料中更为明显，其强度可能受到吸附杂质和局部缺陷结构的影响。由于再生时间比 BO-LID 更长，LeTID 仍然是 P 型太阳能电池加工的一个严重问题。

从 2010 年开始，硅基光伏在降低成本方面取得了令人惊喜的进展，商业产品在电池和模块层面的效率稳步提高。2020 年，硅基光伏占据了近 95%的市场份额，拥有完善的供应链和标准化的设计，在光伏行业占据主导地位。尽管其他光伏技术具有潜在的优势，但如何占据更大的市场份额对它们来说仍是一项挑战。基于铜铟镓硒（copper indium gallium selenide，CIGS）化合物或碲化镉（CdTe）的薄膜技术已经证明模块效率高于 19%。钙钛矿材料具有类似的性能，串联配置的性能更好。由于基本效率的限制（低于 15%），硅薄膜太阳能电池等其他成熟技术已被弃用，聚合物或染料敏化太阳能电池等替代技术尚不具备进入主流市场的效率水平。硅基光伏的现状表明，成本低于 0.2 美元/W 且效率达到 22%以上的技术才有可能在接下来的 5 年内具有市场竞争力。

1.1.2 多元化合物薄膜光伏材料的发展

多元化合物薄膜光伏材料为无机盐，主要包括 CdTe、CIGS、砷化镓（GaAs）等。基于性能和成本的考虑，在目前的薄膜光伏电池领域，CdTe 和 CIGS 展现出最为广阔的发展前景。CdTe 的吸收系数在可见光范围高达 $10^4 cm^{-1}$ 以上，95%的光子可在 1μm 厚的吸收层内被吸收。CdTe 太阳能电池技术已经达到了与风能技术竞争的发电成本。半导体层仅有几微米厚，每瓦的制造成本只有几角，总体上低于除了硅基光伏外所有其他发电来源。在 20 世纪 80 年代，经认证的 CdTe 太阳能电池效率达到 10%；在 20 世纪 90 年代，使用玻璃/SnO_2/CdS/CdTe 结构，获得的效率超过了 15%[17]。在 2004 年，使用溅射 Cd_2SnO_4 和 Zn_2SnO_4 制备透明导电氧化物（TCO）层[18]，电池效率达到 16.7%。在 2010～2020 年的 10 年里，第一太阳能公司和通用电气公司交替创造新的世界纪录，将电池效率提升到 22.1%，同时其成本稳步下降。2019 年，CdTe 模块累计出货量达到 25GW。

图 1.5 显示了一个典型的 CdTe 太阳能电池原理图：平板玻璃上导电氧化物镀膜 TCO 层通常为几百纳米厚，缓冲层由几十纳米的硫化镉（CdS）、MgZnO 或其他材料组成，背触点通常有一层 Te 或 ZnTe，然后是金属电极层[19]。

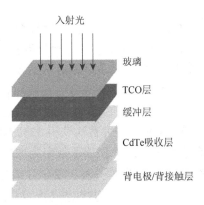

入射光

玻璃

TCO层

缓冲层

CdTe吸收层

背电极/背接触层

图 1.5　CdTe 太阳能电池的原理图

虽然 CdTe 太阳能电池有了一定的进步，但其光电转换效率和载流子寿命仍有进一步提高的空间。其中，最大的挑战是如何克服激子复合和低载流子浓度等基本材料问题来提高光电压。GaAs 太阳能电池的带隙为 1.4eV，开路电压（V_{OC}）大于 1.1V，而具有类似带隙的 CdTe 太阳能电池的 V_{OC} 仅有 0.8～0.9V。因此，增加 V_{OC} 就有可能进一步提高填充系数。控制吸收层载流子浓度是调控薄膜太阳能电池性能的另一个有效策略。吸收层在纳米晶衬底上的快速沉积导致了微米级的晶粒和极短的载流子寿命。因此，CdTe 技术依赖于氯化镉（$CdCl_2$）蒸气退火来钝化晶界、界面和体相结构，从而提高性能。同时，通过将 Cu 扩散到 CdTe 中，以实现低电阻背接触，增加 CdTe 孔密度，优化效率。使用 Cu 的 CdTe 太阳能电池技术已经实现每年光电转换效率降低不超过 0.5% 的优异性能。然而，其稳定性仍有提升的空间，特别是 Cu 迁移一直是太阳能电池稳定性的主要限制因素。早期的结果显示，V 族掺杂和无 Cu 掺杂的电池稳定性和能量产量与使用 Cu 的电池相比要优越得多，从而提供了一种提高能量产量和延长产品寿命的途径。近年来，V 族元素（如 P、As、Sb）掺杂的单晶 CdTe 的孔密度为 $10^{16}\sim10^{17}\mathrm{cm}^{-3}$，辐射寿命有限，$V_{OC}$ 首次超过 1V。同样，V 族元素掺杂也能将多晶 CdTe 的孔密度提高到 $10^{16}\sim10^{17}\mathrm{cm}^{-3}$，与单晶材料相当。在热处理或光/电偏置条件下，V 族掺杂剂的稳定性远高于 Cu。这提高了能量产量，并提供了一个将效率提高到 25% 的策略。目前，CdTe 电池背表面复合速度为 $10^5\sim10^6\mathrm{cm/s}$，需要进一步优化背表面钝化方案。根据建模或与 GaAs 的比较，随着更多的少数载流子到达后接触点，背表面钝化和电子反射器可以将效率提高到 28%。此外，双面和串联太阳能电池都被认为是未来的研究和技术发展方向，将透明的背面触点与改进的背面钝化和较长的吸收器寿命相结合，可以建立有效的双面 CdTe 光伏技术。CdTe 光伏技术已经实现了大规模生产，成本水平相较传统发电资源也具备一定的竞争力，但仍需进行大量的基础研究和开发，以使该技术充分发挥其潜力。

I-III-VI族黄铜矿(Ag, Cu)(In, Ga)(S, Se)$_2$半导体合金，通常称为铜铟镓硒（CIGS），是特别适合太阳能电池的吸收材料。一个典型的 CIGS 太阳能电池主要包括 ZnO 窗口层、CdS 缓冲层和数微米的 CIGS 吸收层[19]，图 1.6 为其示意图。它们的直接带隙范围为 1.0～2.6eV，具有高吸收系数和有利的固有缺陷特性，可实现长的少数载流子寿命，由此制备的太阳能电池本质上可以非常稳定地运行。在 20 世纪 70 年代中期，单晶 CIGS 器件首次获得 12%的效率。随后，CIGS 薄膜吸收剂、工艺和触点都有了显著改进，获得了效率为 23.4%的小面积薄膜电池。2020 年，玻璃模块的效率为 17.6%（总面积为 0.72m^2），柔性钢模块的效率为 18.6%（孔径面积为 1.08m^2）[19]。

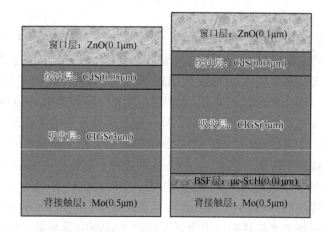

图 1.6 有无背表面场（BSF）层的 CIGS 太阳能电池的示意图

CIGS 太阳能电池最高 PCE 随时间的演变并不是线性的，每一次新工艺的引入或者优化都可能带来 PCE 的显著提升。然而，这些技术工艺是相互依赖的，尚未实现最优的工艺参数。CIGS 的研究人员认为，其极限效率要高于 25%。图 1.7 总结了 CIGS 太阳能电池效率的发展历程。CIGS 太阳能电池的制备过程可以描述为如下几个阶段[19]。

（1）复合的铜铟硒（CIS）的蒸发；

（2）高阻/低阻双层反应性元素共沉积；

（3）溅射金属前驱体的硒化；

（4）以 ZnO:Al 为发射极的 CdS 化学浴沉积；

（5）镓合金化；

（6）钠碱掺入；

（7）三级共沉积；

（8）碱重离子交换沉积后处理；

（9）硒化后硫化（sulfurization after selenization，SAS）。

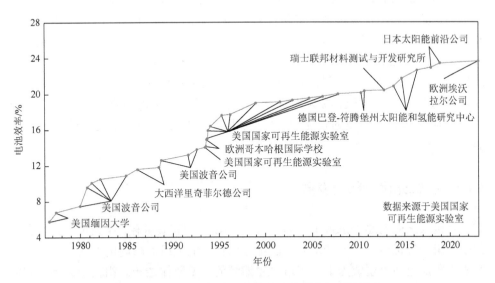

图 1.7 CIGS 太阳能电池转换效率的最高纪录的演变

截至 2023 年，所有世界纪录和成功的商业纪录都使用了金属前驱体的两步硫基硒化或反应共沉淀[20]。CIGS 也可以沉积在各种衬底上，包括玻璃、金属箔和聚合物薄膜。玻璃适用于制造刚性模块，而金属箔和聚合物薄膜适合更轻质量或柔性模块的应用。随着全球能源市场对温室气体减排和绿色循环经济的重视，CIGS（特别是器件结构中没有 CdS）良好的环境兼容性使其更加具有竞争力[21]。

自 2019 年以来，CIGS 太阳能电池的商业生产已超过 1GW。高效的小面积电池和商业模块之间的效率差距大于同时期大规模生产的硅基光伏技术。其挑战在于如何实现均匀性好的大面积器件。当 CIGS 沉积在绝缘衬底或金属衬底上时，通过图案化沉积将单个衬底上的多个单元串联单片集成。与硅（或从导电衬底上分离出来的薄膜电池）等分立器件技术相比，这种集成降低了成本，但基尔霍夫电流定律要求更高的均匀性。然而，与硅基光伏不同，单片集成需要制造供应链的集中。硅基光伏则可以在一个地方制造电池，在另一个地方生产模块。因此，大规模薄膜模块生产设施在采用快速加工技术时，需要更高的资本密集度和更好的成本效益。

提高 CIGS 器件效率的最大挑战是将其开路电压损失（$V_{OC, def}$）降低到 AM 1.5G 太阳能电池参数的精细平衡极限，其中 AM 1.5G 为太阳能转换系统标准测试的参考光谱，标准的辐照度为 1000W/m²。$V_{OC,def} = V_{OC,DBL} - V_{OC}$，其中 $V_{OC,DBL}$ 为精细平衡极限开路电压，是电池带隙的函数[22]。降低 $V_{OC,def}$ 需要降低非辐射复合率，同时增加辐射复合发射重吸收和准费米能级分裂（quasi-Fermi level splitting，QFLS）。优化工艺以提高晶粒均匀性是一种有效的策略。CIGS 制造技术的优化和开发远未结束。研究表明，CIGS 光伏产品降解率非常低[23]，在光致衰退和降解方面有其独特的优势。50 年的使用寿命是一个可实现的目标，随着科学研究的进一步加深，在不久的将来有望实现 25%效率的器件。一旦在模块尺寸和产量方面获得突破，将大大降低电力供应成本。这将需要使沉积工艺适应更高的速率和更大规模的设备，同时开发用于在线工艺和质量控制的合适的稳健技术[24]。

1.1.3 有机光伏材料的发展

有机太阳能电池（organic solar cells，OSCs）拥有质量轻、半透明、柔性和可大面积组装等优势，是以硅基太阳能电池为代表的无机太阳能电池的有效补充。有机太阳能电池有望成为下一代可再生能源的主要载体之一。相较于硅基太阳能电池，有机太阳能电池的起步虽然较晚，但发展十分迅速。1958 年，Kearns 和 Calvin 报道了首个有机太阳能电池。由于较低的电荷分离效率，其最大输出功率仅有 3×10^{-12}W。1986 年，邓青云制备了平面异质结器件，获得了约 1%的光电转换效率[25]，从此开启了有机太阳能电池的新时代。1995 年以来，溶液加工的体异质结（bulk heterojunction，BHJ）有机太阳能电池逐渐得到广泛的学术研究和商业关注。体异质结有机太阳能电池结构示意图如图 1.8（a）所示[26]。有机太阳能电池的光电转换过程主要包括四个过程：活性层吸收光子形成激子、激子扩散、激子分离和电荷传输/收集[27]。

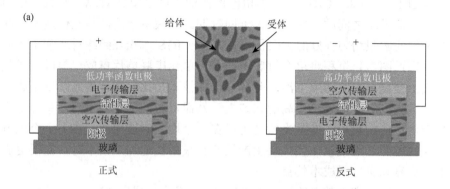

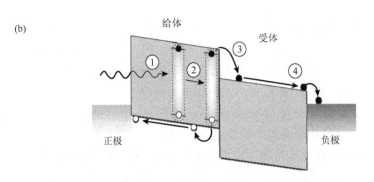

图 1.8　有机太阳能电池结构和工作原理示意图

（a）正式和反式体异质结有机太阳能电池结构示意图；（b）光电转换过程示意图

　　2001 年，Shaheen 课题组发现由 MDMO-PPV 和富勒烯衍生物 PCBM 组成的 BHJ 活性层器件，获得了 2.5%的能量转换效率[28]。2006 年，Lee 课题组通过退火工艺调控给体/受体互穿网络、增加光学层（TiO_x）改善光子捕获等方法，将基于 P3HT:PC$_{61}$BM 体系的太阳能电池效率提高到了 5%[29]。2014 年，颜河团队以 PffBT4T-2OD 作为给体材料与富勒烯受体材料共混制备的电池再次刷新效率纪录，成为首个效率突破 10%的单结有机光伏器件[30]。1995～2014 年这 20 年间，富勒烯及其衍生物作为电子受体材料，在 OSCs 的发展中发挥了重要作用。富勒烯及其衍生物的三维分子结构使它们适合 BHJ 结构。同时，它们的离域最低未占分子轨道（lowest unoccupied molecular orbit，LUMO）电子结构导致了高电子迁移率。在与给体分子（如兼容的共轭聚合物）混合后，它们可以形成有效渗透，这对高效的 OSCs 器件至关重要[31]。然而，由于富勒烯受体的诸多限制，基于富勒烯受体的 OSCs 的效率是有限的。例如，由于高度对称的化学结构和较差的合成柔韧性，富勒烯受体在紫外-可见光谱和近红外光谱中吸收较弱，这大大限制了富勒烯基 OSCs 的光电流产生。此外，富勒烯的能级相对固定且难以调控，降低了它们与优良性能给体聚合物的能级匹配度。有研究表明，富勒烯基 OSCs 的降解机制或与富勒烯受体对光和氧的高度敏感性以及在热应力下宏观团聚有关[32]。因此，富勒烯作为受体材料的 OSCs 的发展进入瓶颈，科学家们着手设计新的受体材料。2015 年，占肖卫团队合成一种新型小分子受体 ITIC，其在可见光及近红外范围表现出较高的光吸收系数[33]。侯剑辉课题组采取氟化策略，制备了基于 PBDB-T-SF:IT-4F 体系的活性层薄膜，增加了吸光范围和吸收系数，器件的光电转换效率达到 13%[34]。基于有机小分子受体材料具有电子亲和势及带隙可调的特性，通过优化吸收光谱，相应太阳能电池的效率超过了富勒烯基太阳能电池，成为近几年的研究主流。

　　2019 年，Y6 的出现推动了有机太阳能电池的发展。邹应萍团队设计合成了受体-给体-受体（A-DA′D-A）型受体材料 Y6，并与给体材料 PM6（PBDB-TF）

配合，相应电池器件的光电转换效率达到 15.7%，成为首个效率突破 15% 的二元有机太阳能电池[35]。在 Y6 的基础上，借助侧链工程、氟化策略等技术，二元有机太阳能电池的效率达到 17% 以上。同时，丁黎明课题组基于稠环给体单元 DTBT 合成新型给体材料 D18，D18 和 Y6 太阳能电池器件性能高达 18%[36-39]。图 1.9 为美国国家可再生能源实验室（National Renewable Energy Laboratory，NREL）公布的有机太阳能电池最新最高效率的发展历程[40]。2021 年，侯剑辉团队合成新型宽带隙给体 PBQx-TF 以及窄带隙非富勒烯受体 eC9-2Cl，以 F-BTA3 作为第三组分构建三元有机太阳能电池，最终获得了 19% 的光电转换效率，成为同时期单结有机太阳能电池的最高效率[40]。2023 年，上海交通大学刘烽团队实现了单结有机太阳能电池 19.2% 的认证效率。

典型的二元有机半导体吸收窗口较窄，三元混合则可以拓宽光吸收带宽，进而提高光电转换效率。三元体系指的是在有机太阳能电池中，一种给体和两种受体（或两种给体和一种受体）作为活性层材料。目前，三元体系已经成为高效且稳定的器件的主流体系。然而，根据基本机制，微观结构/纳米形态严重影响电荷传输/重组动力学，三元体系的复杂性使得协同优化极具挑战性。构建串联叠层结构是提高太阳能电池效率行之有效的方法之一。该方法能有效降低光子传输和热老化带来的损失[41]。通常串联太阳能电池通过堆叠具有互补吸收光谱的多个吸收剂，同时，在亚电池之间引入 P 型和 N 型电子材料的双分子层构成重组层。2018 年报道了使用 PBDB-T:F-M 和 PTB7-Th:O6T-4F:PC$_{71}$BM 分别作为前亚电池层和后亚电池层的光活性层的串联有机太阳能电池的最高效率为 17.3%。理论预测该组合的太阳能电池效率可达到 18% 以上[42]，因此有机太阳能电池仍有优化空间。另外，随着钙钛矿薄膜在太阳能电池领域的应用，有机 BHJ/钙钛矿叠层太阳能电池受到一定关注。与由物理分离的太阳能电池组成的传统串联太阳能电池不同，钙钛矿和有机 BHJ 层是单片堆叠的，没有任何重组层来建立叠层结构，理论预测的效率极限为 33%[43, 44]。

大面积 OSCs 的制备是其实现产业化的关键之一。可通过多种技术实现基于液相成膜的体异质结太阳能电池的制备加工，其中旋转涂覆法（简称旋涂法）是实验室中最常用的技术。尽管该方法操作简单、实用性强，但是原材料消耗多，成本高昂，并且不能大规模生产。研究表明，刮涂、狭缝涂布、喷涂、丝网印刷等方法更适合大面积器件的制备和生产。因此，许多研究工作不断投入到开发最佳印刷工艺，通过了解溶剂干燥动力学和薄膜形貌演变机制，最大限度地减少从高效率小面积印刷到大面积印刷的效率损失[45, 46]。2007 年，Lungenschmied 等以 P3HT:PCBM 为光活性层，通过刮涂法分别在柔性衬底与刚性衬底上制备了面积为 11cm^2 的器件，获得了 0.5% 与 1.5% 的效率[47]。2009 年，Krebs 等通过卷对卷（roll to roll）的方法制备了柔性大面积器件，在 4.8cm^2 和 120cm^2 面积下分别获得了 2.3% 和 1.28%

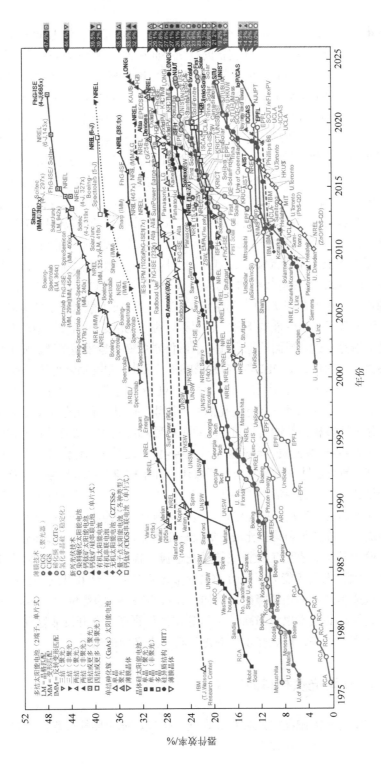

图 1.9　美国国家可再生能源实验室公布的新兴光伏技术的最新最高效率（截至 2024 年 3 月）

https://www.nrel.gov/pv/cell-efficiency.html

的器件效率[48]。2020 年，Wang 等采用热衬底狭缝刮涂工艺，使 1cm^2 的柔性器件效率达到 12.16%。该效率是旋涂法制备的刚性小面积器件效率的 98%[49]。通过合理的模块化设计，面积为 25cm^2 的柔性器件仍能达到 10.09%的效率。然而，大面积器件的性能仍然远远落后于旋涂法制备的器件，需要进一步深入的系统研究。

与众多提高 OSCs 性能的研究相比，器件稳定性的研究较少受到关注，虽然长期稳定性是 OSCs 商业化的关键考虑因素。通过采用更稳定的电极材料、合适的疏水缓冲层和倒置器件结构可以有效提升器件的化学稳定性。同时，增强光活性材料的固有光化学稳定性是减缓 OSCs 光化学降解的关键策略，迄今为止在这方面的研究进展有限[50]。除了光化学稳定性，混溶性、结晶稳定性也是影响 OSCs 稳定性的重要因素。与富勒烯的结晶方式截然不同，ITIC 等小分子的玻璃化转变温度 T_g 远低于其本体的 T_g，即在 $0.8T_g < T_{ann}$（老化温度）$< T_g$ 条件下，通过扩散限制结晶过程形成了低温多晶 I 纳米晶体（具有片状结构，厚度约为 100nm，横向范围可达 500nm）。所得到的细粒纳米结构不会随着时间的推移而进一步演变，因此具有高度的热稳定性。相反，在 T_g 以上和熔点 T_m 以下，形成了微米大小的球晶，即多晶 II 晶体，这导致了光伏性能的下降[51]。另外，由于 OSCs 光活性层中的有机分子异质界面是普遍存在的，界面的稳定性对于器件寿命变得越来越重要。研究发现，具有离子特性的中间层，如 PEI 和 PEDOT:PSS，可以与非富勒烯受体（non fullerene acceptors，NFAs）发生化学反应，最终导致 NFAs 电子性能的退化。从根本上讲，分子性质的变化是控制器件运行变化的主要因素。因此，有机分子太阳能电池的稳定性，与分子性质和器件性质之间的联系是按照相应的顺序进行的：分子性质（光化学稳定性）⟶形貌性质（形貌稳定性）⟶器件性质（电稳定性）[52]。因此，为了提高 OSCs 的稳定性，需要从杂原子取代、分子构象、结构刚性、对称性等方面优化分子设计。为了避免活性层和缓冲层（buffer layer）的不良反应，需要在保持电荷选择功能的同时应用一些方法，如缓冲层钝化其化学反应性；再就是通过热退火、溶剂退火、添加剂和第三元成分等策略来优化活性层的形貌稳定性。

为了确保从实验室到工业模块的平稳过渡，需要低成本材料的大规模合成和快速生产、大面积制备能力。但目前材料成本仍然是设计和开发非富勒烯 OSCs 走向真正低成本技术的主要障碍。例如，2022 年 PM6 的售价约为 2687 美元/g，ITO 等相关材料的成本也相当高[53]。尽管在光伏领域广泛开发非富勒烯 OSCs 仍有许多挑战有待解决，但认知水平的提升将带来光明的未来。

1.1.4　钙钛矿型光伏材料的发展

钙钛矿型光伏太阳能电池具有成本低、柔性、光电转换效率高等特点，是极具发展潜力的第三代光伏技术。

　　钙钛矿最初特指一种由钛酸钙（CaTiO₃）组成的矿物，最早由德国矿物学家 Gustav Rose 于 1839 年在俄国乌拉尔山发现，俄国地质学家 Lev Perovski 表征出 CaTiO₃ 的晶体结构，而后钙钛矿被命名为 perovskite 并通指具有钙钛矿晶体结构的化合物材料。钙钛矿的化学通式为 ABX₃，其中 A、B 分别为价态和离子半径不同的阳离子，X 为与 B 位阳离子配位的阴离子。

　　金属氧化物钙钛矿结构材料比较常见，多铁、导电等方面出色的物理性质使其在铁电、催化、超导等领域受到广泛关注。1978 年，德国科学家 Dieter Weber 为了拓展钙钛矿材料在超导领域的应用，将烷胺基团[$CH_3NH_3^+$(MA^+)]作为钙钛矿 A 位阳离子，首次合成了 $CH_3NH_3PbX_3$ 有机无机杂化钙钛矿材料。虽然没有观察到超导电性，该研究将有机基团和无机框架结合在一起，为其在光电领域的应用奠定了材料基础。

　　2006 年，Miyasaka 等将甲胺铅溴（$CH_3NH_3PbBr_3$）纳米晶作为敏化层，制备的染料敏化太阳能电池获得 2.2%的效率。2009 年，该课题组制备甲胺铅碘（$CH_3NH_3PbI_3$）敏化层和碘基液态电解质的液态钙钛矿太阳能电池器件，获得了 3.8%的光电转换效率[54]。该工作发现了钙钛矿材料出色的光吸收特性，开启了有机无机杂化钙钛矿材料在光伏领域的新征程。然而，由于钙钛矿与电解质相溶，器件稳定性不高，仅仅工作了几分钟。2011 年，优化的 $CH_3NH_3PbI_3$ 基液态太阳能电池器件的效率提高到 6.5%[55]。然而，器件稳定性一直是个问题。直到 2012 年，In Chung 等将 $CsSnI_{2.95}F_{0.05}$ 材料作为固态空穴传输层，制备了全固态的染料敏化太阳能电池，获得 8.5%的光电转换效率[56]。这一研究解决或避免了电池中离子液体泄漏以及电极腐蚀的问题。Grätzel 等将 $CH_3NH_3PbI_3$ 纳米颗粒作为吸光材料覆盖在介孔二氧化钛上，使用 Spiro-OMeTAD 固态空穴传输层代替液态电解质，制备的有机无机杂化钙钛矿太阳能电池，获得了 9.7%的效率和 500h 的稳定性[57]。与此同时，Snaith 课题组制备了全固态的有机无机杂化钙钛矿太阳能电池，获得了 10.9%的效率[58]。溶液法制备的钙钛矿太阳能电池表现出低成本和高光电转换效率的优势，成为光伏领域异军突起的新材料。2013 年，钙钛矿型太阳能电池被 Science 评为年度国际十大科技进展之一。自此，开启了钙钛矿材料作为光活性层的全固态太阳能电池时代。2023 年 4 月，由中国科学院半导体研究所制备的单结钙钛矿太阳能电池通过 NREL 认证，最新的 PCE 世界纪录已经达到惊人的 26%，器件开路电压（V_{OC}）1.19V，短路电流密度（J_{SC}）26.00mA/cm²，填充因子（FF）84%，器件有效面积 0.0746cm²。

　　钙钛矿太阳能电池器件中，关键的钙钛矿光吸收层具有 ABX₃ 八面体构型。以 $CH_3NH_3PbI_3$ 为例，A 位点代表有机阳离子 $CH_3NH_3^+$，B 位点代表 Pb^{2+}，而 X 位点代表卤素 I 阴离子。该类材料的优点包括：三种离子可以被完全或者部分取代，相应的电子结构和光电性能也被调制。作为光吸收材料，与太阳光谱匹配的禁带宽度使其具备良好的光吸收性能。同时，该类材料具有易于溶液加工的特点。钙钛矿薄膜具有双极特性，既能传输电子，也能传输空穴。基于双极特性，钙钛矿太阳能电池的主要结构有两种，如图 1.10 所示。

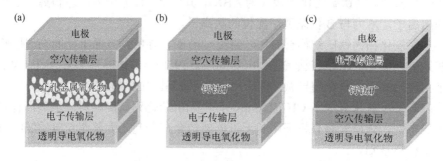

图 1.10　钙钛矿太阳能电池基本结构

(a) 介孔结构；(b) 平面 N-i-P 结构；(c) 反式 P-i-N 结构

（1）介孔结构的太阳能电池：类似于固态染料敏化太阳能电池，其结构为 FTO/TiO$_2$ 薄膜/钙钛矿敏化的多孔氧化物层/空穴传输层/金属电极。钙钛矿材料作为光敏层覆盖在多孔结构的氧化物材料上，如 N 型 TiO$_2$、Al$_2$O$_3$[58]，形成的均匀且具有大表面积的钙钛矿/氧化物异质结利于光吸收，同时也作为电子传输的载体。下层的 TiO$_2$ 薄膜有利于电子传输，同时可以阻止空穴传输。

（2）平面异质结构的薄膜太阳能电池：通常的结构为 FTO/电子传输层/钙钛矿薄膜光吸收层/空穴传输层/金属电极，简化为 N-i-P 结构。反式结构 FTO/空穴传输层/钙钛矿薄膜/电子传输层/金属电极，简化为 P-i-N 结构。得益于钙钛矿材料的双极特性，在没有多孔金属氧化物情况下，同样实现电荷的传输和有效分离。相比于多孔金属氧化物需要高温制备，没有多孔的金属氧化物层大大简化了器件制备工艺。

由于前述在其他类型的太阳能电池方面的技术积累以及在制备工艺、电池结构设计等方面的优化工作，钙钛矿太阳能电池的光电转换效率已经取得显著提升，从最初的约 10% 增加到如下数值：Grätzel 课题组采用连续沉积法达到 15%[59]，Snaith 课题组采用双源共蒸法达到 15.4%[60]，Seok 课题组采用溶剂工程方法达到 16.2%[61]，Zhou 课题组采用界面工程方法达到 19.3%[62]，Grätzel 课题组采用组分工程法达到 21.6%[63]，Kim 课题组采用添加剂工程方法达到 23.48%[64]，Noh 课题组采用 2D/3D 异质结和溶剂工程方法使光电转换效率提升到 24.35%[65]，最终甚至超过 25%，分别由 Zhu 课题组（25.35%，界面工程优化）[66] 和 Seok 课题组（25.5%，传输层改进优化）所实现[67]。在短短的 10 多年间，钙钛矿型太阳能电池器件研究得到了迅猛发展，其认证光电转换效率达到

26.1%，超过了多元化合物薄膜器件和多晶硅器件，直逼单晶硅器件的 26.6%，接近 1.34eV 带隙吸光层太阳能电池的 Shockley-Queisser 理论极限 33.7%。钙钛矿太阳能电池光电转换效率的提高，以及稳定性的提升，为其大规模产业化奠定了良好的基础。

虽然钙钛矿太阳能电池与器件的效率提升较快，但是器件仍面临着一些挑战，包括稳定性、环境友好性和大面积制备等问题。为了克服这些挑战，科研人员提出不同的策略，包括成分工程、材料工程、相工程、应变工程、添加剂工程、界面工程、能带工程等。这些策略旨在发展新材料及器件，深入理解钙钛矿太阳能电池微观物理机制，优化器件结构，最终提升材料和器件的性能。有关详细信息请参阅本书相关专题章节。

1.2　有机太阳能电池的主要材料体系

1986 年，邓青云课题组报道了基于酞菁铜（copper phthalocyanine，CuPc）给体材料结合苝四羧酸衍生物（perylene tetracarboxylic derivative）受体材料［分子结构如图 1.11（a）和（b）所示］的双层平面异质结薄膜器件，获得了约 1% 的光电转换效率[25]。该研究工作开启了有机太阳能电池的新时代。在平面异质结结构中，给体材料和受体材料之间的界面接触面积小，电荷分离效率较低的问题限制了器件的光电转换效率。体异质结（BHJ）结构的提出解决了这一问题。1995 年，Yu 等将 MEH-PPV 给体材料和富勒烯受体材料［分子结构如图 1.11（c）和（d）所示］共混制备出 BHJ 有机太阳能电池[68]。这种 BHJ 结构的给体和受体之间形成相互渗透的网络结构，大大增加了给体和受体之间界面接触面积及有效的渗透通道，进而提高器件的光电转换效率，从此 BHJ 太阳能电池得到了迅猛发展。

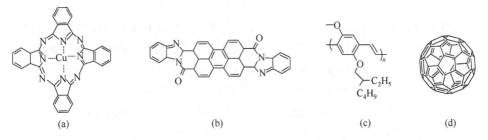

图 1.11　有机太阳能电池的给体和受体材料

（a）酞菁铜（CuPc）分子结构；（b）苝四羧酸衍生物 PV 分子结构；（c）MEH-PPV 分子结构；（d）富勒烯（C_{60}）
分子结构

有机太阳能电池在结构上主要分为活性层、电子/空穴传输层等。对于活性层，按照组成又可以分为聚合物:富勒烯（polymer:fullerene）体系、非富勒烯小分子受体（non-fullerene small molecule acceptor，NF-SMA）体系、全聚合物（all polymer）体系和全小分子（all-small-molecule，ASM）体系。本节 1.2.1～1.2.4 小节将分别介绍富勒烯体系、非富勒烯体系、全聚合物体系和以全小分子为主的其他体系的有机太阳能电池的发展，1.2.5 小节将介绍电子和空穴传输层相关进展。

1.2.1 富勒烯体系

富勒烯及其衍生物具有独特的球形结构（图 1.12），可以与给体材料中各个方向排列的聚合物共轭骨干形成 π-π 相互作用。其优点包括：电子亲和势高，容易接受给体半导体材料中的电子；电子迁移率高；能与给体材料形成良好的互穿网络；各向同性的电子传输能力等[69]。在过去 20 年中，富勒烯及其衍生物作为明星受体材料，大大推动了有机太阳能电池的发展。

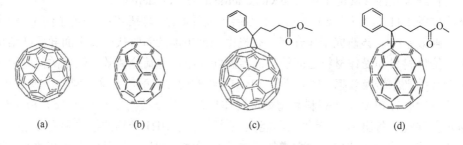

图 1.12 富勒烯及其衍生物的分子结构

（a）C_{60}；（b）C_{70}；（c）$PC_{61}BM$；（d）$PC_{71}BM$

2000 年，Sariciftci 课题组将富勒烯衍生物 $PC_{61}BM$ 与 MDMO-PPV 共混作为活性层，获得了 2.5%的光电转换效率[28]。随后通过引入 LiF 阴极修饰层来提高填充因子，使得基于 MDMO-PPV 给体材料的电池效率达到 3.3%[70]。然而，聚对亚苯基乙烯（PPV）类材料的带隙较大，且空穴迁移率不高，从而限制了电池效率的进一步提升。2003 年，Sariciftci 课题组对 P3HT:$PC_{61}BM$（图 1.13）体系进行研究，通过对器件退火处理以及施加一个外部电场进行后处理，获得了 3.5%的光电转换效率[71]。该体系因此成为经典体系得到广泛研究。通过退火工艺调控给/受体互穿网络结构、增加光学层（TiO_x）改善光子捕获等方法，基于 P3HT:$PC_{61}BM$ 体系的太阳能电池的光电转换效率超过了 5%[72]。

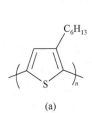
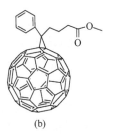

图 1.13　P3HT（a）和 PC$_{61}$BM（b）的分子结构

随着新型窄带隙给体材料的发现，有机太阳能电池的光电转换效率得到进一步提升。2007 年，Heeger 团队合成一种窄带隙给体材料 PCPDTBT［分子结构如图 1.14（a）所示］，带隙约 1.5eV。相较于 P3HT，窄带隙表现出更优的光电效应[73]。同年，他们利用 PC$_{71}$BM 与 PCPDTBT 共混制备的二元 BHJ 太阳能电池获得了 5.5% 的光电转换效率[74]。相较于 PC$_{61}$BM，非对称富勒烯衍生物 PC$_{71}$BM 具

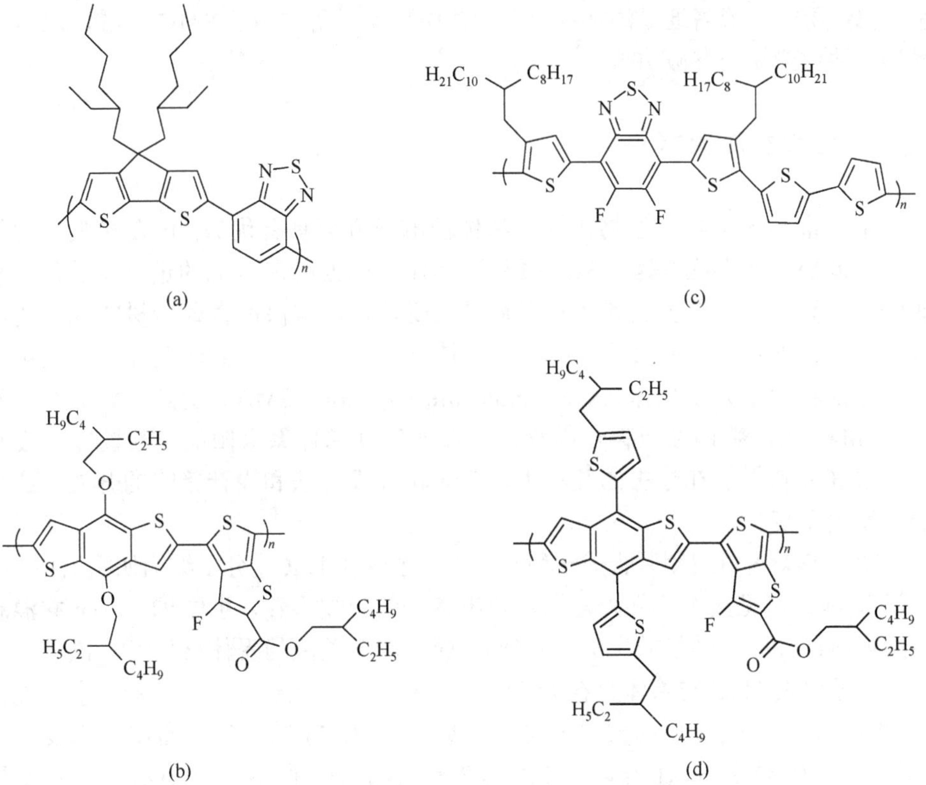

图 1.14　新型窄带隙给体材料的化学结构

（a）PCPDTBT；（b）PTB7；（c）PffBT4T-2OD；（d）PTB7-Th

有更好的吸收系数[75]。2009 年，Yu 课题组通过交替噻吩[3, 4-*b*]和苯并噻吩单元以及侧链取代得到一系列的给体材料。其中 PTB4/PC$_{61}$BM 体系器件获得了 6%的光电转换效率[76]。次年，Yu 课题组设计了具有更高空穴迁移率的给体材料 PTB7 [分子结构如图 1.14（b）所示]，与 PC$_{71}$BM 共混获得更宽的吸收范围（300～800nm），相应电池的光电转换效率达到 7.4%[77]。对器件结构的设计也是提高电池性能的手段之一，Wu 课题组设计了基于 PTB7:PC$_{71}$BM 体系的倒置结构器件，并且在活性层和电极之间引入 PFN 作为电子传输层，从而将 PTB7:PC$_{71}$BM 体系的电池效率提高到了 9.2%[78]。

2014 年，颜河团队以 PffBT4T-2OD [分子结构如图 1.14（c）所示] 作为给体材料与富勒烯受体材料共混制备的电池刷新效率纪录，成为首个效率突破10%的单结有机光伏器件[30]。同年，基于 PTB7-Th:PC$_{71}$BM [PTB7-Th 分子结构如图 1.14（d）所示] 体系器件的光电转换效率也接近 10%（9.94%）[79]。基于新型窄带隙给体材料 PTB7-Th 的合成步骤简单、光学性能好等优势，PTB7-Th:PC$_{71}$BM成为新的热门体系。通过器件结构优化，如对电极添加吸光剂（light absorber）[80]，引入修饰层[81]，或者通过添加剂改善活性层形貌[82]等，基于 PTB7-Th:PC$_{71}$BM 体系的器件性能轻松突破 10%。

1.2.2 非富勒烯体系

虽然富勒烯及其衍生物在接收和传输电子方面具有优势，但在光吸收性能和带隙调控方面存在缺陷，从而限制了其在有机太阳能电池的进一步发展。与此同时，科学家也在尝试其他非富勒烯类受体，希望保留富勒烯材料优点的同时，又能克服富勒烯材料的缺陷。一些具有优异的吸光系数以及分子能级可调性的非富勒烯小分子受体（small molecule acceptor，SMA）受到一定关注。然而，SMA 在形貌调控上存在困难，导致非富勒烯体系太阳能电池性能并没有得到很好突破[83]。在过去的几年里，随着新合成方法和设计策略的开发，这种情况发生了变化。

2015 年，占肖卫团队合成一种新型小分子受体 ITIC [分子结构如图 1.15（a）所示]，其在可见光及近红外范围表现出良好的吸收系数，并与 PTB7-Th 共混制备的电池器件光电转换效率达到 6.8%，成为广泛关注的受体材料[33]。次年，侯剑辉课题组将 ITIC 与给体材料 PBDB-T [分子结构如图 1.15（b）所示] 共混得到 BHJ 结构，制备出的器件光电转换效率高达 11.21%[84]。通过对比发现，PBDB-T:ITIC 体系带隙优于基于 PBDB-T 的富勒烯体系，并且 PBDB-T:ITIC 活性层表现出更宽的吸光范围。随后，侯剑辉课题组采取氟化策略[图 1.15（c）和（d）]，再一次提高了 PBDB-T-SF:IT-4F 体系的吸光范围和吸收系数，使得 PCE 提升到

13%[34]。基于新型小分子受体材料的二元太阳能电池效率超过了基于富勒烯体系的电池效率，因此也成为近几年的研究主流。

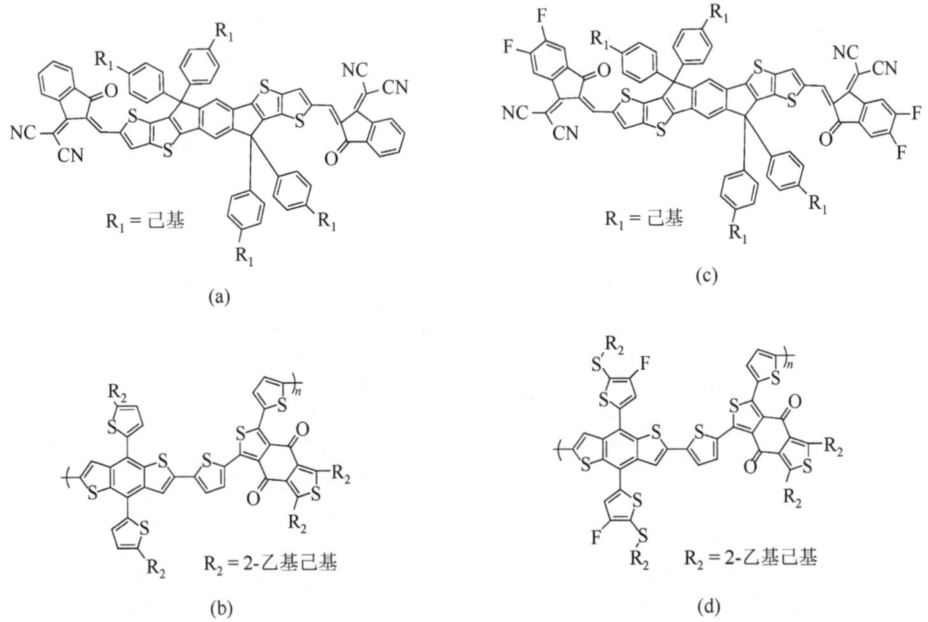

图 1.15 受体、给体及相应的氟化物结构示意图

（a）受体 ITIC；（b）给体 PBDB-T；（c）受体 ITIC 的氟化物 IT-4F；（d）给体 PBDB-T 的氟化物 PBDB-T-SF

2019 年，Y6 有机分子 ［图 1.16（a）］ 的出现再一次推动了有机太阳能电池的发展[35]。邹应萍团队设计合成了受体-给体-受体（A-DA′D-A）型受体材料 Y6，并与给体材料 PM6 ［图 1.16（b）］ 配合制备的电池光电转换效率达到 15.7%，成为首个效率突破 15% 的二元有机太阳能电池。通过侧链改造工程，可以将这种新型小分子受体的光电性能再次提高。颜河团队在 Y6 的基础上改变支链的位置得到新的受体材料 N3 ［图 1.16（c）］，该材料与 PM6 共混表现出更好的形貌特征和电学性质，从而获得了接近 16% 的光电转换效率[36]。侯剑辉课题组通过替换 Y6 的卤素元素得到新型受体小分子 BTP-4Cl［图 1.16（d）］，相较于 Y6 有着更低的 LUMO 能级，从而带来更高的开路电压 V_{OC}，与给体材料 PM6 共混制备的器件光电转换效率达到 16.5%[39]。2020 年，姚惠峰团队再一次对 BTP-4Cl 侧链进行改造，所制备的基于 PM6:BTP-4Cl-12 活性层的太阳能电池效率达到 17%[38]。同时，丁黎明课题组基于稠环给体单元 DTBT 合成新型给体材料 D18 ［图 1.16（e）］，实现与 Y6 的更好配合，器件光电转换效率高达 18%[37]。

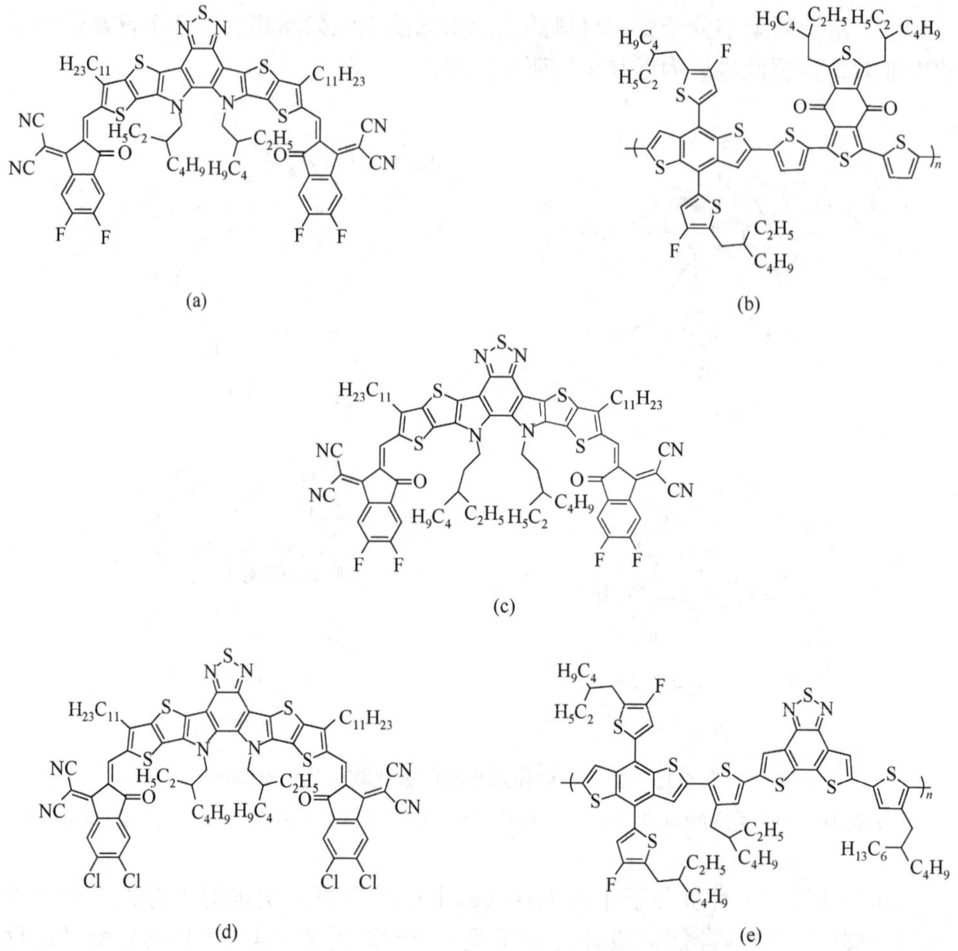

图 1.16 明星小分子受体 Y6 和相关给受体的分子结构

（a）Y6；（b）PM6；（c）N3；（d）BTP-4Cl；（e）D18

1.2.3 全聚合物体系

由聚合物给体和聚合物受体组成的全聚合物太阳能电池有着优秀的性能可调控性及稳定性，引起科学家的广泛关注[85-87]。其中萘二酰亚胺（NDI）或苝二酰亚胺（PDI）及其衍生物是重要的原材料[88, 89]。2009 年，Antonio Facchetti 团队基于 NDI 合成的新型聚合物 N2200 [图 1.17（a）][90]，成为全聚合物体系中的明星受体材料。李永舫团队设计开发了一种包含二氟苯三唑单元的共聚物，并与 N 型共聚物 N2200 表现出良好的混溶性，制备出的全聚合物太阳能电池器件效率达到 8.27%[91]。2017 年，应磊团队合成了新型给体材料 PTzBI [图 1.17（b）]，配合

N2200 以达到提高光吸收率的目的。PTzBI:N2200 体系电池器件获得了 9.16% 的光电转换效率[92]。通过对 PTzBI 进行侧链改造获得了 PTzBI-Si 材料[图 1.17(c)]，器件性能再次得到提升[93]。2019 年，通过对 BHJ 结构形貌的调控再次刷新 PTzBI-Si:N2200 体系的器件性能，效率达到了 11%[94]。但由于 N2200 在活性层中的吸收系数较低，器件中的光响应较弱，因此限制了全聚合物太阳能电池的光电流和效率[95]。2020 年，杨楚罗团队开发了聚合物受体 PY-IT[图 1.17(d)]，使得全聚合物太阳能电池的光电转换效率突破了 15%[96]。

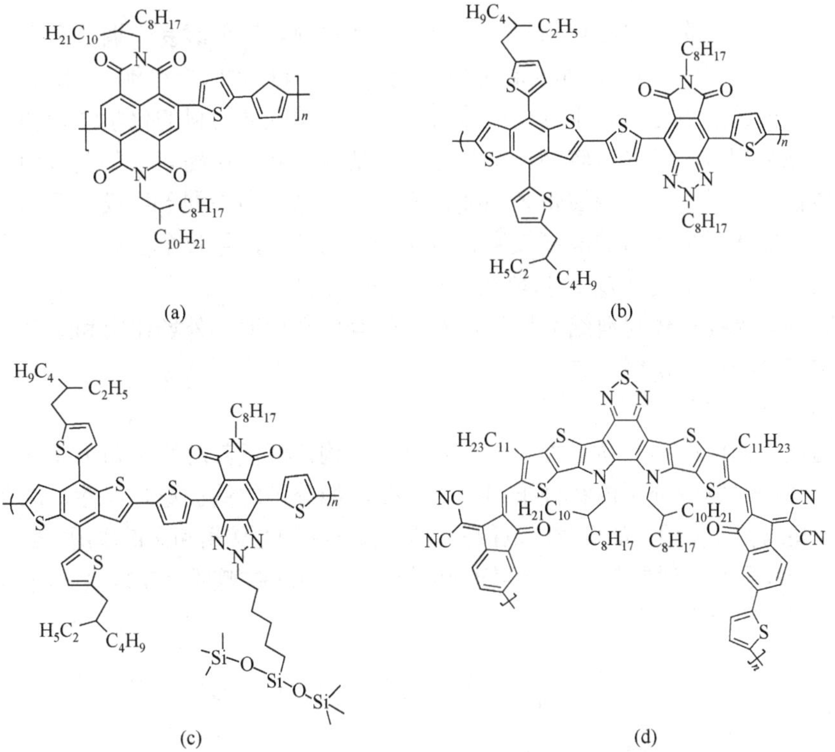

图 1.17　具有代表性的全聚合物给受体分子结构

(a) N2200；(b) PTzBI；(c) PTzBI-Si；(d) PY-IT

　　理想的聚合物受体材料应同时具备较强的光捕获能力、合适的能级以及高的电子亲和势和电子迁移率。开发新的设计策略有助于推动全聚合物体系的发展。李永舫课题组在 2017 年提出了聚合小分子受体（polymerized small molecule acceptor，PSMA）的设计策略。该设计策略是以窄带隙小分子受体（SMA）为主要构造块，以 π 桥连接单元聚合而成[97]。PSMA 同时保留了 SMA 的优点（如窄带隙、大吸收系数、合适的能级）和聚合物的优点（如更高的稳定性和更好的灵活性）[98]。基于 A-DA′D-A

型小分子单元的 PSMA 全聚合物太阳能电池的光电转换效率达到 15%[99-101]。

近 30 年来有机太阳能电池的发展十分迅速，除了新型给受体材料的设计外，优化器件结构、改善活性层形貌等也是其光电转换效率提高不可或缺的推动力。不仅如此，探究活性层微观结构的形成及演变，通过优化制备工艺调控活性层的光伏性能对提升薄膜太阳能电池效率具有重要意义。

1.2.4　小分子体系

相比于共轭聚合物给体材料，小分子给体材料具有能级易于调节和合成批次差异小等优点[102]。因此，非富勒烯体系全小分子有机太阳能电池（ASM-OSCs）也成为研究的热点之一。小分子给体材料和小分子受体材料的化学结构和物理化学性质高度相似，结晶度较高。结晶性是一把双刃剑，在提高电荷迁移和空穴或电子传输的同时，也给调控带来挑战。例如，结晶性高不利于形成合适的相分离尺寸，降低激子扩散后的解离效率和电荷产生的效率，导致全小分子有机太阳能电池的短路电流密度（J_{SC}）和填充因子（FF）较低。

影响和调控给体材料结晶性的策略主要有化学裁剪、外场作用和组分工程。接下来将分类举例说明。

1）化学裁剪

通过引入侧链和 π 桥调控小分子本身的结构，降低其对称性和平面性。结构的改变也同时影响分子内和分子间的电平衡，如分子的偶极矩和极性，以及分子间的一些弱相互作用，如氢键、范德瓦耳斯力、π-π 相互作用和卤键作用等。侯剑辉课题组合成了一系列具有相同 π 共轭骨架的三联对苯并二噻吩（BDT），以及不同长度烷基侧链的给体小分子 C2、C4、C6 和 C8 [分子结构如图 1.18（a）所示][103]。

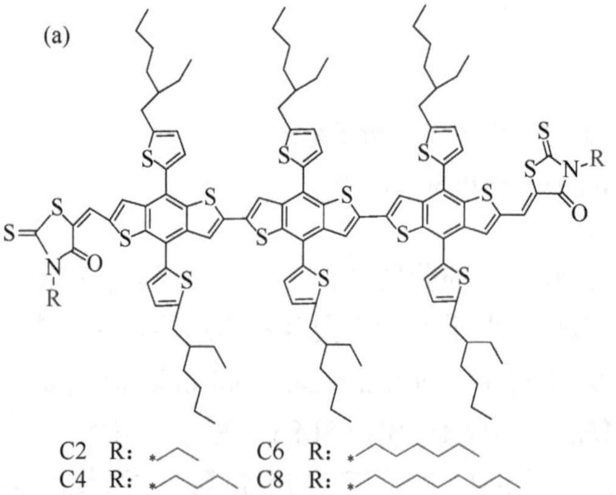

(a)

C2　R:　　　C6　R:
C4　R:　　　C8　R:

DRTB-T-C*X*(*X* = 2, 4, 6, 8)

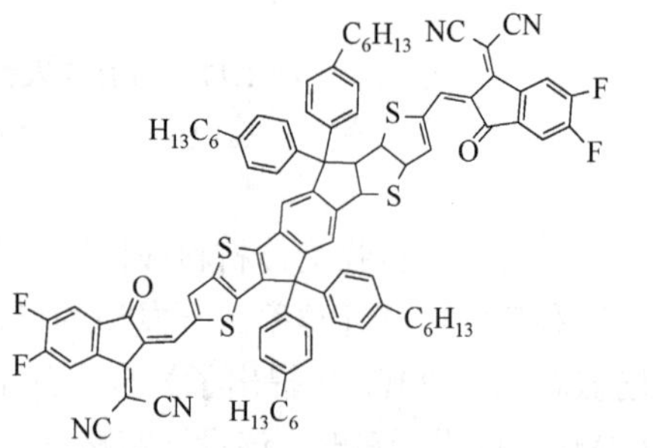

IT-4F

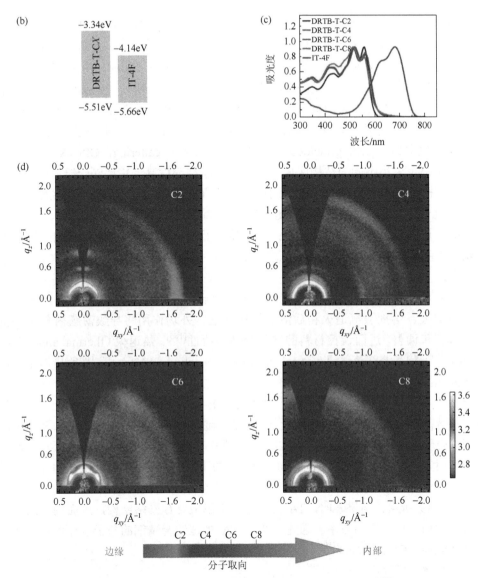

图 1.18　DRTB-T-C*X* 和 IT-4F 的分子结构以及结构表征图[103]

（a）DRTB-T-C*X* 和 IT-4F 的分子结构；（b）给体和受体材料的能级图；（c）DRTB-T-C*X* 和 IT-4F 的归一化薄膜紫外-可见（UV-vis）吸收光谱；（d）原始 C2、C4、C6 和 C8 的 2D GIWAXS 模式

随着侧链的延长，给体小分子的分子取向发生了从边朝上（edge-on）到面朝上（face-on）的转变。与受体小分子 IT-4F 混合后，器件效率达到了 11.24%，这与混合膜电荷迁移率的增加和 π-π 堆积的相干长度密切相关。

掠入射广角 X 射线散射［grazing-incidence wide-angle X-ray scattering，GIWAXS；也称为掠入射 X 射线衍射（grazing-incidence X-ray diffraction，GIXRD）］

测量和分析［图 1.18（d）］表明，具有不同侧链长度的 C4 与 C2 表现出完全不同的散射模式，C4 分子薄膜(010)峰的散射强度主要在面外方向，表明其更倾向于面朝上方向的分子排列方式。当侧链的长度进一步增加到 C6 时，(010)峰的散射强度主要集中在与衬底表面呈约 60° 的方向。这一结果表明，一些晶体具有一个沿 60°方向优选的排列，即取向介于边朝上和面朝上之间。当侧链长度增加到 C8 时，(010)的散射强度再一次转变为面外方向分布，表明面朝上取向占优势。掠入射小角 X 射线散射（grazing-incidence small-angle X-ray scattering，GISAXS）结果可以给出两个大小不同的结构区域。大结构区域结晶度高，主要源于给体的聚集，而小结构区域源于受体的聚集。对于 C2、C4、C6 和 C8，提取到较小的区域尺寸分别为 16nm、12nm、16nm 和 20nm，较大的区域尺寸分别为 35nm、22nm、30nm 和 50nm。这些结果与 AFM 测量结果一致，显示了由于形成更大的畴而增加的粗糙度。结果表明，侧链的长短直接导致了相分离畴尺寸的大小。

2）外场作用

外场作用是指温度场、外电场、光场和磁场对器件结构和性能的影响，包括热退火、溶剂蒸气退火和后溶剂等后处理。外场作用将导致薄膜内分子的重新排列和调整，进而调控材料的结晶等结构特性[105]。热退火（thermal annealing，TA）[106, 107]和溶剂蒸气退火（solvent vapor annealing，SVA）[108-110]等措施是目前溶液加工非富勒烯体系全小分子有机太阳能电池中普遍使用的方法。2022 年，陈永胜课题组通过 TA 实现了两种小分子受体 F-2Cl 和 FO-2Cl 有机太阳能电池的最佳相分离[106]。与 F-2Cl 相比，受体 FO-2Cl 通过在 F-2Cl 的主链中引入两个氧原子，表现出红移吸收，结晶度增加，电子迁移率提高。当使用小分子 C8-C-F 作为给体时，F-2Cl 和 FO-2Cl 的 ASM-OSCs 的 PCE 分别为 5.17%和 0.64%。而经 TA 处理后，F-2Cl 和 FO-2Cl 基器件的 PCE 分别显著提高至 12.15%和 13.91%，如图 1.19 所示。结果表明，TA 处理有助于形成互穿网络结构，进而调节活性层形态的相分离，提高效率。因此，通过 TA 处理结合精细的分子设计可以有效调节 ASM-OSCs 的相分离[106]。

3）组分工程

通过给体小分子和受体小分子的比例优化、添加剂和溶剂的选择来调控给受体分子在成膜过程中的分子间相互作用，也会显著影响彼此在混合膜中的结晶性。2021 年，侯建辉课题组通过调节给/受体的比例，在三元体系 BHJ 层中获得了具有分层分支结构的纳米级双连续互穿网络。基于 B1:BO-2Cl:BO-4Cl 三元体异质结全小分子有机太阳能电池的效率突破了 17%（经认证为 16.9%）[104]。

未来，全小分子有机太阳能电池若能实现优异的光伏性能并克服成本和稳定性问题，将有希望实现更快发展。

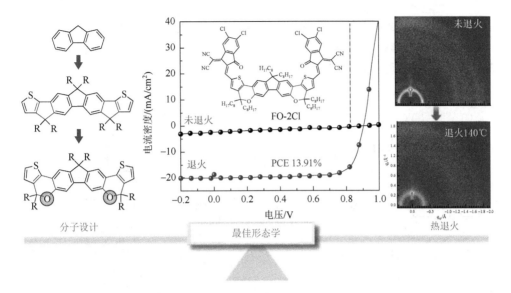

图 1.19　通过热退火策略提高非富勒烯小分子受体的器件性能[106]

1.2.5　传输层材料体系

为了提高空穴和电子在阳极和阴极的收集效率，在活性层和电极之间插入传输层材料以匹配给/受体材料和电极之间的能级结构是有效的策略之一[111]。对于有机太阳能电池，传输层也可称为缓冲层，应具备以下特点：有利于电荷分离和电荷收集，抑制界面的电荷复合以及防止水氧扩散到活性层薄膜[112]。

1. 电子传输层

电子传输层（electron-transporting layer，ETL）通常具有低的功函数（work function，WF）以匹配受体材料的 LUMO 能级，从而利于激子的解离和电子的抽取；同时与阴极和活性层材料应有良好的相容性，从而减少界面缺陷及能量损失。有机太阳能电池中可用的 ETL 材料很多，如半导体金属氧化物、金属和金属盐/复合物、聚合物和小分子、碳基材料、混合材料/复合材料，以及其他新兴候选材料。

N 型半导体金属氧化物，如氧化锌（ZnO）、氧化钛（TiO_x）、氧化锡（SnO_x）等，具有环境稳定性好、溶液加工性良好、光学透明度高和导电性优异等突出特点，成为最常用的电子传输层材料。以 ZnO 为例，其 WF 值为 4.30eV，这与富勒烯及其衍生物的 LUMO 能级相匹配。Yin 等通过控制 ZnO 溶胶的浓度，制成了几种具有高透明度和高电子迁移率的非晶 ZnO 薄膜，将其应用在基于 PIFTBT8/PC$_{71}$BM 活性层的倒置器件中[104]。该器件能级结构如图 1.20 所示。他们发现加入 ZnO 可以最大限度地减少界面能量损失并改善电子提取和收集，导致开路电压 V_{OC} 从 0.22V 增加到 1.04V，短路电流密度 J_{SC} 从 7.61mA/cm^2 增加到 9.74mA/cm^2，最终 PCE 从 0.51%显著提高到 5.05%。

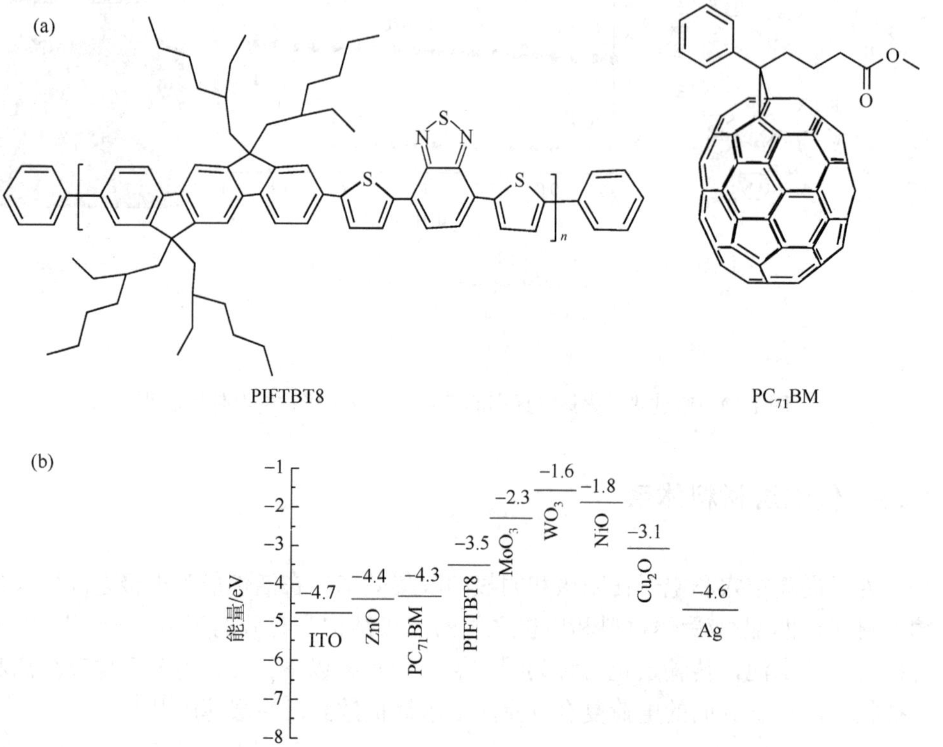

图 1.20　基于 PIFTBT8/PC$_{71}$BM 活性层的倒置器件

（a）PIFTBT8 和 PC$_{71}$BM 的分子结构；（b）基于 PIFTBT8/PC$_{71}$BM 的倒置器件并以 ZnO 作为电子传输层和各种过渡金属氧化物为空穴传输层的器件能级结构示意图

通过调控有机材料的化学结构可以获得合适的能级及光电特性，因此聚合物和小分子常常被用作改善太阳能电池性能的传输层材料。由于分子间的偶极矩和自组装特性，有机电子传输层材料可以诱导出从阴极到活性层的界面偶极，从而有效地减小阴极的 WF[113]。常见的聚合物和小分子材料如图 1.21 所示。Wu 等将 PFN 应用在基于 PTB7:PC$_{71}$BM 的太阳能电池中，其增加了器件的内置电位，改善了电子传输特性，消除了空间电荷的积聚，并且由于内置电场和电荷载体迁移率的增加，激子的复合也大大减少，最终使器件效率从 5.0% 提升到 8.37%[114]。

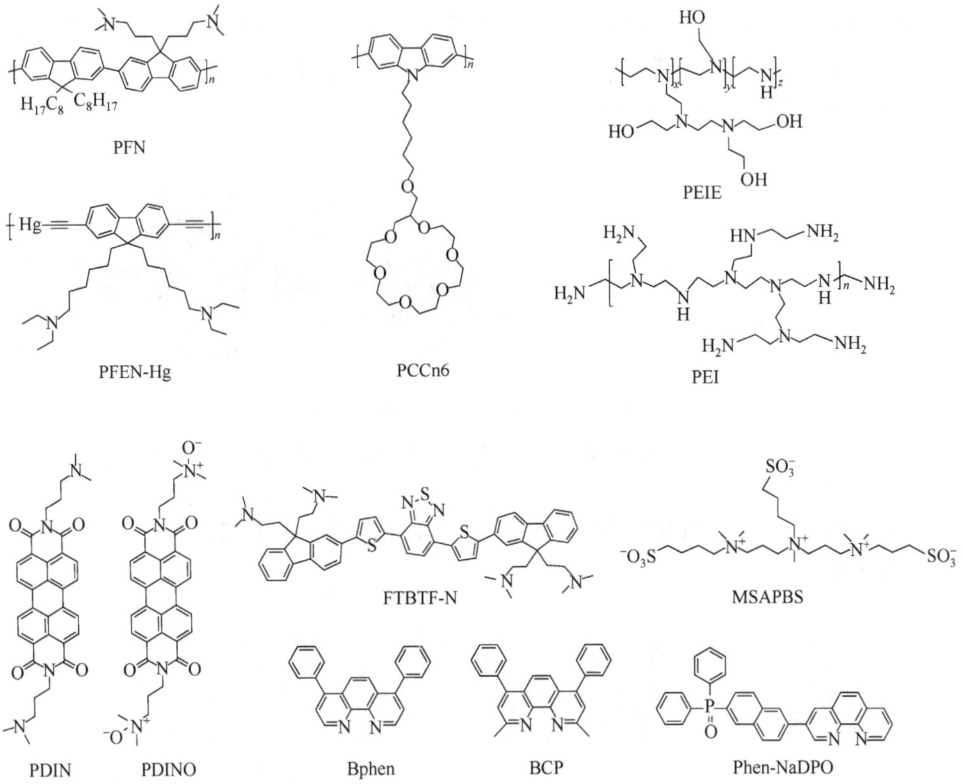

图 1.21　用作电子传输层的代表性聚合物和小分子的分子结构

2. 空穴传输层

空穴传输层（hole-transporting layer，HTL）材料应具有较高的功函数以匹配活性层中给体材料的 HOMO 能级来促进空穴的提取。同时，HTL 应有效地传输空穴以减小串联电阻，从而获得良好的光伏性能[111]。凭借着良好的导电性及简单的制备方式，PEDOT:PSS 成为最常用的 HTL 材料[115]，其分子结构如图 1.22（a）所示。同时，PEDOT:PSS 具有合适的 WF（约 5.1eV），可以和大多数聚合物给体材料的能级相匹配[114]。尽管 PEDOT:PSS 与活性层薄膜有很好的兼容性，但其本身具有的酸性和亲水性会影响器件的长期稳定性。目前已经有大量研究用来提高 PEDOT:PSS 的性能，根据局域表面等离子体共振（localized surface plasmon resonance，LSPR）效应，将金属纳米颗粒（nanometer particles，NPs）加入到 PEDOT:PSS 薄膜中是优化器件性能的有效方法。如图 1.22（b）所示，Lee 等通过在 PEDOT:PSS 中嵌入核壳结构的 Au@Ag 纳米复合材料，增强了基于 PTB7:PC$_{70}$BM 的器件对光的吸收，使得其性能从 8.31% 提高到 9.19%[116]。Yang 课题组将核壳纳米颗粒 Au@SiO$_2$

嵌入到 PEDOT:PSS 中，发现 SiO₂ 外壳有着很好的绝缘性，从而限制 Au NPs 的导电性，并发挥"表面活性剂"的作用，使 Au NPs 很好地分散到 PEDOT:PSS 和活性层中，最终导致器件效率比未掺杂 NPs 器件的效率高[117]。

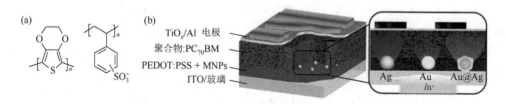

图 1.22　金属纳米颗粒掺杂空穴传输层[116]

（a）PEDOT:PSS 分子结构示意图；（b）将金属纳米颗粒掺杂至 PEDOT:PSS 作为空穴传输层

除了优化 PEDOT:PSS，图 1.23 展示了几种常见的用于空穴传输层材料的聚合物和小分子。

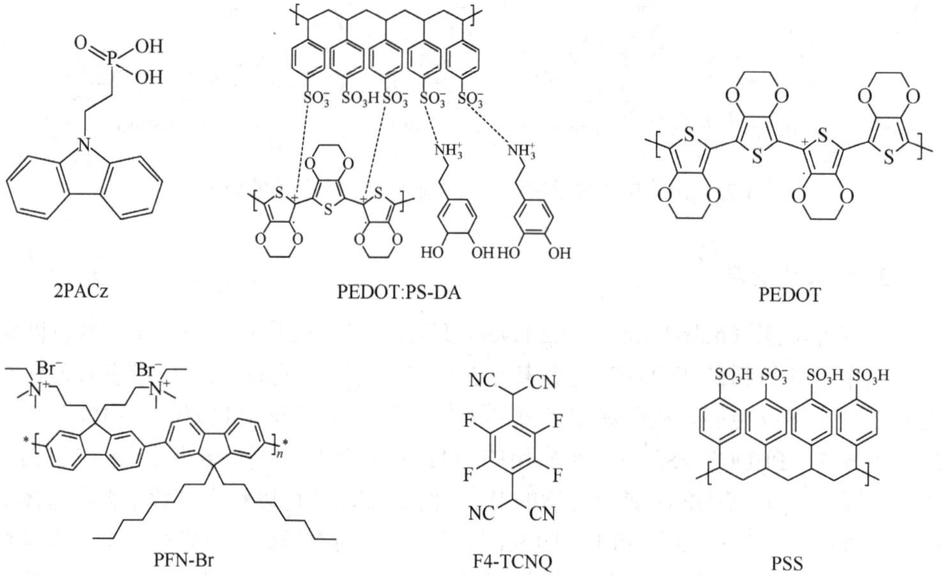

2PACz　　　　　　PEDOT:PS-DA　　　　　　PEDOT

PFN-Br　　　　　　F4-TCNQ　　　　　　PSS

图 1.23　用作空穴传输层的代表性聚合物和小分子的分子结构

1.3　钙钛矿太阳能电池的主要材料体系

钙钛矿太阳能电池主要功能层有钙钛矿吸光层、电荷传输层，以及 Au、Ag

或者 Al 金属电极层。由于吸光层和电荷传输层具有多样性，本节主要介绍钙钛矿吸光层和电荷传输层。

钙钛矿结构化合物采用 ABX_3 化学通式来表示。A 一般指代 +1 价阳离子，如 MA^+、FA^+、Cs^+、Rb^+ 等（图 1.24），B 一般指代 +2 价金属阳离子，如 Ge^{2+}、Sn^{2+}、Pb^{2+} 等，X 一般指代 –1 价阴离子，包括 Cl^-、Br^-、I^- 等卤素离子或类卤素离子。B 位阳离子与 6 个 X 位阴离子配位，形成 $[BX_6]^{4-}$ 八面体结构。B 位阳离子位于八面体结构的中心，X 位阴离子位于八面体结构的 6 个顶点。不同 $[BX_6]^{4-}$ 八面体通过顶对顶共点的方式连接而形成 $[BX_6]^{4-}$ 八面体立体框架。A 位阳离子则嵌入在不同八面体间的空隙中，通过氢键、库仑力等较弱的相互作用力与 $[BX_6]^{4-}$ 八面体结构配位。一般认为，$[BX_6]^{4-}$ 八面体结构决定钙钛矿材料的电子结构。然而，研究表明，A 位阳离子对钙钛矿材料电子结构的贡献不容小觑[118]。

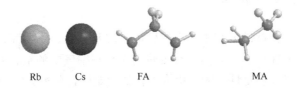

Rb　　Cs　　FA　　MA

图 1.24　Rb、Cs、FA 和 MA 结构示意图

钙钛矿材料的成分选择具有灵活性。A、B 和 X 离子可以被其他官能团、元素完全或者部分取代。同时，A 离子尺寸增大导致钙钛矿由三维结构向二维结构转变。元素取代和维度的变化导致钙钛矿材料的电子结构和光电性能的可调性。A、B 和 X 离子的广泛性和灵活性极大地丰富了钙钛矿材料的种类。这造成了材料性能多样性、器件结构多样性及应用场景多样性的发展态势。基于 A 和 B 离子的差异、维度的变化，钙钛矿材料可以分为有机无机杂化钙钛矿材料、全无机钙钛矿材料、无铅钙钛矿材料、低维钙钛矿材料。接下来，对这四个体系进行简单介绍。

1.3.1　有机无机杂化钙钛矿材料

A 位有机阳离子和 $[BX_6]^{4-}$ 八面体无机框架配位形成的杂化钙钛矿型材料称为有机无机杂化钙钛矿材料。常用的有机阳离子有甲胺离子 $CH_3NH_3^+$(MA^+)、甲脒离子 $HC(NH_2)_2^+$(FA^+)、二甲胺离子等，金属阳离子 B 有 Pb^{2+} 和 Sn^{2+}，卤素阴离子有 I^-、Br^-、Cl^-。有机无机杂化钙钛矿具有适当的带隙、大的吸光系数、长的载流子寿命和高的迁移率，是钙钛矿太阳能电池器件中使用最广泛的吸光层材料。

具有太阳能电池应用潜力的有机无机杂化钙钛矿材料主要包括以下两个体系。

（1）$FAPbI_3$ 和 $MAPbI_3$。由于 MA^+ 和 FA^+ 的离子尺寸满足结构因子经验公式，可与 $[PbI_6]^{4-}$ 八面体分别形成钙钛矿立方相和四方相结构。这两种相的钙钛矿材料具有优异的光电性能，在光电器件领域具有重要应用潜力。

（2）以 $FAPbI_3$ 或 $MAPbI_3$ 为主导的混合阳离子钙钛矿体系。为进一步提高材料的结晶质量和稳定性，研究人员在钙钛矿结构的 A 位引入一些离子尺寸相近的一价阳离子，如 Cs^+、Rb^+、K^+ 和胍阳离子 $[C(NH_2)_3^+]$ 等。在经典的 MA^+、FA^+ 体系中，这类阳离子的引入形成了混合阳离子钙钛矿体系，如 $FA_{0.87}MA_{0.13}Pb(I_{0.87}Br_{0.13})_3$、$Rb_xMA_{1-x}PbI_3$ 和 $Cs_{0.05}(FA_{0.85}MA_{0.15})_{0.95}Pb(I_{0.85}Br_{0.15})_3$ 等。

1.3.2 全无机钙钛矿材料

有机无机杂化钙钛矿薄膜中的有机胺离子较易分解。一方面，这导致材料和器件的光热不稳定性；另一方面，有机胺离子易与空气中的水、氧气等反应，降低材料和器件的空气稳定性。为了提升器件的稳定性，研究人员使用 Cs^+、Ru^+ 等无机离子取代有机离子，制备了全无机铅卤钙钛矿材料。

$CsPbI_3$ 是全无机铅卤钙钛矿材料的代表。其优点包括合适的带隙（1.72eV），优异的光热稳定性；缺点是光活性相稳定性和薄膜致密性较差[119]。当材料的缺陷密度较高时，材料和相应器件的空气稳定性差。$CsPbBr_3$ 的带隙较大（2.31eV），太阳能电池器件的光电转换效率低。组分工程和添加剂工程常用于提高全无机钙钛矿材料的相稳定性，调节其带隙。组分工程利用 Br^- 取代 I^- 稳定光活性相[120]。例如，混合 $CsPb_{0.9}Sn_{0.1}IBr_2$ 材料具有较好的相稳定性及合适的带隙（1.79eV）[121]。添加剂工程通过添加相变抑制剂稳定光活性相。例如，HI 的引入能有效提高全无机钙钛矿的室温相稳定性，但是其机制有待深入研究[120, 122, 123]。

1.3.3 无铅钙钛矿材料

由于常用钙钛矿材料中的铅元素具有毒性，环境友好性差，因此研究人员开发了不含铅元素的无铅钙钛矿材料，主要分为无铅卤化物双钙钛矿、锡基钙钛矿和铋基钙钛矿三种类型[124]。无铅卤化物双钙钛矿（$A_2MM'X_6$）包括 $Cs_2AgInCl_6$、Cs_2AgBiX_6（X = Cl, Br, I）等，其晶体结构如图 1.25（a）所示。无铅卤化物双钙钛矿是一种新型的无铅卤化物钙钛矿，具有高的热稳定性和环境友好性，同时，可以通过取代金属离子和卤素离子调节其带隙和光电性能。无铅卤化物双钙钛矿的结构很稳定，但是间接带隙的能带结构、电子有效质量高、反位缺陷深陷阱的存在导致其较低的器件光电转换效率。截至 2021 年，无铅卤化物双钙钛矿太阳能电池的效率尚未超过 3%[125]。

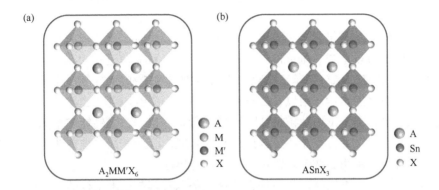

图 1.25　无铅卤化物双钙钛矿和卤化锡钙钛矿晶体结构示意图

（a）无铅卤化物双钙钛矿 $A_2MM'X_6$，其中 A 代表有机阳离子，M 和 M′分别代表一价和三价金属，X 代表卤素阴离子；（b）锡基钙钛矿 $ASnX_3$，其中 A 代表有机阳离子，X 代表卤素阴离子

锡基钙钛矿（$ASnX_3$），如 $MASnI_3$、$FASnI_3$、$CsSnI_3$ 等，晶体结构如图 1.25（b）所示。锡基钙钛矿具有大的光吸收系数、低的激子结合能和高的载流子迁移率，理论上可以实现较高的光电转换效率。但是，锡基钙钛矿也存在氧化不稳定性和缺陷密度过高的问题，需要通过添加剂或掺杂来改善其稳定性和光伏性能。铋基钙钛矿（$A_3Bi_2X_9$ 或 A_2BiX_6），如 $Cs_3Bi_2I_9$、Cs_2BiI_6 等，是一种通过有序空位来保持电中性的无铅钙钛矿材料，具有较低的毒性和较好的稳定性，然而较大的带隙降低了其光电性能。

1.3.4　低维钙钛矿材料

1994 年，Mitzi 及其团队成员将具有大离子尺寸的烷基胺离子引入 A 位，合成出层状结构的钙钛矿材料[126]。他们期望通过调整层数 n 实现超导的转变。虽然未能成真，但钙钛矿材料在维度和电学性能方面的可调性尝试为低维钙钛矿材料的设计提供重要指导作用。

低维钙钛矿是一种具有特殊晶体结构和光电性能的材料，可以分为零维、一维和二维三种类型。零维钙钛矿是由无机层和有机分子夹层组成的，具有较大的带隙、高激子结合能和宽带发光等特性，可用于制备高效率、高稳定性和高色纯度的发光二极管、太阳能电池和探测器等器件。一维钙钛矿是由无机纳米线和有机分子夹层组成的，具有较高的电荷迁移率、较低的缺陷密度和较强的光学吸收等特性。二维钙钛矿是由二维无机层和有机分子夹层组成的，具有较好的湿度稳定性、较强的量子限域效应和较长的载流子寿命等特性。二维钙钛矿可用于制备高效率、高稳定性和可调谐光谱的发光二极管、太阳能电池和光电探测器等器件[127]。

当尺寸较大的有机阳离子不满足容忍因子的要求时，无法形成稳定的三维晶体结构，但却可以形成二维或准二维钙钛矿材料。目前，已有的离子包括丁胺离子 $CH_3(CH_2)_3NH_3^+(BA^+)$ 和苯乙胺离子 $C_6H_5(CH_2)_2NH_3^+(PEA^+)$ [128]。由于有机胺离子疏水尾端对水的排斥作用以及二维结构较高的形成能，（准）二维钙钛矿材料的湿稳定性明显好于三维钙钛矿材料[129, 130]。然而，（准）二维钙钛矿中的量子阱增大了激子结合能，导致电子-空穴对较难分离。因此，（准）二维钙钛矿太阳能电池的光电转换效率明显低于一般钙钛矿太阳能电池。

基于（准）二维钙钛矿材料的稳定性优势以及其与三维结构的配位结构的相似性，二维结构和三维结构的复合是获得稳定且高效太阳能电池器件的有效途径之一[131]，如图 1.26 所示。例如，Li 等在三维钙钛矿表面生长高结晶性的二维钙钛矿，形成二维/三维钙钛矿异质结[132]。相应的太阳能器件获得了高于 21% 的光电转换效率，且在空气中 3000h 仍保持其初始效率的 90%。

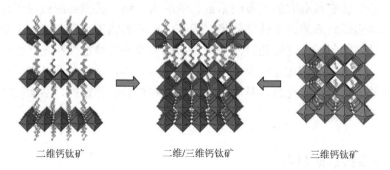

二维钙钛矿　　　　　　二维/三维钙钛矿　　　　　　三维钙钛矿

图 1.26　二维钙钛矿晶体结构和三维钙钛矿晶体结构示意图及两者之间的复合

1.3.5　传输层材料体系

顾名思义，传输层的主要功能是从钙钛矿吸光层中提取电子和空穴，并传输到相应的电极。虽然没有传输层的钙钛矿太阳能电池器件制作简单，但是其器件整体性能差于有传输层的器件。这主要是因为钙钛矿/金属异质界面能级不匹配导致较高的电子空穴复合和较差的电荷抽取[133-135]。

按照传输层的功能属性分类，可以分为空穴传输层和电子传输层。按照传输层化学组分的差异，可以分为有机材料和无机材料。

1. 空穴传输层

空穴传输层的作用包括：从钙钛矿光吸收层抽取空穴，并把空穴传输到相应的电极；阻挡电子的传输；改善钙钛矿层和电极层的接触情况；对于平面 N-i-P 型器件，覆盖在钙钛矿薄膜上的空穴传输层需要有效阻挡水和金属原子的扩散；而对于反 P-i-N 型器件，理想的空穴传输层能促进钙钛矿的成核及生长。

基于传输层的作用，理想的空穴传输层材料需要满足以下基本条件[136]。

（1）良好的可见光透过率，且在光吸收层光谱吸收波段没有吸收，允许足够的光进入光吸收层。

（2）在传输层/钙钛矿层异质界面处有匹配的能级结构。有机材料的最高占据分子轨道（HOMO）或者无机材料的价带顶（valence band maximum，VBM）等于或者略高于钙钛矿薄膜的 VBM。同时，其最低未占分子轨道（LUMO）或者导带底（conduction band minimum，CBM）要高于钙钛矿薄膜的 CBM。这种能级结构将有利于空穴从钙钛矿层到空穴传输层的注入和转移同时，阻碍电子的转移，提升空穴抽取效率和电子-空穴对解离概率。图 1.27 展示了部分常见空穴传输层材料与典型杂化钙钛矿材料之间的能级匹配关系示意图。

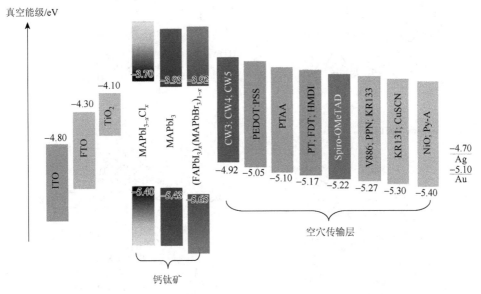

图 1.27　几种空穴传输层材料、高效钙钛矿薄膜光吸收层及 TiO_2 电子传输层的能级结构示意图

（3）空穴迁移率大于 $10^{-3} cm^2/(V \cdot s)$，有效转移空穴，减小空穴-电子复合。

（4）玻璃化转变温度高于 100℃，获得非晶薄膜，避免结晶。

（5）能形成致密的薄膜。一方面，避免其上钙钛矿薄膜中形成孔洞；另一方面，避免钙钛矿薄膜与电极的直接接触。

空穴传输层材料主要分为三类：无机材料、有机聚合物和有机小分子材料。无机材料具有较高的空穴迁移率、较高的稳定性和较低的价格等优点[137, 138]。其缺点在于制备无机薄膜所用的溶剂会溶解钙钛矿薄膜，降低器件的稳定性[139]。有机聚合物的优点是稳定性好，缺点包括溶解性差、提纯复杂、分子量不确定、渗透性差。有机小分子材料的优点是价格便宜、溶解性好、易于溶剂制备、易于热蒸发制备，缺点是光稳定性和热稳定性差。

接下来将常用的空穴传输层材料进行分类介绍。

1）有机小分子空穴传输层材料

Spiro-OMeTAD 是最经典的有机小分子空穴传输层材料之一[140, 141]。其分子结构如图 1.28（a）所示。由于 Spiro-OMeTAD 溶于制备钙钛矿薄膜使用的 *N, N*-二甲基甲酰胺（DMF）和二甲基亚砜（DMSO）溶剂，因此多用于 N-i-P 结构的器件。截至目前，Spiro-OMeTAD 仍是钙钛矿太阳能电池研究中重要的空穴传输层材料，相应的器件保持着最高的光电转换效率。

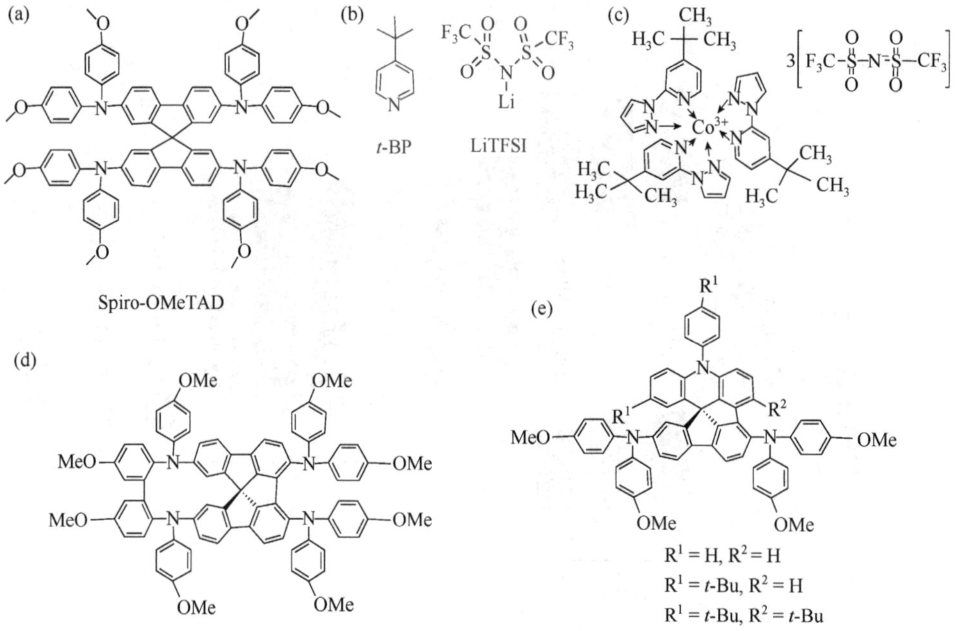

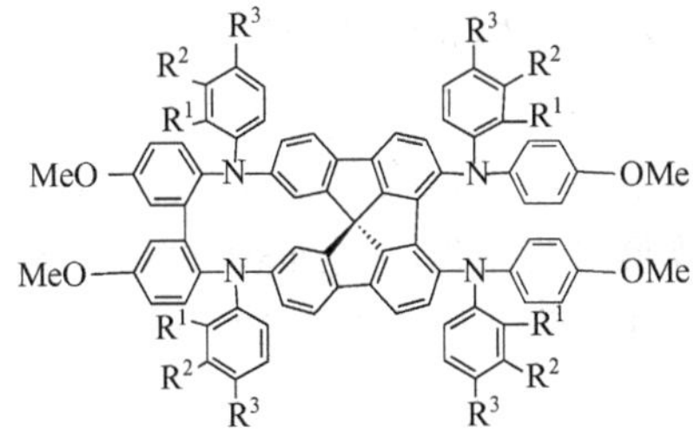

pp-Spiro-OMeTAD: $R^1 = H$, $R^2 = H$, $R^3 = OCH_3$
pm-Spiro-OMeTAD: $R^1 = H$, $R^2 = OCH_3$, $R^3 = H$
po-Spiro-OMeTAD: $R^1 = OCH_3$, $R^2 = H$, $R^3 = H$

图 1.28 用于空穴传输层的有机小分子 Spiro-OMeTAD 及其衍生物〔(d) ～ (f)〕,以及掺杂剂 t-BP、LiTFSI (b) 和 FK209:Co(Ⅲ)TFSI (c) 分子结构示意图

然而,有机材料普遍导电性较差,通常需要添加 P 型掺杂剂提升其空穴导电能力[142],同时,调控其 HOMO 能级相对于费米能级的位置,以减小空穴注入势垒。常用的掺杂剂有双三氟甲基磺酰亚胺键(LiTFSI)/4-叔丁基吡啶(t-BP)[143]和钴(Ⅲ)配位化合物,它们的分子结构如图 1.28 (b) 和 (c) 所示[142]。然而,添加剂的吸湿性和挥发性降低了 Spiro-OMeTAD 钙钛矿器件的湿稳定性和热稳定性。同时,t-BP 易于与 PbI_2 反应,导致钙钛矿薄膜的化学降解[144, 145]。基于器件稳定性方面的劣势,开发疏水型掺杂剂,优化 P 型掺杂,是提升 Spiro-OMeTAD 钙钛矿太阳能电池器件性能的途径之一。

除了掺杂,化学取代的方法也用于调控 Spiro-OMeTAD 分子的 HOMO 或者 LUMO 能级的位置。同时,化学取代也会改变薄膜内分子的排列构型。两者共同作用进而提升空穴抽取能力和器件的性能。相应衍生物的分子结构如图 1.28 所示。

噻吩类有机小分子及其衍生物具有优良的光电性质及较高的空穴迁移率,是重要的空穴传输层材料。FDT 分子是该类材料的代表性分子,其分子结构如图 1.29 所示。其中,芴-双噻吩核心作为电子给体,而甲氧基-三苯胺侧链作为电子受体。FDT 分子的玻璃化转变温度为 110℃,与 Spiro-OMeTAD 的玻璃化转变温度(120℃)相近,HOMO 能级也相近。基于 FDT 分子的钙钛矿器件同样可以获得大于 20%的光电转换效率。

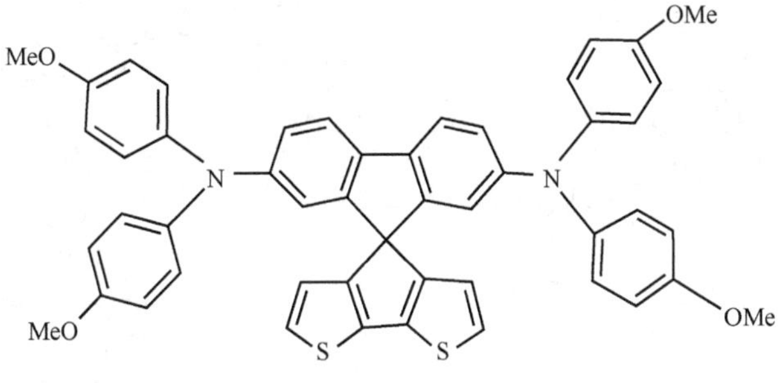

图 1.29 用于钙钛矿太阳能电池空穴传输层的 FDT 噻吩类有机小分子结构示意图

三苯胺类有机小分子常常在有机电子学器件，如光电二极管、场效应管、有机太阳能电池等，作为空穴传输层材料。在钙钛矿太阳能电池中有潜在应用的三苯胺类有机小分子如图 1.30 所示。类似大风车的分子结构导致该类材料具有非共面的构型。这种非共面的构型影响分子在薄膜内的排列，进而影响其光电性能。同时，无序的排列有助于提高玻璃化转变温度和非晶相的稳定性[146]。

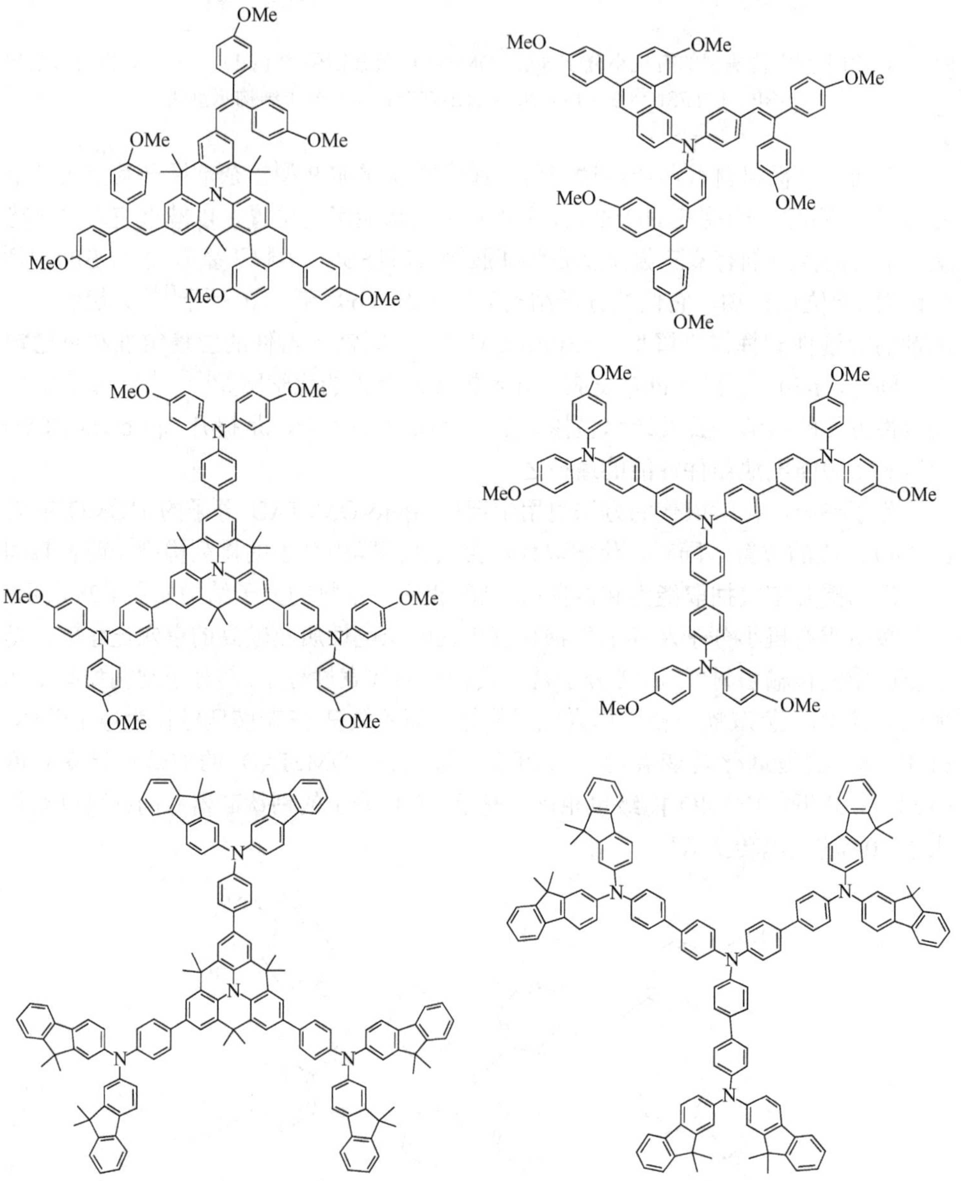

图 1.30　用于钙钛矿太阳能电池空穴传输层的三苯胺类有机小分子结构示意图

π 共轭三聚吲哚类有机小分子的吸收带在近紫外光谱波段（300～400nm），不与钙钛矿重合，增大了器件的光吸收效率和波谱宽度。由于该类材料的 HOMO 能级与 Spiro-OMeTAD 相近[147]，界面能级结构有利于空穴从钙钛矿薄膜注入。该类材料/钙钛矿界面具有较低的非辐射复合概率，对应的钙钛矿太阳能电池器件能获得 Spiro-OMeTAD 基器件相近的性能。因此，π 共轭三聚吲哚类有机小分子是一类重要的空穴传输层材料，相应的分子结构如图 1.31 所示。

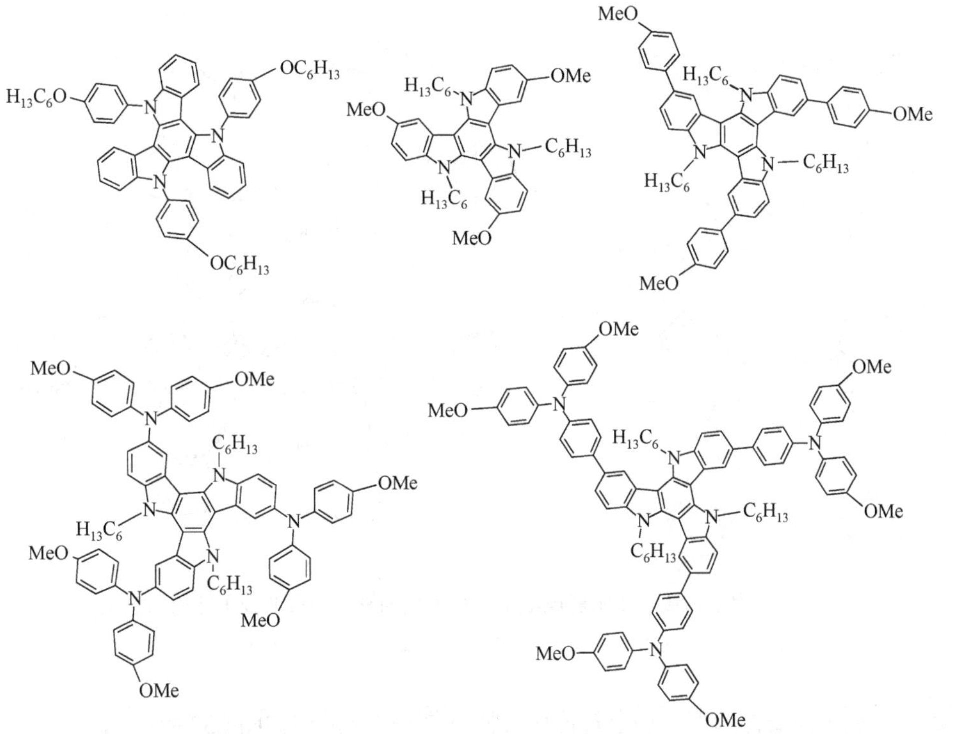

图 1.31　用于钙钛矿太阳能电池空穴传输层的三聚吲哚类有机小分子结构示意图

酞菁类有机染料分子具有高的稳定性和良好的光电性能，也常常用于钙钛矿太阳能电池的空穴传输层。图 1.32 展示了常用的酞菁类分子的分子结构。该类分子的优势包括：容易大批量制备，价格低廉；热稳定性高，可以通过热蒸发的方法制备传输层薄膜及相应平面型器件[148]，避免溶剂对钙钛矿层的影响；同时，薄膜的致密性高，能有效保护下面的钙钛矿层，提升器件的稳定性。

2）有机聚合物空穴传输层材料

常用于有机太阳能电池的聚合物空穴传输层材料在钙钛矿太阳能电池中也有潜在应用。聚［双（4-苯基）(2, 4, 6-三甲基苯基）胺］（PTAA）是第一类应用于钙钛

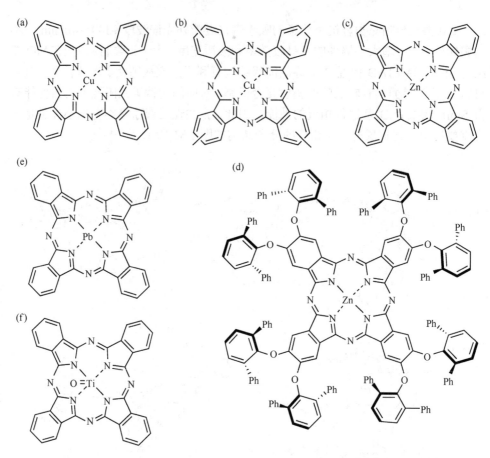

图 1.32　用于钙钛矿太阳能电池空穴传输层的酞菁类染料分子结构示意图

（a）CuPc；（b）CuPc 的衍生物；（c）ZnPc；（d）ZnPc 的衍生物；（e）PbPc；（f）TiOPc

矿太阳能电池器件的聚合物空穴传输层材料[141]，分子结构如图1.33所示。基于PTAA 的多孔钙钛矿太阳能电池器件的效率超过了 20%[149]。PTAA 聚合物在 N-i-P 和反式 P-i-N 器件中均可以作为空穴传输层材料。PTAA 的优势包括：PTAA 薄膜可以通过溶液法制备，大大降低了电荷传输层制备过程对下层钙钛矿薄膜质量的影响；疏水性较强，能钝化钙钛矿薄膜表面的缺陷；空气稳定性高，能有效提升器件的湿稳定性和空气稳定性；可见光透过性良好，利于反式 P-i-N 器件的应用；柔性好，利于柔性太阳能电池应用；PTAA 薄膜与钙钛矿薄膜的能带匹配性好，利于空穴的传输。虽然 PTAA 的空穴迁移率达到 $4 \times 10^{-3} cm^2/(V \cdot s)$[150]，高于其他有机空穴传输层材料，但是仍需锂盐和4-叔丁基吡啶掺杂以便提升器件的效率。

　　聚 3-己基噻吩（P3HT）具有良好的稳定性，是制备高稳定性钙钛矿太阳能电池器件的潜在空穴传输层材料。P3HT 的分子结构如图 1.33 所示。基于 P3HT 的钙钛矿太阳能电池的初始效率小于 1%[151]。MDN 掺杂 P3HT 显著改善了 P3HT 和钙钛矿异质界面的相互作用，将太阳能电池的光电转换效率提高到 22.87%[152]。同时，器件的稳定性也大幅提升，封装器件在 75%相对湿度条件下存放两个月，随后在 85%相对湿度的大气条件下存放 1 个月，仍能保持初始光电转换效率的 92%。

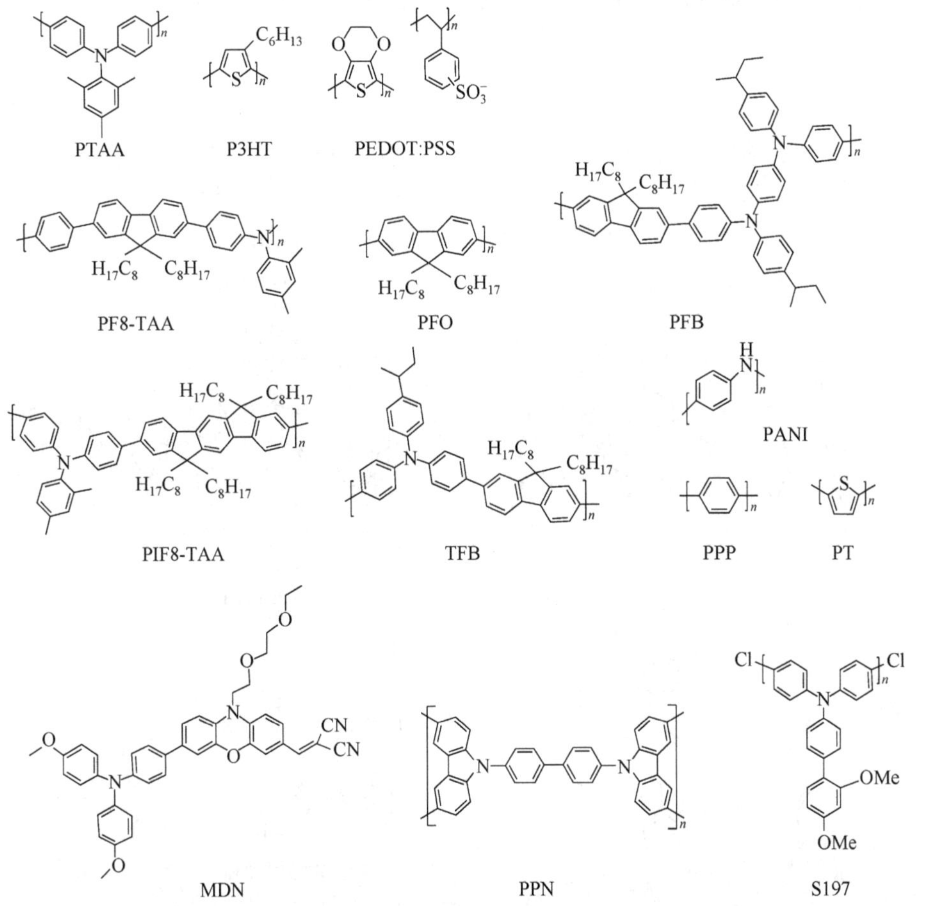

图 1.33　用于钙钛矿太阳能电池空穴传输层的有机聚合物分子结构示意图

聚（3,4-乙烯二氧噻吩）-聚苯乙烯磺酸（PEDOT:PSS）与制备钙钛矿薄膜使用的 DMF 和 DMSO 等溶剂相溶性差，常用于反式 P-i-N 结构的太阳能电池器件的空穴传输层[153-155]。其分子结构如图 1.33 所示。然而，PEDOT:PSS 与钙钛矿薄膜的能级不匹配，导致开路电压 V_{OC} 降低[156]。同时，电子和空穴在 PEDOT:PSS/钙钛矿薄膜界面处的高复合，导致器件性能降低。

除了这些经典的有机聚合物，其含有芴或者茚并芴的衍生物也用作空穴传输层材料。这类材料的分子结构如图 1.33 所示。

　　给体-受体型有机聚合物可以同时调节空穴迁移率和 HOMO 能级，实现空穴传输层/钙钛矿异质界面匹配的能级排列，有助于空穴的抽取和电子-空穴对的分离。图 1.34 展示了用于空穴传输层的部分给体-受体型有机聚合物。给体-给体型有机聚合物在没有掺杂剂的情况下，能获得稳定的光电转换，大大提高其器件应用潜力。例如，纯 PDPP3T 空穴传输层的多孔钙钛矿太阳能电池器件获得 12.3% 的光电转换效率[157]。

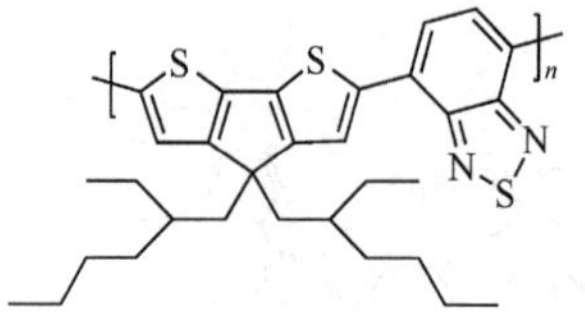

PCPDTBT

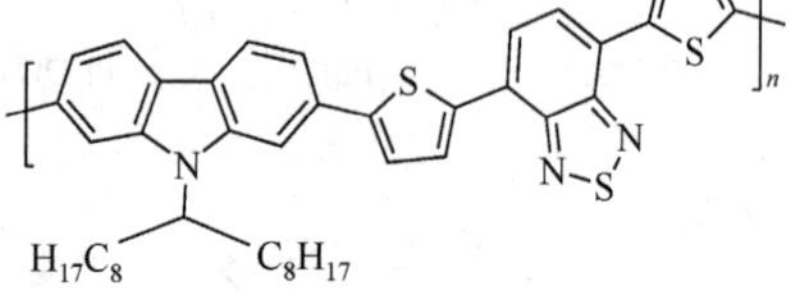

PCDTBT

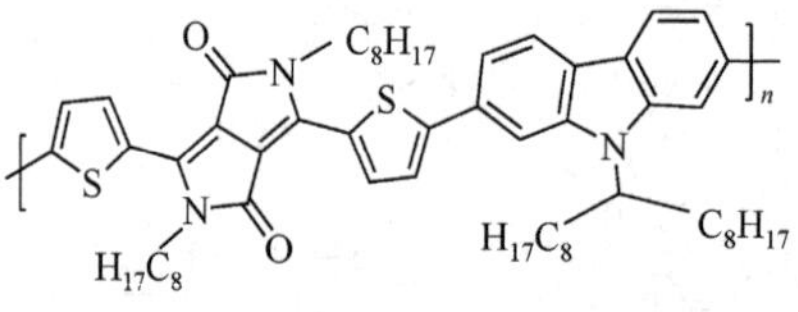

PCBTDPP

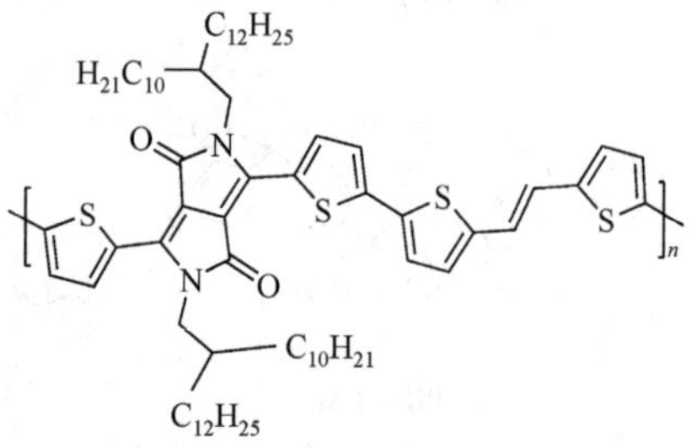

PDPPDBTE

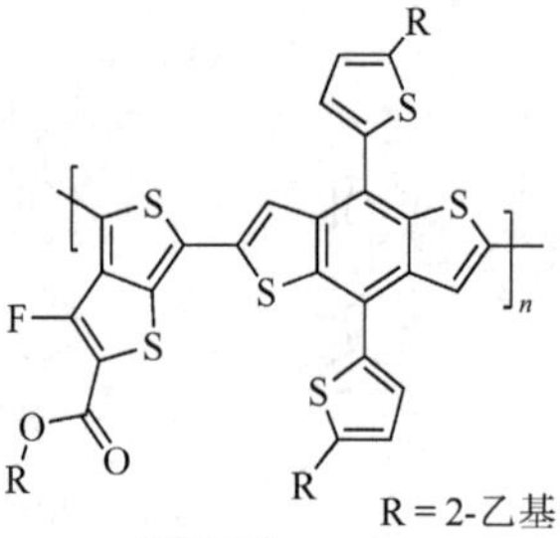

PTB7-Th
R = 2-乙基己基

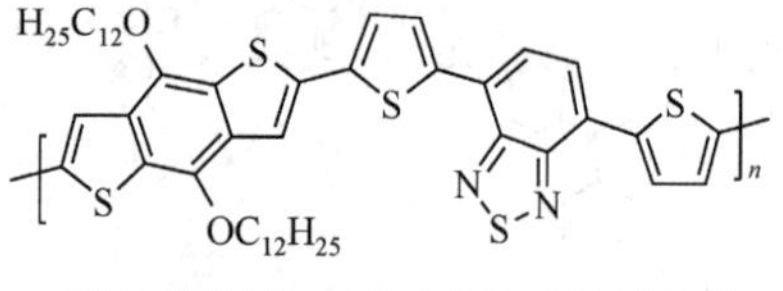

苯并二噻吩类给体-苯并噻二唑受体结构
的有机聚合物

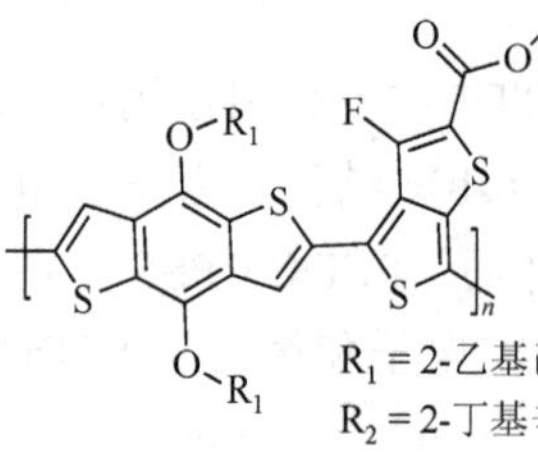

PBDTTT-C7
R₁ = 2-乙基己基
R₂ = 2-丁基辛基

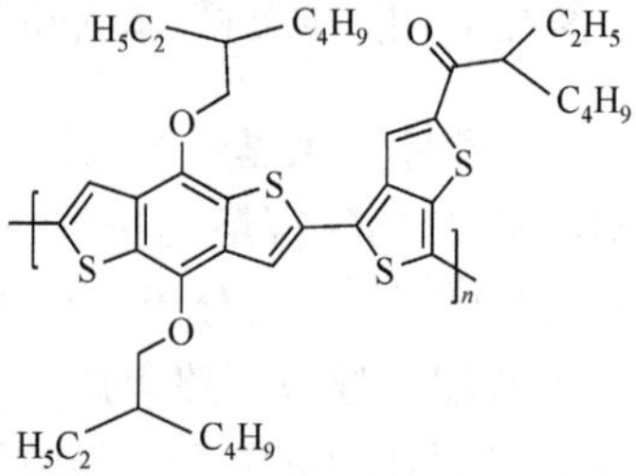

PTB-BO

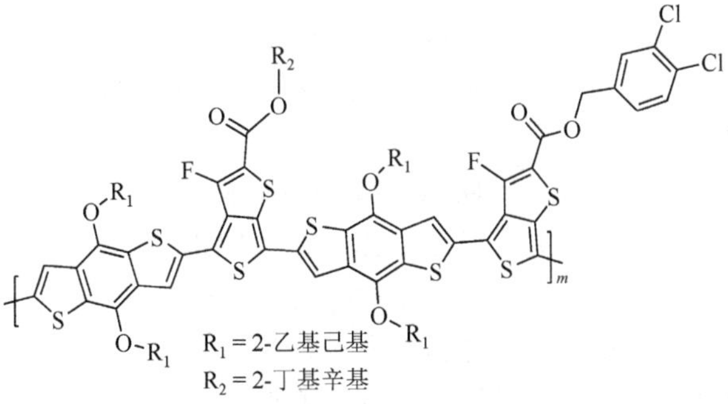

R₁ = 2-乙基己基
R₂ = 2-丁基辛基

PTB-DCB21

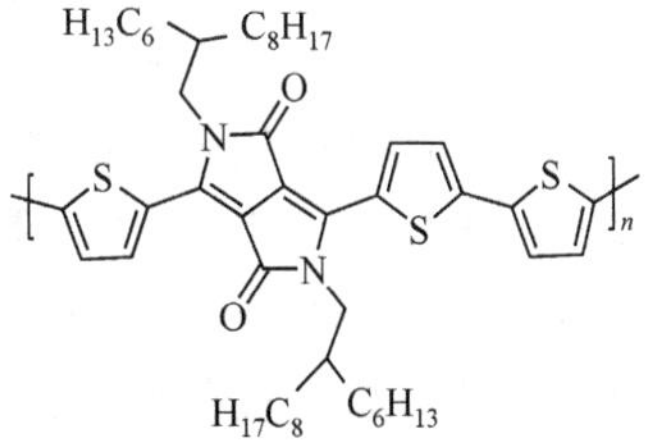

PDPP3T

图 1.34　用于钙钛矿太阳能电池空穴传输层的部分给体-受体型有机聚合物分子结构示意图

3）无机空穴传输层材料

无机材料具有较好的稳定性、较高的空穴迁移率及较低的制备成本，是钙钛矿太阳能电池的空穴传输层材料之一。然而，制备无机薄膜使用的溶剂与钙钛矿材料相溶，对器件稳定性有一定影响。

CuI 是最早报道的无机空穴传输层材料[158]。CuI 基太阳能电池器件的各项指标相对较低（光电转换效率约为 6%，填充因子为 0.70）。CuSCN 具有较高的空穴迁移率和良好的透光性。CuSCN 基钙钛矿太阳能电池的光电转换效率达到了 12.4%[139]。值得说明的是，CuSCN 同样用于平面异质结太阳能电池[159]，并获得了超过 19%的光电转换效率[160]。NiO$_x$ 是有机太阳能电池和染料敏化太阳能电池中常用的无机空穴传输层材料[161]。基于 NiO$_x$ 的平面异质结钙钛矿太阳能电池器件获得了超过 20%的光电转换效率[162]。该器件的稳定性良好，在氮气保护的手套箱中存放 1128h 后，仍保持 90%的初始光电转换效率。Li$_x$Mg$_y$Ni$_{1-x-y}$O 也是一种空穴传输层材料，其反式 N-i-P 平面异质结钙钛矿太阳能电池器件的效率超过 16%[163]。

量子点具有可调的带隙、高的吸收系数等优点，在太阳能电池器件中有潜在的应用。例如，基于 CuInS$_2$ 量子点空穴传输层材料的多孔钙钛矿太阳能电池获得了 6.6%的光电转换效率[164]。

2. 电子传输层

钙钛矿太阳能电池中电子传输层的作用包括：从钙钛矿光吸收层抽取电子，并把电子传输到相应的电极；阻挡空穴的传输；改善钙钛矿层和电极层的接触情况。在平面 P-i-N 型器件中，覆盖在钙钛矿薄膜上的电子传输层需要有效阻挡水和金属原子的扩散；在 N-i-P 型器件中，电子传输层促进钙钛矿层的成核及生长。对于多孔型钙钛矿器件，电子传输层提供支撑钙钛矿薄膜的骨架，同时促进电子传输。

基于传输层的作用，理想的电子传输层材料要满足以下基本条件[165]。

（1）良好的可见光透过率，且在光吸收层的光谱吸收波段没有吸收现象，允许尽可能多的太阳光进入光吸收层。

（2）在界面处有匹配的能级结构。无机材料的 CBM 或有机材料的 LUMO 能级要等于或略低于钙钛矿薄膜的 CBM。同时，其 HOMO 或者 VBM 要低于钙钛矿薄膜的 VBM。这将有利于电子从钙钛矿层到电子传输层的注入和转移，同时阻碍空穴的转移，提高电子抽取效率和电子-空穴对解离概率。

（3）较大的电子迁移率，有效转移电子，减少空穴-电子复合。

（4）稳定性高，同时制备工艺与钙钛矿薄膜和器件其他功能层的制备工艺兼容性好。

（5）能形成致密的薄膜。一方面，避免其上钙钛矿薄膜中形成孔洞；另一方面，避免钙钛矿薄膜与电极的接触。

电子传输层材料同样分三类：无机材料、有机聚合物和有机小分子材料。其优劣势参考空穴传输层材料的优劣势。值得说明的是，有机电子传输层材料多用于反式 P-i-N 钙钛矿太阳能电池器件。这主要是因为其制备工艺与其下的钙钛矿薄膜兼容性好。而无机电子传输层的高温制备过程会破坏其下的钙钛矿层，但低温制备的无机电子传输层的致密性和导电性较差。

接下来将常用的电子传输层材料进行分类介绍。

1）无机电子传输层材料

N-i-P 钙钛矿太阳能电池大多数使用无机电子传输层材料[166, 167]。这些无机材料包括 TiO_2、SnO_2、ZnO、WO_3、Nb_2O_5、$BaSnO_3$、$SrSnO_3$、$ZnTiO_3$、$SrTiO_3$、$ZnSO_4$、$InGaZnO_4$、CdS、MoS_2、Bi_2S_3、SnS_2、In_2S_3、GaN、$Ti_3C_2T_x$（T 为—O、—OH、—F 等官能团）。其中 TiO_2、SnO_2 和 ZnO 是三种常用的无机电子传输层材料。图 1.35 为这些无机电子传输层材料与 $MAPbI_3$ 的能级结构示意图。

TiO_2 的宽带隙利于可见-近红外光的有效穿透。TiO_2 的晶型种类有四种，金红石、锐钛矿、板钛矿、TiO_2-B 相。各个相与 $MAPbI_3$ 钙钛矿薄膜的能级结构示意图见图 1.35。各个相的 CBM 与 $MAPbI_3$ 的 CBM 能量接近，有利于吸光层中光生电子的注入；而 VBM 与 $MAPbI_3$ 的 VBM 存在较大能量差，阻碍吸光层中光生空穴注入。因此，四种相在钙钛矿太阳能电池中都有应用。

在四个相中，锐钛矿 TiO_2 常用于钙钛矿太阳能电池的电子传输层。基于锐钛矿 TiO_2 的钙钛矿太阳能电池获得较高的光电转换效率，截至 2021 年最高可达 24%[64]。金红石 TiO_2 电子传输层器件获得了超过 20% 的效率[168, 169]。TiO_2-B 纳米颗粒可以用于介孔太阳能电池的电子传输层，获得 18.83% 的光电转换效率[170]。板钛矿 TiO_2 纳米颗粒同样可以用于介孔太阳能电池的电子传输层，器件的光电转换效率达到 14.3%，并且没有观察到 J-V 迟滞[171]。

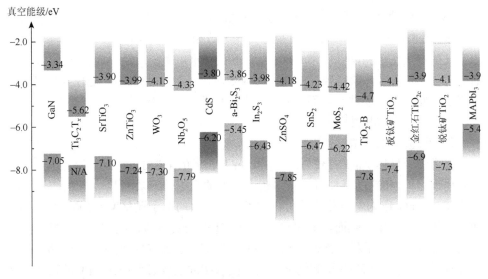

图 1.35　不同无机电子传输层材料与 MAPbI$_3$ 的能级排列示意图

N/A 表示不适用

　　TiO$_2$ 电子传输层可以通过喷雾热解[59, 172]、旋涂法[60, 173]、原子层沉积法[174, 175]、磁控溅射法[176]、电化学沉积法[177]和化学浴沉积法[169]制备，每种方法都有其优缺点。喷雾热解或者旋涂法一般用于制备 TiO$_2$ 薄膜，用于平面异质结太阳能电池。通过旋涂商业化的 TiO$_2$ 凝胶[58-60]，辅以高温烧结制备多孔 TiO$_2$ 层，常见于制备多孔型太阳能电池。旋涂法虽然应用广泛，但是不适用于器件的大面积制备。原子层沉积法可用于柔性器件的制备，也可以实现对传输层厚度的精准调控。磁控溅射法则可以制备均匀性高、透光性好的电子传输层。但是，这两种物理制备方法操作复杂，增加了制备成本。化学浴沉积很难控制薄膜的厚度，导致器件的可重复性差。

　　TiO$_2$ 材料的本征电子迁移率低［<1cm^2/(V·s)］、制备温度高（>450℃）及光催化活性高，促使人们探索其他潜在的电子传输层氧化物。SnO$_2$ 具有合适的能级结构、较高的电子迁移率［240cm^2/(V·s)］、较低的紫外光催化活性、相对较低的制备温度和较高的透光性，是一种重要的电子传输层材料[178, 179]。

　　SnO$_2$ 的制备方法也有很多：

　　（1）旋涂法[180]。室温下，将 SnCl$_2$·2H$_2$O 前驱体旋涂在玻璃衬底上，在 180℃下退火。或是旋涂 SnCl$_4$·5H$_2$O 前驱体，再经过 SnCl$_2$·2H$_2$O 化学浴后处理。

　　（2）喷雾热解法[181]。

　　（3）电子束沉积法[182]。

　　（4）化学浴沉积法[180]。

（5）溶胶-凝胶法[183, 184]。该方法在较低温度（<100℃）下，以 $SnCl_2·2H_2O$ 或者 $SnCl_4·5H_2O$ 为原料，制备粒径分布均匀的 SnO_2 纳米颗粒。

（6）原子层沉积法[185, 186]。原子层沉积的 SnO_2 薄膜在经过低温（<120℃）后处理后，相应器件获得较高的光电转换效率，而高温（300℃）处理导致器件性能降低。原子层沉积法在大面积器件制备方面具有重要应用。

（7）电化学沉积法[187]。

（8）微波辅助合成法[188]。

宽带隙半导体 ZnO 有着与 TiO_2 和 SnO_2 相近的 CBM，也是常用的电子传输层氧化物材料，相应的器件可以获得超过 20%的光电转换效率[189, 190]。相较于 TiO_2 和 SnO_2，ZnO 作为电子传输层材料的优点包括大的电子迁移率［$300cm^2/(V·s)$］和较低的制备温度。然而，其缺点有两个：①热稳定性差，限制了其上钙钛矿层的退火温度。②化学稳定性差。ZnO 与有机阳离子 MA^+ 发生反应，导致钙钛矿材料降解[191]。通过在 ZnO 层和钙钛矿层中插入缓冲层或者使用无 MA^+ 的钙钛矿吸光层，都可以提升相应太阳能电池器件的光电转换效率[190, 192-196]。

2）有机电子传输层材料

有机薄膜易于通过溶液制备、不需要高温烧结，且具有柔性，也可用作钙钛矿太阳能电池的电子传输层材料。其中，有机富勒烯（C_{60} 和 C_{70}）及其衍生物，如[6, 6]-苯基-C_{60}-丁酸甲酯（PCBM）[197]，常用于反式 P-i-N 太阳能电池的电子传输层，它们的分子结构如图 1.12 所示。图 1.36 展示了 C_{60} 和 PCBM 与 $MAPbI_3$ 钙

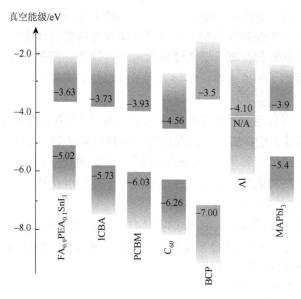

图 1.36　C_{60} 和 PCBM 与 $MAPbI_3$ 能级结构示意图

钛矿的能级结构示意图。其中，PCBM 的 LUMO 与 MAPbI$_3$ 材料 CBM 的能级差最小，而其 HOMO 与 MAPbI$_3$ 材料 VBM 的能级差较大。这种能级结构有利于钙钛矿层的光生电子到 PCBM 的转移，不利于空穴的转移。因此，PCBM 是目前广泛使用的有机电子传输层材料[198-202]。

除了富勒烯类电子传输层材料，其他类型的有机材料也可用作电子传输层材料，与不同元素组成的钙钛矿材料实现匹配的能级结构。

（1）酰亚胺及其衍生物小分子。典型的分子是二萘嵌苯（PDI）及其衍生物和萘二酰亚胺（NDI）及其衍生物。图 1.37（a）和（b）分别展示了 PDI 和 NDI 分子母体结构示意图。通过取代能有效调控酰亚胺的能级和电子迁移率，降低分子间 π-π 相互作用提升溶解性。这有助于开发高效且稳定的电子传输层材料，提升器件性能。

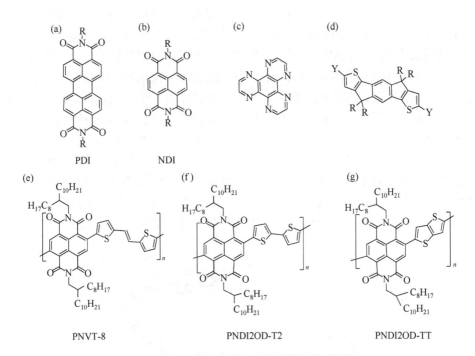

图 1.37　电子传输层有机材料化学结构示意图

（a）PDI；（b）NDI；（c）氮杂并苯；（d）IDT 衍生物；（e）～（g）典型 NDI 衍生物聚合物电子传输层材料

（2）氮杂并苯类小分子。氮杂并苯［化学结构如图 1.37（c）所示］的 LUMO 能级相对较高，且溶解性较差，限制了其在太阳能电池中的应用。引入 S 元素能有效降低 LUMO 能级，同时降低分子间 π-π 相互作用提升溶解性。

（3）引达省并二噻吩类小分子［IDT 衍生物，化学结构如图 1.37（d）所示〕[203]。通过改变侧链或者末端官能团，以及骨架不对称性和共轭长度，可有效调控能级，提升电子迁移率，改善疏水性能，进而开发高光电转换效率的太阳能电池器件。

（4）NDI 和 PDI 衍生物聚合物。聚合物相对于小分子有更好的稳定性和更高的电子迁移率。图 1.37（e）～（g）展示了三种 NDI 衍生物聚合物电子传输层材料的化学结构。

1.4 面向光伏材料领域的主要同步辐射研究方法

同步辐射是由超高真空（ultra-high vacuum，UHV）电子储存环中以接近光速运动的电子沿弧形轨道运动时产生的电磁辐射。1947 年，美国通用电气公司的 Haber F.首次在一台 70MeV 的同步加速器中观察到这种电磁辐射，并命名为"同步辐射"，英文名为 synchrotron radiation[204]。图 1.38 为同步辐射及实验装置示意图，包括直线加速器、电子储存环、弯铁、波荡器或扭摆器插件、光束线和实验站。储存环中接近光速运动的电子在弯铁、波荡器或扭摆器提供的电磁场中偏转时，产生同步辐射。它的亮度比常规 X 射线高几个数量级，同时具有高准直、高偏振性。其波长范围从太赫兹（小于 1meV）到硬 X 射线（＞5000eV）连续可调。光束线会将同步辐射进行单色化处理，同时优化光的偏振性和相干性，并引入到各个实验站。用户在实验站上完成相应的测量。基于同步辐射的谱学、衍射/散射、成像和显微等先进实验技术在诸多领域，如材料科学[205]、能源[206]、环境[207-209]、生命科学[210]、考古[211]、医学等都有重要应用，为前沿领域的发展提供了强有力的技术支撑。以下将分类介绍面向光伏材料领域的主要同步辐射实验技术。

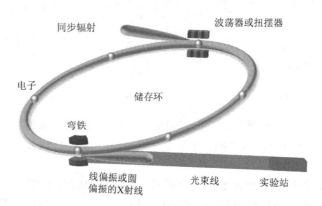

图 1.38　同步辐射装置示意图[212]

1.4.1　同步辐射软 X 射线谱学技术

在太阳能电池器件中，材料的化学组分、相结构、有机分子的取向、功能层异质界面处的能级结构及界面处飞秒量级的电荷转移时间等分别从能量和时间两个尺度影响器件的性能。基于同步辐射的软 X 射线谱学技术可以获得占据态和未占据态信息，其衍生手段可以在能量尺度和时间尺度理解器件性能改变的微观机制。

1. 同步辐射光电子能谱

光电子能谱（photoelectron spectroscope，PES）测量的原理是基于 1905 年爱因斯坦提出的光电效应，图 1.39 为典型的光电子能谱测量示意图。光电子能谱测量需在超高真空条件下完成，以减小出射电子的散射损失：一束特定能量的光入射到样品表面，就会激发样品中特定能级电子的跃迁。当光电子具有足够大的动能而跃迁到真空能级以外时，它们就会发射到真空中，在一定接收角范围的光电子经过透镜（lens）系统以及能量分析器（analyzer）的处理和筛选，特定动能的光电子最终到达多通道板电子倍增器（microchannel plate，MCP），信号经过放大后被探测器接收。电子信号（counts/s，cps）及电子动能（kinetic energy，E_K）信息存储在计数器（counter）内，最终通过终端计算机中的软件实现电子计数（cps）及动能（E_K）信息的读取。

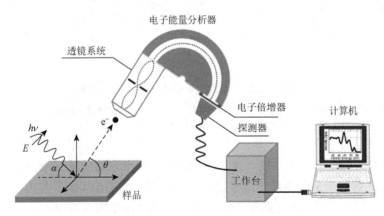

图 1.39　光电子能谱实验示意图

图 1.40（a）为计算机端采集的典型的同步辐射光电子能谱，横坐标为动能（E_K），纵坐标为相应的电子计数。由于测量的是光电子的动能 E_K 信息，因此首

先需要将动能 E_K 转换成具有"指纹"特征的结合能 E_B，如图 1.40（b）所示。受激光电子的动能（E_K）与结合能（E_B）满足下面能量守恒关系式：

$$E_B = h\nu - E_K - \phi_a \tag{1.1}$$

其中，$h\nu$ 为入射光子能量；E_B 为样品初态电子能量与费米能级 E_F 之间的能量差；E_K 为电子能量分析器采集出射电子的动能；ϕ_a 为电子能量分析器的功函数。芯能级的结合能对于原子的化学环境非常敏感，可以通过结合能的化学位移对元素的成键环境进行分析。因此，光电子能谱是材料元素定量分析和化学环境分析的重要技术之一。然而，值得说明的是，除了化学位移，掺杂效应及终态效应会导致费米面的移动，进而导致芯能级的位移[213]。

样品功函数（WF）是材料的另一个重要参数，可以通过测量二次电子截止边 [$E_{\text{cut-off}}$，见图 1.40（a）] 推算出材料的功函数，即

$$\phi_w = h\nu - W = h\nu - (E_{\text{cut-off}} - E_F) \tag{1.2}$$

其中，W 为谱图宽度，对应于费米能级与截止边之间的能量差 [图 1.40（a）]。功函数反映材料的特征，因此不具有能量依赖性。

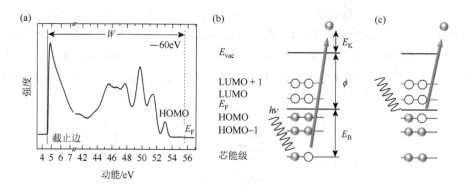

图 1.40　有机分子的光电子能谱及激发示意图

（a）采集的 PTCDA 分子的光电子能谱示意图，激发能量 $h\nu = 60\text{eV}$；芯能级电子（b）和价电子（c）光电激发过程示意图，E_{vac} 表示真空能级，ϕ 表示功函数[212]

同步辐射能量可调的特性，使其成为光电子能谱测量的重要激发光源。选择合适的软 X 射线测量芯能级光电子能谱，示意图见图 1.40（b）。使用小于 100eV 能量的同步辐射，可以测量价带光电子能谱，示意图见图 1.40（c），获得物质价带或者前线分子轨道信息。这些电子结构信息对于理解材料光、电、磁、热等物性的起源至关重要。虽然芯能级光电子能谱和价带光电子能谱可以通过常规光源，如 Al 靶 X 射线源或者 Mg 靶 X 射线源，以及常规氦灯源（能量为 21.2eV）进行测量，同步辐射的高亮度、高能量分辨率及连续能量可调特性大大缩短光电子能

谱的采集时间，提升能量分辨率和谱图的质量（详见第 4 章 4.1.2 节中的"1. 同步辐射光电子能谱技术研究界面能级结构"）。

2. 同步辐射吸收谱技术

光电子能谱可以获得材料价带、前线分子轨道和芯能级等占据态信息，而 X 射线吸收谱可以获得原子未占据局域电子态信息和近邻配位结构。X 射线吸收谱（X-ray absorption spectroscopy，XAS）分为 X 射线吸收近边结构（边前 10eV 到吸收边以上 50eV）和扩展边 X 射线吸收结构（吸收边以上 50～1000eV）。因为这两种结构获得的信息不一样，接下来将分两部分进行介绍。

近边 X 射线吸收谱及其衍生技术——X 射线近吸收边精细结构（near edge X-ray absorption fine structure，NEXAFS）谱，主要测量原子芯能级电子到未占据态的共振跃迁。因此，该技术可以提供材料未占据态信息。激发跃迁遵循偶极选择定律（$\Delta l = \pm 1$，$\Delta s = 0$），忽略激子效应，激发能量就是未占据态到芯能级的能量差。所以，只有当光子能量与未占据态和芯能级之间的能量差相同时，光子的吸收增强。相反，当光子能量与能量差相差较大时，吸收减弱。因此，XAS 具有元素分辨性。

吸收边以受激电子的主量子数命名，例如，$n = 1$、2、3 分别对应于 K、L、M 边，而轨道 $p_{1/2}$、$p_{3/2}$、$d_{3/2}$、$d_{5/2}$ 分别对应于下标 2、3、4、5。有机材料和有机无机杂化钙钛矿主要由碳、氮、氧等轻元素组成，它们的 K 边吸收光子能量在软 X 射线区域。图 1.41 为苯分子 X 射线吸收过程示意图。NEXAFS 谱中的共振峰分别对应于 C 1s 芯能级电子到 π^* 和 σ^* 分子轨道的跃迁。尖锐的 π^* 峰位于分子电离能（ionization potential，IP）以下，而宽且不对称的 σ^* 峰位于 IP 以上。一般而言，C—H σ^*/Rydberg 轨道（σ^*_{CH}）位于 π^* 轨道和 IP 之间。谱图上，C 1s→π^* 和 C 1s→σ^*_{CH} 共振峰要比 C 1s→σ^* 峰窄，主要是因为 σ^* 轨道与连续态交叠导致寿命缩短[214]。吸收谱具有表面敏感性、元素分辨性、局域化学环境敏感性和荷电效应不敏感性。吸收谱测量的未占据态多是原子轨道交叠导致的杂化态。因此，吸收谱的局域环境敏感性好于光电子能谱。例如，NEXAFS 谱可以识别分子中特定的官能团，如 C—C、C=O、C≡N 等[215]。这些特性使其成为研究界面化学相互作用和表界面电子结构的重要工具之一。

NEXAFS 谱除了能提供未占据态信息，还能用于定量估算有机分子的取向。对于平面型 π 共轭有机分子，如苯分子，π^* 轨道和 σ^* 轨道分别垂直和平行于分子平面。共振峰的强度强烈依赖于入射 X 射线的电场矢量与轨道的交叠。理论上讲，对于具有线偏振性的光源，当电场矢量 E 平行于分子轨道（如 π^* 或者 σ^* 轨道）方向时，所激发的芯能级电子到相应 π^* 或者 σ^* 轨道的吸收跃迁就会产生强烈的共振效应，吸收峰强度增强；相反，当电场矢量 E 的方向垂直于分子轨道方向时，对

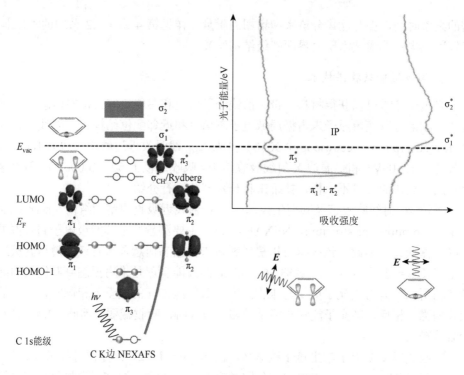

图 1.41　苯分子的 X 射线吸收[212]

左图为苯分子 X 射线吸收过程示意图；右上图为掠入射和垂直入射采集的苯分子在 Ag(110)表面的 C K 边 NEXAFS 谱；右下图为线偏振光从不同角度入射到苯分子激发不同电子轨道示意图

应的吸收跃迁就被禁阻，吸收峰会大幅度减弱，甚至消失[215]。如图 1.41 所示，苯分子平铺在 Ag(110)衬底表面，掠入射时，π^*共振峰的强度增强，而σ^*共振峰的强度相对较弱；垂直入射时，σ^*共振峰的强度增强，而π^*共振峰几乎消失。这就是所谓的极化依赖性。同步辐射在辐射平面内具有高度线偏振性，而且具有能量连续可调的特性。因此，测定一系列入射角时的 NEXAFS 谱，通过 NEXAFS 谱中π^*或σ^*共振吸收强度随极化角的相对变化可以对轨道的空间方向及分子的取向进行定量估算[216]。

　　由于π^*共振峰比较窄，与一些背景信号不重叠，因此容易精确测量获得其强度。而通常通过π^*共振吸收强度与极化角的关系可以比较精确地计算有机平面分子的平均倾斜角。对于三重以上对称，方位角的影响可以忽略，不同极化角（θ）对应的π^*共振吸收峰的积分强度（I_{π^*}）与轨道矢量相对于表面法线的夹角（α）的关系如下[215]：

$$I_{\pi^*} = CP(\sin^2\alpha\sin^2\theta + 2\cos^2\alpha\cos^2\theta) + C(1-P)\sin^2\alpha \qquad (1.3)$$

其中，常数 C 为角度积分截面；P 为同步辐射的线偏振度；α 为估算的分子π^*轨道矢量相对于表面法线的夹角。对于平面分子，π^* 轨道的方向垂直于分子平面，所以 α 等同于分子平面相对于样品表面的夹角。NEXAFS 信号既受到共振态特定背景的影响，同时也受衬底散射共振、Rydberg 跃迁及多电子跃迁的影响。因此，α 的其精确度通常在 5°～15°之间。该公式的详细推导请见书籍[215]。

扩展 X 射线吸收精细结构（EXAFS）曲线表现为 X 射线吸收强度随光子能量的小幅振荡。当原子内壳层电子吸收 X 射线之后，产生的光电子在传播过程中受到近邻原子的散射导致背散射波。背散射波与出射波发生干涉，且随入射 X 射线的能量变化，导致了振荡的吸收曲线。通过对振荡曲线的分析，可以获得局域原子结构的信息。例如，EXAFS 具有元素分辨性。散射振幅具有配位原子依赖性，可用于分辨配位原子的种类；振幅的大小可以研究配位原子的个数。EXAFS 来源于出射电子与近邻原子的相互作用，因此其测量不依赖于晶体结构，是研究非晶态物质结构的重要手段之一。

3. 芯能级空穴时钟谱

芯能级空穴时钟谱技术使用芯能级空穴的寿命作为时间标尺，测量电荷转移动力学时间。对于原子序数比较小的元素，其芯能级空穴的寿命一般在飞秒量级，如 C 1s 和 N 1s 是 6fs，O 1s 是 4 fs，S 1s 是 1.27fs，S 2s 是 0.5fs[217, 218]。随着化学环境的变化，芯能级空穴的寿命不会有数量级上的变化[219]。因此，该技术可以获得飞秒甚至亚飞秒的时间分辨率，非常适合研究异质界面超快电子转移动力学。

芯能级空穴时钟谱由两部分组成：芯能级到未占据态分子轨道的激发谱（XAS 或 NEXAFS）及芯能级空穴退激发谱。光电子的激发与退激发过程如图 1.42 所示。首先是芯能级电子受激跃迁到未占据态分子轨道，导致一个芯能级空穴的产生，如图 1.42（a）所示。这一过程为 X 射线吸收过程。退激发之前，体系是电中性的。在芯能级空穴寿命时间内，存在两个相互竞争的退激发通道：一个是自电离过程，包括受激电子参与的退激发和非参与的退激发；一个是界面电荷转移过程。哪个过程的时间短，那么哪个过程先发生。图 1.42（b）为非参与退激发过程。激发电子局域在 LUMO，不参与退激发过程。一个价电子退激发回到芯能级空穴，同时另一个价电子激发到真空能级以外，带走剩余能量。此过程类似于常规俄歇过程［图 1.42（e）］，故称为共振俄歇退激发过程。与常规俄歇退激发相同，出射电子的动能不随入射光能量的变化而变化。不同的是，终态带一个单位正电荷，少于常规俄歇过程。由于受到最外层激发态电子的库仑作用，出射光电子动能略大于常规俄歇电子的动能。因此，在谱图中，共振俄歇峰出现在常规俄歇峰的低结合能处。图 1.42（c）展示了激发电子参与的退激发过程。HOMO 电子退激发回到芯能级填补空穴，同时激发电子激发到真空能级以外。终态带一个单位正电荷，类似于图 1.42（c）价电子激发过程。共振峰的结合能不随入射光能量的变化而变化。然而，这一退激发有效地增大电离截面，谱图上相应 HOMO 峰的信号明显增强，因此又称为共振光电发射过程，获得的谱称为共振光电子能谱。对于强耦合体系，界面处会发生电子转移，如图 1.42（d）所示。当受激电子转移到衬底的导带后，自电离过程［图 1.42（b）和（c）］被压制，退激发主要通过常规俄歇过程［图 1.42（e）］。在谱图上所有的共振信号明显减弱，俄歇信号占主导。详尽的说明见参考文献[219]~[222]。

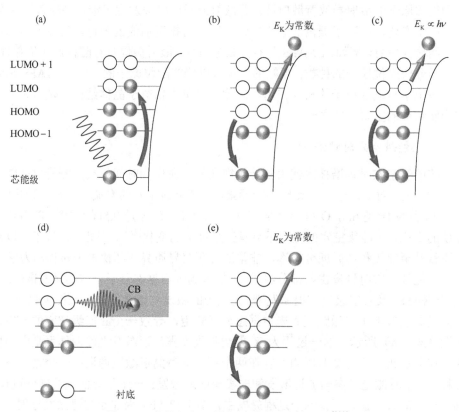

图 1.42　芯能级电子激发-退激发过程示意图[223]

（a）芯能级电子受激跃迁到 LUMO；随后发生的非参与（共振俄歇）(b) 和参与（共振光电）(c) 退激发过程，以及界面电荷转移过程（d）；(e) 电荷转移后发生的常规俄歇过程

　　界面电荷转移导致了芯能级空穴时钟谱中共振光电发射及共振俄歇过程的湮灭，以及常规俄歇过程的增强。相应地，在谱图上，共振特征峰强度 I_{RPES} 和俄歇特征峰强度 I_{Aug} 的变化可以定量分析电荷转移时间。界面处电荷转移时间 τ_{CT} 可以通过式（1.4）进行计算：

$$\tau_{CT} = \tau_{CH} \frac{I_{res}}{I_{Aug}} \tag{1.4}$$

其中，τ_{CH} 为芯能级空穴的寿命；I_{res} 为自电离组分的强度；I_{Aug} 为常规俄歇组分的强度。对于耦合体系测量的芯能级空穴时钟谱，通常使用非共振能量下测量的常规俄歇谱以及孤立体系测量的共振谱进行线性拟合，获得两个组分的强度，来定量计算耦合体系界面电子转移时间。这种方法被称为共振俄歇电子谱。该方法在自组装分子薄膜体系中应用比较广泛，见参考文献[224]。

当自电离信号和常规俄歇信号交叠在一起很难区分时，需要使用近似的方法。孤立体系共振光电发射强度 I^{iso} 代表激发电子的定域化，与完整共振谱强度成正比，耦合体系共振光电发射强度的降低（$I^{iso}–I^{coup}$）主要是由电荷转移引起的。因此，

$$\tau_{CT} = \tau_{CH} \frac{I^{iso} - I^{coup}}{I^{iso}} \tag{1.5}$$

这种方法被称为共振光电子能谱。该方法的简单推导过程以及在有机/无机异质界面体系中的应用，请参考文献[223]。而公式的详细推导过程及背后的物理含义，请参考综述[221]。

芯能级空穴时钟谱估算的界面电荷转移时间满足 $0.1\tau_{CH} \leqslant \tau_{CT} \leqslant 10\tau_{CH}$ 时，结果的可信度较高，否则仅代表一个趋势，其数值的意义不大[222, 225]。芯能级空穴时钟谱具有元素分辨性和轨道分辨性[221]，可用于有机分子的特定元素或者官能团，以及特定的未占据态分子轨道相关的电子转移动力学研究。此外，使用圆偏振同步辐射激发时，还能赋予该技术自旋分辨能力，研究不同自旋电子的界面转移动力学时间的差异[226]。因此，芯能级空穴时钟谱是研究电荷转移路径，以及其分子取向依赖性、原子位点相关性、轨道对称性及自旋依赖性的有效方法。

4. 软 X 射线磁圆二色谱

基于同步辐射的软 X 射线磁圆二色（XMCD）谱技术以圆偏振同步辐射作为激发光源，具有元素分辨性和表面敏感性，是研究材料磁性的有力手段之一。虽然太阳能电池中使用的大多数是没有磁性的功能材料，但是磁性纳米颗粒或可作为添加剂加入到功能层，以提高电荷提取和传输效率[227]；或是磁性离子的元素取代，调控材料自身的光电性质。

图 1.43（a）为磁圆二色谱共振激发过程示意图。左旋光激发 $m_s = -1/2$ 的自旋极化电子从 $2p_{3/2}$（L_3）和 $2p_{1/2}$（L_2）到未占据态的跃迁，遵循选定则 $\Delta m_j = -1$；而右旋光激发 $m_s = 1/2$ 的自旋极化电子到未占据态的跃迁，遵循选定则 $\Delta m_j = 1$。跃迁概率正比于未占据态的态密度。对于磁性材料，交换相互作用导致自旋极化未占据态密度差异。因此，如图 1.43（b）所示，不同圆偏振光导致明显的吸收峰强度的差异。图 1.43（c）为左旋光和右旋光测量的吸收谱相加获得 XAS，相减得到 XMCD 谱。把 XAS 和 XMCD 谱的强度进行积分，利用求和规则可以对原子的自旋和轨道磁矩进行定量计算。自旋磁矩 $m_S = -(6p-4q)/rn_h$，

而轨道磁矩 $m_L = -4q/3rn_h$。其中 n_h 为 d 轨道空穴的数量，p、d、r 的数值从积分曲线获得，见图 1.43（b）和（c），求和规则的推导详见参考文献[228]。

图 1.43（d）展示了 Co 取代 Pb 的 MA(Pb:Co)I$_3$ 薄膜的 Co L$_{2,3}$ 边 XAS[229]。图 1.43（e）利用圆偏振光获得两个 XAS 的差谱——XMCD 谱。从 XMCD 谱中，可以确定 Co^{2+} 高自旋 $t_{2g}^5 e_g^2$（$^4T_{1g}$）基态。利用求和规则，可以计算出 $m_S = 0.311\mu_B$/Co，$m_L = 0.2075\mu_B$/Co。从相应太阳能电池器件的 J-V 曲线可以看出，Co^{2+} 取代降低了钙钛矿薄膜太阳能电池的光电转换效率。这主要是因为 Co^{2+} 作为非辐射复合中心，增大了能量损失。

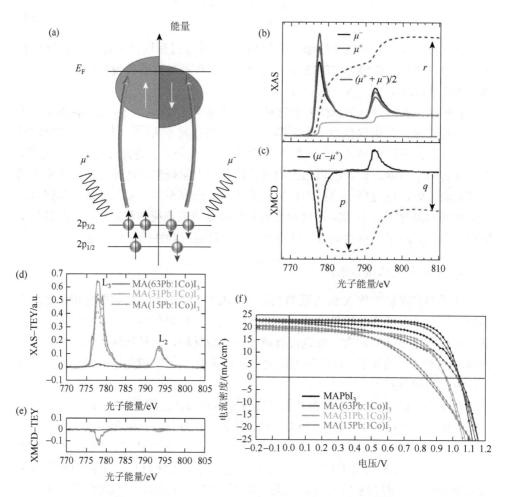

图 1.43　XMCD 在钙钛矿太阳能电池研究中的应用[229]

（a）磁性材料左旋光 μ^- 和右旋光 μ^+ 导致的芯能级电子跃迁示意图；左旋光和右旋光测量的 Co L$_{2,3}$ 边 XAS（b）及相应的 XMCD 谱（c）；MA(Pb:Co)I$_3$ 薄膜的 XAS（d）及相应的 XMCD 谱（e），其中实线 XAS 是使用右旋光测量，而虚线 XAS 使用左旋光测量；（f）相应太阳能电池器件的 J-V 曲线

同步辐射软 X 射线谱学技术是比较成熟的技术。目前，我国的上海光源、北京同步辐射装置、合肥光源和台湾光源相关实验站都能提供光电子能谱、软 X 射线吸收谱、芯能级空穴时钟谱和 X 射线磁圆二色谱的测量。相应谱学技术的应用实例请参考第 4 章。

1.4.2　同步辐射 X 射线衍射、散射技术

有机太阳能电池制备所用前驱体溶液中并非单一溶质。例如，OSCs 活性层是通过含有给/受体材料溶液挥发，自发形成具有独立连续电子和空穴传输通道的纳米互穿网络结构的体相异质结。研究表明，当高效的体相异质结中给体和受体材料间的相分离特征尺度接近且小于激子的扩散长度 5~30nm 时[230, 231]，激子分离和电荷传输才会更加有效，器件的短路电流和填充因子才会提高。体相异质结中一般存在着晶体和非晶的分子构象，结晶取向、π-π 堆积取向和尺寸、结晶尺寸等，这些都是影响激子分离和电荷传输的关键因素。研究表明[232]，适当特征长度的相分离、一定的结晶度、较小的结晶相区尺寸，将有利于垂直方向上增加载流子的迁移率，降低激子复合率，进而提高转换效率。体相异质结形貌主要在液相成膜过程中形成，是一个秒级时间尺度下的动态演变过程。伴随着不同液相成膜方式，溶剂的挥发将诱导给/受体相分离、成核、结晶以及分子构象改变等，最终形成复杂的多尺度微观结构。因此，采用多方法结合技术，原位实时研究形貌演变的动态过程，对理解 OSCs 溶液剪切成膜机制至关重要。类似地，在钙钛矿太阳能电池器件中，钙钛矿薄膜和有机电荷传输层的微观结构也对器件的性能起决定性作用。

非破坏、非接触的掠入射 X 射线散射（grazing incidence X-ray scattering，GIXS）技术是表征薄膜材料微观结构的有效手段。根据散射角度（或可探测尺度）的不同，GIXS 可以分为掠入射小角 X 射线散射（GISAXS）和掠入射广角 X 射线散射（GIWAXS）。同步辐射 GIXS 更兼具高通量、表征快速的特点。GISAXS 反映物质内部电子密度的分布情况，可以检测从 1nm 到数百纳米尺度范围内物质的微纳结构。OSCs 的散射信号主要由形貌因子、结构因子决定。应用 Guinier 方法得到活性层的旋转半径（R_g），应用 Debye-Bucherer 方法或 Debye-Anderson-Brumberger 模型得到相干长度。根据二维 GIWAXS 的峰位、半峰宽、相对强度等，可以得到 OSCs 薄膜中的晶面间距、结晶相干长度（CCL）、π-π 堆积特性、相对结晶度和结晶分子链取向等信息。因此，同步辐射 GIWAXS 和 GISAXS 方法是表征 OSCs 和钙钛矿太阳能电池形貌的有力工具[233, 234]。

如图 1.44 所示，入射光以较小的入射角 α_i 入射至样品表面时，偏离入射方向的散射射线被探测器接收。α_f 为出射角，ψ 为平面外角，k_i 和 k_f 分别为入射波矢

量和出射波矢量，其中，$k = 2\pi/\lambda$，散射矢量 $\boldsymbol{q}$ 由以下公式确定[235]：

$$q_x = k_0 \left[\cos(2\theta_f) \cos\alpha_f - \cos\alpha_i \right] \tag{1.6a}$$

$$q_y = k_0 \left[\sin(2\theta_f) \cos\alpha_f \right] \tag{1.6b}$$

$$q_\parallel = \sqrt{q_x^2 + q_y^2} \tag{1.6c}$$

$$q_\perp = k_0 \left(\sin\alpha_f + \sin\alpha_i \right) \tag{1.6d}$$

由于折射和反射效应，漫反射强度的最大值（也称为 Yoneda 峰）位于全镜面反射的临界角 α_c。对于 X 射线，折射率 $n = 1-\delta-\mathrm{i}\beta$，$\delta$ 和 β 分别是折射率的色散因子和吸收因子。当入射角 $\alpha_i < \alpha_c$ 时会发生全外反射，X 射线侵入深度仅为几纳米，具有较高的表面灵敏度；当 $\alpha_i > \alpha_c$ 时，X 射线侵入深度迅速增加，可以获得薄膜的内部结构信息。X 射线的侵入深度可由如下公式计算：

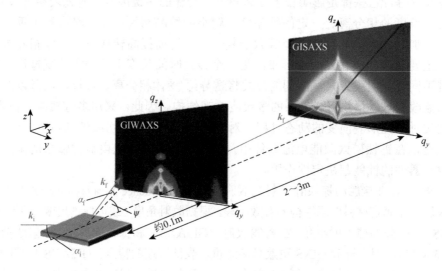

图 1.44　GISAXS 和 GIWAXS 测量示意图

散射测试是通过二维探测器完成的

$$\Lambda = \frac{\lambda}{2\sqrt{2}\pi} \sqrt{\frac{1}{\sqrt{\left(\alpha_i^2 - \alpha_c^2\right)^2 + 4\beta^2} - \left(\alpha_i^2 - \alpha_c^2\right)}} \tag{1.7}$$

$$\alpha_c = \sqrt{2\delta} \tag{1.8}$$

其中，α_i 为入射角；δ 和 β 分别为折射率的色散因子和吸收因子；λ 为光束波长[143]。

δ 和 β 的值可在网站上找到或计算出来[①]。对于液相成膜原位 GIWAXS 测量，在 10keV 下，以 PM6/N3 溶解在氯苯溶剂中为例，氯苯临界角 $\alpha_{c, solvent}$ 为 0.147°，Si 衬底的临界角 $\alpha_{c, Si}$ 为 0.179°，而活性层 PM6/N3 的临界角为 0.123°。由式（1.7）可以计算出随着入射角的增加，X 射线侵入深度的变化（图 1.45）。

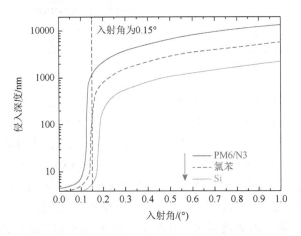

图 1.45　在 10keV 下不同物质的 X 射线侵入深度[143]

随着有机太阳能电池和钙钛矿太阳能电池研究人员表征需求的不断增加，国内同步辐射 X 射线散射线站建设和运行方面也有了长足的发展。目前为止，我国可以进行 GIWAXS 的实验站有：上海光源（SSRF）的 BL14B1 线站、BL16B1 线站、BL17B1 线站、BL02U1 线站、BL10U1 线站，北京同步辐射装置（BSRF）的 1W2A 线站，台湾光源（TLS）的 BL17B 线站；可以进行 GISAXS 的实验站有：上海光源的 BL16B1 线站、BL19U2 线站、BL10U1 线站，北京同步辐射装置的 1W2A 线站，台湾光子源（TPS）的 25A 线站等。我国具有 GISAXS 测试功能的线站如表 1.1 所示。

表 1.1　中国具有 GISAXS 表征功能的线站一览表*

线站名称	所属	光源类型	能量范围 /keV	光子通量 /(光子/s)	光斑尺寸 /mm×mm	最大探测尺度/nm	运行时间
1W2A	BSRF	扭摆器（wiggler）	8	约 10^{11}	1.4×0.2	200	2007 年
BL23A	TLS	超导扭摆器（superconducting wiggler）	5～23	约 10^{11}	0.6×0.7	300	2009 年 5 月
25A	TPS	波荡器（undulator）	5.56～20	约 10^{12}	0.002×0.002	1046	2016 年

① https://henke.lbl.gov/optical_constants/。

续表

线站名称	所属	光源类型	能量范围 /keV	光子通量 /(光子/s)	光斑尺寸 /mm×mm	最大探测 尺度/nm	运行时间
BL16B1	SSRF	弯铁（bending magnet）	5～20	约 10^{11}	0.24×0.16	240	2009 年 5 月
BL19U2	SSRF	波荡器	7～15	约 10^{12}	0.33×0.05	200	2015 年 3 月
BL10U1	SSRF	波荡器	8～15	约 10^{13}	0.4×0.45/0.008 ×0.006	1500	2022 年

* https://www.ncnr.nist.gov/resources/activation/。

对于掠入射散射实验，除了线站测试的硬件，也需要相应的数据处理软件。以往，GIWAXS 和 GISAXS 数据预处理通常可以采用欧洲同步辐射光源（ESRF）开发的 FIT2D[236]，但是对于原位实验的海量数据，FIT2D 的批处理相对比较麻烦，不具有转换为 q_x，q_z 二维散射图的功能。另外，GISAXS 的矩形积分步骤非常烦琐。美国先进光源（APS）开发了数据预处理软件 Nika[237]，但是不具有 GISAXS 矩形积分批处理功能。另外，APS 开发的 GIXSGUI 软件目前不具有扣除背底功能[238]。对此，上海光源的杨春明等开发了一套 SAXS 和 GISAXS 数据皆可使用的数据处理和分析软件——SGTools[235]。该自编软件可以实现 SAXS 二维数据的"beam centre"（光斑中心）的确定、样品到探测器距离（sample-to-detector distance，SDD）的标定（图 1.46）、背景散射信号的扣除等批处理功能，还具有实现二维散射图 $I(q_x, q_z)$ 输出，原位实验的多组数据重构三维图谱等功能。

图 1.46　SGTools 软件主界面

SGTools 还可以进行二维散射数据的批量输入，通过矩形积分和扇形积分，快速实现（1～2s/个）测量的二维散射数据到一维散射结果的批量转换（图 1.47）。

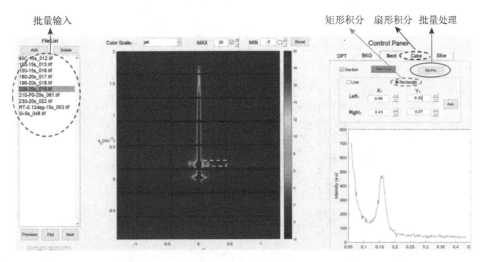

图 1.47　SGTools 的二维数据通过矩形积分转换一维散射数据的界面

SGTools 也可以实现一维数据的快速 Gaussian-Lorentz 拟合，得到峰位、峰高、峰面积和峰宽等参数。该程序可供相关研究人员从网页下载[①]。

GISAXS 数据的进一步分析，需要详细建立模型和拟合。其一维强度分布曲线一般是在 q_z 接近反射光斑的位置沿着 q_{xy} 轴提取的[30]。通常可以应用式（1.9）来进行拟合。以 PTBTz-2/ITIC/PCBM 体系为例[239]，图 1.48（a）中的实线是利用式（1.9）中的通用模型在低 q 区（0.1～0.5nm^{-1}）得到的拟合曲线。

$$I(q) = \frac{A_1}{\left[1 + (q\xi)^2\right]^2} + A_2 \langle P(q,R) \rangle S(q,R,\eta,D) + B \qquad (1.9)$$

其中，第一项为 DAB（Debye-Anderson-Brumberger）项[240]，q 为散射矢量，A_1 和 A_2 为独立的拟合参数，ξ 为给体相的平均相干长度；B 为常量。第二项中，$P(q, R)$ 为球体的散射形状因子，$S(q, R, \eta, D)$ 为碎片状网络团簇区域的结构因子，用式（1.10）表示[210, 211, 241, 242]：

$$S(q) = 1 + \frac{\sin\left[(D-1)\tan^{-1}(q\eta)\right]}{(qR)^D} \frac{D\Gamma(D-1)}{\left[1 + \frac{1}{(q\eta)^2}\right]^{\frac{D-1}{2}}} \qquad (1.10)$$

---

① http://www.sgtools.cc/。

其中，R 为初级粒子球形的平均半径；η 为碎片网络的相干长度；D 为该结构的分形维数，$\Gamma(D-1)$ 为阶乘的伽玛函数。聚集的受体团簇的平均尺寸由 Guinier 半径（R_g）近似表示，R_g 可由式（1.11）计算而得：

$$R_g = \eta\sqrt{\frac{D(D+1)}{2}} \qquad\qquad (1.11)$$

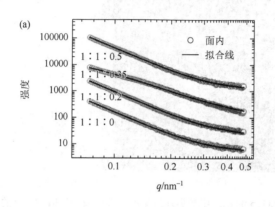

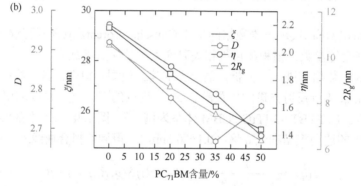

图 1.48　PTBTz-2/ITIC/PCBM 体系一维 GISAXS 曲线（a）及拟合对应的拟合参数（b）[239]

　　以聚合物-富勒烯体系为例，DAB 项多用来模拟非晶相中分散的 PC$_{71}$BM 分子，而第二项用来表示 PC$_{71}$BM 碎片网络状聚集的贡献。ξ 通常被用来估算受体分散在给体相中的尺寸，可以简单地通过一维 GISAXS 曲线中出现的宽峰来确定[45,240]。然而小分子体系中不会出现这样的特征峰，导致小分子体系中计算 ξ 存在困难。根据以往的研究[212]，小分子 ITIC 在低 q 区的强度是高 q 区的 10 倍，即其信号在这个区域非常明显。但是，在二元薄膜中，低 q 区的光子计数强度并不高，意味着在这个体系中聚合物是 ξ 值的主要贡献者。因此，ξ 被定义为给体富集、受体分散在其中的区域的尺寸。三元薄膜的微观形貌比二元薄膜复杂很多，因为第三元成分的加入会引入多个新的相，如纯的非晶相和结晶相，它们还会与另外两种成分的相混合在一起[239]。该技术的更多应用实例，请参考第 2 章和第 3 章。

1.4.3 同步辐射 X 射线成像技术

1. 光电子显微镜

光电子显微镜（photo-emission electron microscopy，PEEM）是一种具有显微和谱学功能的技术，可以同时提供样品表面的微区形貌和电子结构信息。图 1.49 为典型 PEEM 测试结构示意图。它由三部分组成：激发光源、镜头和成像系统。样品吸收 X 射线，相应的芯能级电子受激跃迁到未占据态，产生一个芯能级空穴。该过程见图 1.42（a）。芯能级空穴的退激发过程［图 1.42（b）和（c）］及非弹性电子散射过程，导致大量的二次电子。有的二次电子的动能大于功函数，因此可以逃逸到真空中。物镜上的高压将这些光电子聚焦到入射电子照射光阑。通过一系列的透镜组调整图像的对称性。通过半球形电子能量分析器，最终在面探测器上形成 PEEM 图像。常用的面探测器包括多通道板电子倍增器（MCP）和荧光屏。其中 MCP 起到放大电子信号的作用，而荧光屏将电子转换成可见光。

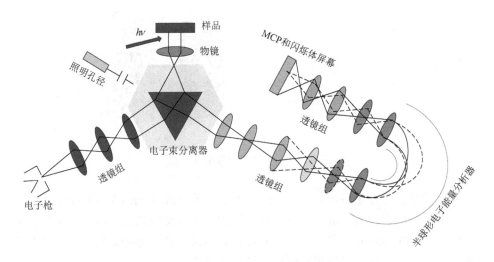

图 1.49 基于同步辐射的 PEEM 实验测量示意图

由于 PEEM 探测的是二次电子，其逃逸深度只有几纳米，因此 PEEM 探测的是样品表面的信息。根据元素对同步辐射 X 射线吸收强度的差异以及吸收的极化依赖性，同步辐射 X 射线 PEEM（X-PEEM）图像可以提供元素分布、化学态分布、分子取向分布等信息。例如，改变光子能量导致电子产率的变化，可以提供元素和化学态信息；而改变同步光的线偏振度，导致不同取向的有机分子的 X 射线吸收和电子产率的差异，可以提供分子取向分布信息。PEEM 技术的应用实例参考第 4 章 4.3.2 节中的"1. 钙钛矿薄膜/TiO_2 界面电子结构"。

2. 扫描透射 X 射线显微技术

扫描透射 X 射线显微（scanning transmission X-ray microscopy，STXM）技术基于元素对 X 射线吸收的差异，对元素的空间分布进行成像研究。1972 年，Horowitz 和 Howell 首次在 Cambridge Electron Accelerator 上搭建了 STXM。当时该技术的空间分辨率为 $1\sim2\mu m$。目前上海同步辐射装置软 X 射线谱学显微光束线 STXM 的空间分辨率约为 30nm。图 1.50 为 STXM 测试结构示意图。利用波带片和级选光阑（order sorting aperture，OSA）将入射的单色化 X 射线聚焦。将样品放置在波带片的焦点上。通过光电倍增管探测器对透过样品的 X 射线的强度进行探测。通过电极移动和旋转样品台实现样品探测区域在焦平面上的二维移动，对样品进行逐点扫描成像。STXM 需要在真空好于 10^{-5}torr（1torr = 1.33322×10^2Pa）或者氦气环境下测量。

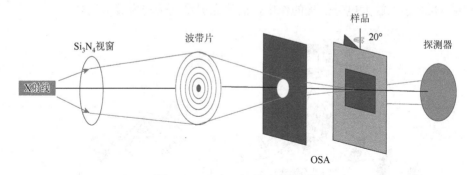

图 1.50 STXM 实验测量示意图

基于同步辐射能量可调的特性，STXM 非常适合微区 NEXAFS 的研究。通过扫描元素特征吸收边的能量，可以获得元素和化学价态信息。通过 3D 堆栈扫描（空间 X、Y 和能量维度）及适当的数据处理，便可获得样品中元素及价态的空间分布信息。STXM 技术的应用实例请参考第 3 章 3.6 节。

3. 微米/纳米 X 射线荧光成像技术

X 射线荧光成像是一种无损的元素成像技术。X 射线荧光成像通过测量元素的特征 X 射线发射波长或能量识别元素。将测量的特征 X 射线的强度和元素浓度关联，对元素进行量化分析。随着同步辐射 X 射线空间分辨率的提升，可以获得元素的含量和三维空间分布信息。目前上海光源可以实现几微米聚焦光斑[243]，日本 SPring-8 光源可以实现 10nm 的聚焦光斑。图 1.51 为 X 射线荧光成像示意图，其操作与 STXM 相似，差别在于使用的是荧光探测器扫描元素特征 X 射线荧光。

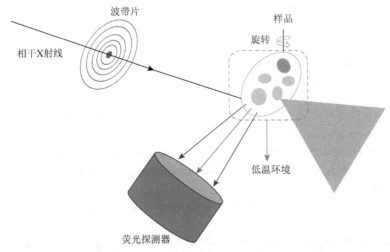

图 1.51　X 射线荧光成像装置示意图

参 考 文 献

[1] FELDMAN D，DUMMIT K，ZUBOY J，et al. Spring 2023 solar industry update[R/OL]. （2023-04-27）[2024-01-29]. https://www.osti.gov/biblio/1974994.

[2] Photovoltaic manufacturer shipments：capacity，production，prices and revenues to 2019[R/OL]. [2024-01-29]. https://www.idtechex.com/en/research-report/photovoltaic-manufacturer-shipments-capacity-production-prices-and-revenues-to-2019/420.

[3] FELDMAN D，MARGOLIS R. Q4 2018/Q1 2019 solar industry update[R/OL]. [2024-01-29]. https://www.nrel.gov/docs/fy19osti/73992.pdf.

[4] VDMA. International technology roadmap for photovoltaic（ITRPV）[R]. 2021.

[5] 李娜，中国能建规划设计集团西北电力设计院有限公司. 中国能建西北院设计的青海中控德令哈光热电站设计解读[EB/OL].（2020-06-24）[2024-01-29]. http://cnste.org/html/jishu/2020/0624/6518.html.

[6] CHAPIN D M，FULLER C S，PEARSON G L. A new silicon p-n junction photocell for converting solar radiation into electrical power[J]. Journal of Applied Physics，1954，25（5）：676-677.

[7] MANDELKORN J，LAMNECK J H. A new electric field effect in silicon solar cells[J]. Journal of Applied Physics，1973，44（10）：4785-4787.

[8] MANDELKORN J，MCAFEE C，KESPERIS J，et al. Fabrication and characteristics of phosphorous-diffused silicon solar cells[J]. Journal of the Electrochemical Society，1962，109（4）：313.

[9] RITTNER E S，ARNDT R A. Comparison of silicon solar cell efficiency for space and terrestrial use[J]. Journal of Applied Physics，1976，47（7）：2999-3002.

[10]　KIM K H，PARK C S，LEE J D，et al. Record high efficiency of screen-printed silicon aluminum back surface field solar cell：20.29%[J]. Japanese Journal of Applied Physics，2017，56（8S2）：08MB25.

[11]　GREEN M A，BLAKERS A W，NARAYANAN S，et al. Improvements in silicon solar cell efficiency[J]. Solar Cells，1986，17（1）：75-83.

[12]　ZHAO J，WANG A，ALTERMATT P，et al. Twenty-four percent efficient silicon solar cells with double layer antireflection coatings and reduced resistance loss[J]. Applied Physics Letters，1995，66（26）：3636-3638.

[13]　YABLONOVITCH E，GMITTER T，SWANSON R M，et al. A 720mV open circuit voltage SiO$_x$:c-Si:SiO$_x$ double heterostructure solar cell[J]. Applied Physics Letters，1985，47（11）：1211-1213.

[14]　ALLEN T G，BULLOCK J，YANG X，et al. Passivating contacts for crystalline silicon solar cells[J]. Nature Energy，2019，4（11）：914-928.

[15]　STEFAN W G，REIN S，WARTA W，et al. Degradation of carrier lifetime in Cz silicon solar cells[J]. Solar Energy Materials and Solar Cells，2001，65（1/2/3/4）：219-229.

[16]　RAMSPECK K，ZIMMERMANN S，NAGEL H，et al. Light induced degradation of rear passivated mc-Si solar cells[C]//Proceedings of the 27th European Photovoltaic Solar Energy Conference and Exhibition，Frankfurt，2012：861-865.

[17]　BRITT J，FEREKIDES C. Thin-film CdS/CdTe solar cell with 15.8% efficiency[J]. Applied Physics Letters，1993，62（22）：2851-2852.

[18]　WU X. High-efficiency polycrystalline CdTe thin-film solar cells[J]. Solar Energy，2004，77（6）：803-814.

[19]　WILSON G M，AL-JASSIM M，METZGER W K，et al. The 2020 photovoltaic technologies roadmap[J]. Journal of Physics D：Applied Physics，2020，53（49）：493001.

[20]　GóMEZ M，XU G，LI Y，et al. Navigating the future：China's photovoltaic roadmap challenges[J]. Science Bulletin，2023，68（21）：2491-2494.

[21]　STAMFORD L，AZAPAGIC A. Environmental impacts of copper-indium-gallium-selenide（CIGS）photovoltaics and the elimination of cadmium through atomic layer deposition[J]. Science of the Total Environment，2019，688：1092-1101.

[22]　RüHLE S. Tabulated values of the Shockley-Queisser limit for single junction solar cells[J]. Solar Energy，2016，130：139-147.

[23]　JORDAN D C，KURTZ S R，VANSANT K，et al. Compendium of photovoltaic degradation rates[J]. Progress in Photovoltaics：Research and Applications，2016，24（7）：978-989.

[24]　ABOU-RAS D，WAGNER S，STANBERY B J，et al. Innovation highway：breakthrough milestones and key developments in chalcopyrite photovoltaics from a retrospective viewpoint[J]. Thin Solid Films，2017，633：2-12.

[25]　TANG C W. Two-layer organic photovoltaic cell[J]. Applied Physics Letters，1986，48（2）：183-185.

[26]　RAFIQUE S，ABDULLAH S M，SULAIMAN K，et al. Fundamentals of bulk heterojunction organic solar cells：an overview of stability/degradation issues and strategies for improvement[J]. Renewable and Sustainable Energy Reviews，2018，84：43-53.

[27]　HEREMANS P，CHEYNS D，RAND B P. Strategies for increasing the efficiency of heterojunction organic solar cells：material selection and device architecture[J]. Accounts of Chemical Research，2009，42（11）：1740-1747.

[28]　SHAHEEN S E，BRABEC C J，SARICIFTCI N S，et al. 2.5% Efficient organic plastic solar cells[J]. Applied Physics Letters，2001，78（6）：841-843.

[29]　KIM J Y，KIM S H，LEE H H，et al. New architecture for high-efficiency polymer photovoltaic cells using solution-based titanium oxide as an optical spacer[J]. Advanced Materials，2006，18（5）：572-576.

[30]   LIU Y，ZHAO J，LI Z，et al. Aggregation and morphology control enables multiple cases of high-efficiency polymer solar cells[J]. Nature Communications，2014，5（1）：5293.

[31]   PARK S H，ROY A，BEAUPRé S，et al. Bulk heterojunction solar cells with internal quantum efficiency approaching 100%[J]. Nature Photonics，2009，3（5）：297-302.

[32]   LEE H K H，TELFORD A M，RöHR J A，et al. The role of fullerenes in the environmental stability of polymer：fullerene solar cells[J]. Energy & Environmental Science，2018，11（2）：417-428.

[33]   LIN Y，WANG J，ZHANG Z G，et al. An electron acceptor challenging fullerenes for efficient polymer solar cells[J]. Advanced Materials，2015，27（7）：1170-1174.

[34]   ZHAO W，LI S，YAO H，et al. Molecular optimization enables over 13% efficiency in organic solar cells[J]. Journal of the American Chemical Society，2017，139（21）：7148-7151.

[35]   YUAN J，ZHANG Y，ZHOU L，et al. Single-junction organic solar cell with over 15% efficiency using fused-ring acceptor with electron-deficient core[J]. Joule，2019，3（4）：1140-1151.

[36]   JIANG K，WEI Q，LAI J Y L，et al. Alkyl chain tuning of small molecule acceptors for efficient organic solar cells[J]. Joule，2019，3（12）：3020-3033.

[37]   LIU Q，JIANG Y，JIN K，et al. 18% Efficiency organic solar cells[J]. Science Bulletin，2020，65（4）：272-275.

[38]   CUI Y，YAO H，HONG L，et al. Organic photovoltaic cell with 17% efficiency and superior processability[J]. National Science Review，2020，7（7）：1239-1246.

[39]   CUI Y，YAO H，ZHANG J，et al. Over 16% efficiency organic photovoltaic cells enabled by a chlorinated acceptor with increased open-circuit voltages[J]. Nature Communications，2019，10（1）：2515.

[40]   CUI Y，XU Y，YAO H，et al. Single-junction organic photovoltaic cell with 19% efficiency[J]. Advanced Materials，2021，33（41）：2102420.

[41]   LI G，CHANG W H，YANG Y. Low-bandgap conjugated polymers enabling solution-processable tandem solar cells[J]. Nature Reviews Materials，2017，2（8）：17043.

[42]   MENG L，ZHANG Y，WAN X，et al. Organic and solution-processed tandem solar cells with 17.3% efficiency[J]. Science，2018，361（6407）：1094-1098.

[43]   LIU G，JIA J，ZHANG K，et al. 15% Efficiency tandem organic solar cell based on a novel highly efficient wide-bandgap nonfullerene acceptor with low energy loss[J]. Advanced Energy Materials，2019，9（11）：1803657.

[44]   LIU Y，CHEN Y. Integrated perovskite/bulk-heterojunction organic solar cells[J]. Advanced Materials，2020，32（3）：1805843.

[45]   PENG Z，ZHANG Y，SUN X，et al. Real-time probing and unraveling the morphology formation of blade-coated ternary nonfullerene organic photovoltaics with *in situ* X-ray scattering[J]. Advanced Functional Materials，2023，33（14）：2213248.

[46]   SHEN Y F，LIU Y，ZHANG J，et al. Research progress of large-area organic solar cells[J]. Scientia Sinica Chimica，2022，52（11）：2001-2026.

[47]   LUNGENSCHMIED C，DENNLER G，NEUGEBAUER H，et al. Flexible，long-lived，large-area，organic solar cells[J]. Solar Energy Materials and Solar Cells，2007，91（5）：379-384.

[48]   KREBS F C，GEVORGYAN S A，ALSTRUP J. A roll-to-roll process to flexible polymer solar cells：model studies，manufacture and operational stability studies[J]. Journal of Materials Chemistry，2009，19（30）：5442-5451.

[49]   WANG G，ZHANG J，YANG C，et al. Synergistic optimization enables large-area flexible organic solar cells to maintain over 98% PCE of the small-area rigid devices[J]. Advanced Materials，2020，32（49）：2005153.

[50] WANG Y, LAN W, LI N, et al. Stability of nonfullerene organic solar cells: from built-in potential and interfacial passivation perspectives[J]. Advanced Energy Materials, 2019, 9 (19): 1900157.

[51] YU L, QIAN D, MARINA S, et al. Diffusion-limited crystallization: a rationale for the thermal stability of non-fullerene solar cells[J]. ACS Applied Materials & Interfaces, 2019, 11 (24): 21766-21774.

[52] WANG Y, LEE J, HOU X, et al. Recent progress and challenges toward highly stable nonfullerene acceptor-based organic solar cells[J]. Advanced Energy Materials, 2021, 11 (5): 2003002.

[53] MA L, ZHANG S, WANG J, et al. Recent advances in non-fullerene organic solar cells: from lab to fab[J]. Chemical Communications, 2020, 56 (92): 14337-14352.

[54] KOJIMA A, TESHIMA K, SHIRAI Y, et al. Organometal halide perovskites as visible-light sensitizers for photovoltaic cells[J]. Journal of the American Chemical Society, 2009, 131 (17): 6050-6051.

[55] IM J H, LEE C R, LEE J W, et al. 6.5% Efficient perovskite quantum-dot-sensitized solar cell[J]. Nanoscale, 2011, 3 (10): 4088-4093.

[56] CHUNG I, LEE B, HE J, et al. All-solid-state dye-sensitized solar cells with high efficiency[J]. Nature, 2012, 485 (7399): 486-489.

[57] KIM H S, LEE C R, IM J H, et al. Lead iodide perovskite sensitized all-solid-state submicron thin film mesoscopic solar cell with efficiency exceeding 9%[J]. Scientific Reports, 2012, 2 (1): 591.

[58] LEE M M, TEUSCHER J, MIYASAKA T, et al. Efficient hybrid solar cells based on meso-superstructured organometal halide perovskites[J]. Science, 2012, 338 (6107): 643-647.

[59] BURSCHKA J, PELLET N, MOON S J, et al. Sequential deposition as a route to high-performance perovskite-sensitized solar cells[J]. Nature, 2013, 499 (7458): 316-319.

[60] LIU M, JOHNSTON M B, SNAITH H J. Efficient planar heterojunction perovskite solar cells by vapour deposition[J]. Nature, 2013, 501 (7467): 395-398.

[61] JEON N J, NOH J H, KIM Y C, et al. Solvent engineering for high-performance inorganic-organic hybrid perovskite solar cells[J]. Nature Materials, 2014, 13 (9): 897-903.

[62] ZHOU H, CHEN Q, LI G, et al. Interface engineering of highly efficient perovskite solar cells[J]. Science, 2014, 345 (6196): 542-546.

[63] BI D, YI C, LUO J, et al. Polymer-templated nucleation and crystal growth of perovskite films for solar cells with efficiency greater than 21%[J]. Nature Energy, 2016, 1 (10): 16142.

[64] KIM M, KIM G H, LEE T K, et al. Methylammonium chloride induces intermediate phase stabilization for efficient perovskite solar cells[J]. Joule, 2019, 3 (9): 2179-2192.

[65] JANG Y W, LEE S, YEOM K M, et al. Intact 2D/3D halide junction perovskite solar cells via solid-phase in-plane growth[J]. Nature Energy, 2021, 6 (1): 63-71.

[66] JIANG Q, TONG J, XIAN Y, et al. Surface reaction for efficient and stable inverted perovskite solar cells[J]. Nature, 2022, 611 (7935): 278-283.

[67] MIN H, LEE D Y, KIM J, et al. Perovskite solar cells with atomically coherent interlayers on SnO_2 electrodes[J]. Nature, 2021, 598 (7881): 444-450.

[68] YU G, GAO J, HUMMELEN J C, et al. Polymer photovoltaic cells: enhanced efficiencies via a network of internal donor-acceptor heterojunctions[J]. Science, 1995, 270 (5243): 1789-1791.

[69] LIN Y, ZHAN X. Non-fullerene acceptors for organic photovoltaics: an emerging horizon[J]. Materials Horizons, 2014, 1 (5): 470-488.

[70] BRABEC C J, SHAHEEN S E, WINDER C, et al. Effect of LiF/metal electrodes on the performance of plastic

solar cells[J]. Applied Physics Letters，2002，80（7）：1288-1290.

[71] PADINGER F，RITTBERGER R S，SARICIFTCI N S. Effects of postproduction treatment on plastic solar cells[J]. Advanced Functional Materials，2003，13（1）：85-88.

[72] MA W，YANG C，GONG X，et al. Thermally stable，efficient polymer solar cells with nanoscale control of the interpenetrating network morphology[J]. Advanced Functional Materials，2005，15（10）：1617-1622.

[73] SOCI C，HWANG I W，MOSES D，et al. Photoconductivity of a low-bandgap conjugated polymer[J]. Advanced Functional Materials，2007，17（4）：632-636.

[74] PEET J，KIM J Y，COATES N E，et al. Efficiency enhancement in low-bandgap polymer solar cells by processing with alkane dithiols[J]. Nature Materials，2007，6（7）：497-500.

[75] WIENK M M，KROON J M，VERHEES W J H，et al. Efficient methano[70]fullerene/MDMO-PPV bulk heterojunction photovoltaic cells[J]. Angewandte Chemie International Edition，2003，42（29）：3371-3375.

[76] XING G，MATHEWS N，SUN S，et al. Long-range balanced electron- and hole-transport lengths in organic-inorganic $CH_3NH_3PbI_3$[J]. Science，2013，342（6156）：344-347.

[77] LIANG Y，FENG D，WU Y，et al. Highly efficient solar cell polymers developed via fine-tuning of structural and electronic properties[J]. Journal of the American Chemical Society，2009，131（22）：7792-7799.

[78] HE Z，ZHONG C，SU S，et al. Enhanced power-conversion efficiency in polymer solar cells using an inverted device structure[J]. Nature Photonics，2012，6（9）：591-595.

[79] HE Z，XIAO B，LIU F，et al. Single-junction polymer solar cells with high efficiency and photovoltage[J]. Nature Photonics，2015，9（3）：174-179.

[80] NIAN L，ZHANG W，ZHU N，et al. Photoconductive cathode interlayer for highly efficient inverted polymer solar cells[J]. Journal of the American Chemical Society，2015，137（22）：6995-6998.

[81] LIN X，YANG Y，NIAN L，et al. Interfacial modification layers based on carbon dots for efficient inverted polymer solar cells exceeding 10% power conversion efficiency[J]. Nano Energy，2016，26：216-223.

[82] WAN Q，GUO X，WANG Z，et al. 10.8% Efficiency polymer solar cells based on PTB7-Th and PC₇₁BM via binary solvent additives treatment[J]. Advanced Functional Materials，2016，26（36）：6635-6640.

[83] MCNEILL C R，GREENHAM N C. Conjugated-polymer blends for optoelectronics[J]. Advanced Materials，2009，21（38-39）：3840-3850.

[84] ZHAO W，QIAN D，ZHANG S，et al. Fullerene-free polymer solar cells with over 11% efficiency and excellent thermal stability[J]. Advanced Materials，2016，28（23）：4734-4739.

[85] HWANG Y J，REN G，MURARI N M，et al. n-Type naphthalene diimide-biselenophene copolymer for all-polymer bulk heterojunction solar cells[J]. Macromolecules，2012，45（22）：9056-9062.

[86] FACCHETTI A. Polymer donor-polymer acceptor（all-polymer）solar cells[J]. Materials Today，2013，16（4）：123-132.

[87] KIM T，KIM J H，KANG T E，et al. Flexible，highly efficient all-polymer solar cells[J]. Nature Communications，2015，6（1）：8547.

[88] GUO X，FACCHETTI A，MARKS T J. Imide- and amide-functionalized polymer semiconductors[J]. Chemical Reviews，2014，114（18）：8943-9021.

[89] WüRTHNER F，SAHA-MöLLER C R，FIMMEL B，et al. Perylene bisimide dye assemblies as archetype functional supramolecular materials[J]. Chemical Reviews，2016，116（3）：962-1052.

[90] YAN H，CHEN Z，ZHENG Y，et al. A high-mobility electron-transporting polymer for printed transistors[J]. Nature，2009，457（7230）：679-686.

[91] GAO L，ZHANG Z G，XUE L，et al. All-polymer solar cells based on absorption-complementary polymer donor and acceptor with high power conversion efficiency of 8.27%[J]. Advanced Materials，2016，28（9）：1884-1890.

[92] FAN B，YING L，WANG Z，et al. Optimisation of processing solvent and molecular weight for the production of green-solvent-processed all-polymer solar cells with a power conversion efficiency over 9%[J]. Energy & Environmental Science，2017，10（5）：1243-1251.

[93] FAN B，YING L，ZHU P，et al. All-polymer solar cells based on a conjugated polymer containing siloxane-functionalized side chains with efficiency over 10%[J]. Advanced Materials，2017，29（47）：1703906.

[94] LI Z，YING L，ZHU P，et al. A generic green solvent concept boosting the power conversion efficiency of all-polymer solar cells to 11%[J]. Energy & Environmental Science，2019，12（1）：157-163.

[95] GAO L，ZHANG Z G，BIN H，et al. High-efficiency nonfullerene polymer solar cells with medium bandgap polymer donor and narrow bandgap organic semiconductor acceptor[J]. Advanced Materials，2016，28（37）：8288-8295.

[96] LUO Z，LIU T，MA R，et al. Precisely controlling the position of bromine on the end group enables well-regular polymer acceptors for all-polymer solar cells with efficiencies over 15%[J]. Advanced Materials，2020，32（48）：2005942.

[97] ZHANG Z G，YANG Y，YAO J，et al. Constructing a strongly absorbing low-bandgap polymer acceptor for high-performance all-polymer solar cells[J]. Angewandte Chemie International Edition，2017，56（43）：13503-13507.

[98] ZHANG Z G，LI Y. Polymerized small-molecule acceptors for high-performance all-polymer solar cells[J]. Angewandte Chemie International Edition，2021，60（9）：4422-4433.

[99] PENG F，AN K，ZHONG W，et al. A universal fluorinated polymer acceptor enables all-polymer solar cells with ＞15% efficiency[J]. ACS Energy Letters，2020，5（12）：3702-3707.

[100] FU H，LI Y，YU J，et al. High efficiency（15.8%）all-polymer solar cells enabled by a regioregular narrow bandgap polymer acceptor[J]. Journal of the American Chemical Society，2021，143（7）：2665-2670.

[101] YU H，PAN M，SUN R，et al. Regio-regular polymer acceptors enabled by determined fluorination on end groups for all-polymer solar cells with 15.2% efficiency[J]. Angewandte Chemie International Edition，2021，60（18）：10137-10146.

[102] GAO H，SUN Y，MENG L，et al. Recent progress in all-small-molecule organic solar cells[J]. Small，2023，19（3）：2205594.

[103] YANG L，ZHANG S，HE C，et al. Modulating molecular orientation enables efficient nonfullerene small-molecule organic solar cells[J]. Chemistry of Materials，2018，30（6）：2129-2134.

[104] YIN Z，ZHENG Q，CHEN S C，et al. Interface control of semiconducting metal oxide layers for efficient and stable inverted polymer solar cells with open-circuit voltages over 1.0volt[J]. ACS Applied Materials & Interfaces，2013，5（18）：9015-9025.

[105] LV M，ZHOU R，LU K，et al. Research progress of small molecule donors with high crystallinity in all small molecule organic solar cells[J]. Acta Chimica Sinica，2021，79（3）：284-302.

[106] MENG L，WU S，WAN X，et al. Tuning the phase separation by thermal annealing enables high-performance all-small-molecule organic solar cells[J]. Chemistry of Materials，2022，34（7）：3168-3177.

[107] WANG W，CHEN B，JIAO X，et al. A new small molecule donor for efficient and stable all small molecule organic solar cells[J]. Organic Electronics，2019，70：78-85.

[108] MUZZILLO C P. Review of grain interior，grain boundary，and interface effects of K in CIGS solar cells:

mechanisms for performance enhancement[J]. Solar Energy Materials and Solar Cells，2017，172：18-24.

[109] WANG Y，WANG Y，ZHU L，et al. A novel wide-bandgap small molecule donor for high efficiency all-small-molecule organic solar cells with small non-radiative energy losses[J]. Energy & Environmental Science，2020，13（5）：1309-1317.

[110] YANG L，ZHANG S，HE C，et al. New wide band gap donor for efficient fullerene-free all-small-molecule organic solar cells[J]. Journal of the American Chemical Society，2017，139（5）：1958-1966.

[111] YIN Z，WEI J，ZHENG Q. Interfacial materials for organic solar cells：recent advances and perspectives[J]. Advanced Science，2016，3（8）：1500362.

[112] BI S，LENG X，LI Y，et al. Interfacial modification in organic and perovskite solar cells[J]. Advanced Materials，2019，31（45）：1805708.

[113] CHEN S，MANDERS J R，TSANG S W，et al. Metal oxides for interface engineering in polymer solar cells[J]. Journal of Materials Chemistry，2012，22（46）：24202-24212.

[114] HE Z，ZHONG C，HUANG X，et al. Simultaneous enhancement of open-circuit voltage，short-circuit current density，and fill factor in polymer solar cells[J]. Advanced Materials，2011，23（40）：4636-4643.

[115] YIP H L，JEN A K Y. Recent advances in solution-processed interfacial materials for efficient and stable polymer solar cells[J]. Energy & Environmental Science，2012，5（3）：5994-6011.

[116] BAEK S W，PARK G，NOH J，et al. Au@Ag core-shell nanocubes for efficient plasmonic light scattering effect in low bandgap organic solar cells[J]. ACS Nano，2014，8（4）：3302-3312.

[117] CHEN B，ZHANG W，ZHOU X，et al. Surface plasmon enhancement of polymer solar cells by penetrating Au/SiO$_2$ core/shell nanoparticles into all organic layers[J]. Nano Energy，2013，2（5）：906-915.

[118] LEE J W，TAN S，SEOK S I，et al. Rethinking the A cation in halide perovskites[J]. Science，375(6583)：eabj1186.

[119] LIANG J，WANG C，ZHAO P，et al. Solution synthesis and phase control of inorganic perovskites for high-performance optoelectronic devices[J]. Nanoscale，2017，9（33）：11841-11845.

[120] LIU C，LI W，ZHANG C，et al. All-inorganic CsPbI$_2$Br perovskite solar cells with high efficiency exceeding 13%[J]. Journal of the American Chemical Society，2018，140（11）：3825-3828.

[121] LIANG J，WANG C，WANG Y，et al. All-inorganic perovskite solar cells[J]. Journal of the American Chemical Society，2016，138（49）：15829-15832.

[122] ZHAO B，JIN S F，HUANG S，et al. Thermodynamically stable orthorhombic γ-CsPbI$_3$ thin films for high-performance photovoltaics[J]. Journal of the American Chemical Society，2018，140（37）：11716-11725.

[123] WANG P，ZHANG X，ZHOU Y，et al. Solvent-controlled growth of inorganic perovskite films in dry environment for efficient and stable solar cells[J]. Nature Communications，2018，9（1）：2225.

[124] WANG M，WANG W，MA B，et al. Lead-free perovskite materials for solar cells[J]. Nano-micro Letters，2021，13：62.

[125] IGBARI F，WANG R，WANG Z K，et al. Composition stoichiometry of Cs$_2$AgBiBr$_6$ films for highly efficient lead-free perovskite solar cells[J]. Nano Letters，2019，19（3）：2066-2073.

[126] MITZI D B，FEILD C A，HARRISON W T A，et al. Conducting tin halides with a layered organic-based perovskite structure[J]. Nature，1994，369（6480）：467-469.

[127] CHAO L，WANG Z，XIA Y，et al. Recent progress on low dimensional perovskite solar cells[J]. Journal of Energy Chemistry，2018，27（4）：1091-1100.

[128] SMITH I C，HOKE E T，SOLIS-IBARRA D，et al. A layered hybrid perovskite solar-cell absorber with enhanced moisture stability[J]. Angewandte Chemie International Edition，2014，53（42）：11232-11235.

[129] DOU L，WONG A B，YU Y，et al. Atomically thin two-dimensional organic-inorganic hybrid perovskites[J]. Science，2015，349（6255）：1518-1521.

[130] ZHANG X，REN X，LIU B，et al. Stable high efficiency two-dimensional perovskite solar cells via cesium doping[J]. Energy & Environmental Science，2017，10（10）：2095-2102.

[131] GRANCINI G，ROLDáN-CARMONA C，ZIMMERMANN I，et al. One-year stable perovskite solar cells by 2D/3D interface engineering[J]. Nature Communications，2017，8（1）：15684.

[132] LI P，ZHANG Y，LIANG C，et al. Phase pure 2D perovskite for high-performance 2D-3D heterostructured perovskite solar cells[J]. Advanced Materials，2018，30（52）：1805323.

[133] LIU D，YANG J，KELLY T L. Compact layer free perovskite solar cells with 13.5% efficiency[J]. Journal of the American Chemical Society，2014，136（49）：17116-17122.

[134] MEI A，LI X，LIU L，et al. A hole-conductor-free，fully printable mesoscopic perovskite solar cell with high stability[J]. Science，2014，345（6194）：295-298.

[135] YANG G，TAO H，QIN P，et al. Recent progress in electron transport layers for efficient perovskite solar cells[J]. Journal of Materials Chemistry A，2016，4（11）：3970-3990.

[136] CALIÓ L，KAZIM S，GRÄTZEL M，et al. Hole-transport materials for perovskite solar cells[J]. Angewandte Chemie International Edition，2016，55（47）：14522-14545.

[137] KUNG P K，LI M H，LIN P Y，et al. A review of inorganic hole transport materials for perovskite solar cells[J]. Advanced Materials Interfaces，2018，5（22）：1800882.

[138] SAJID S，ELSEMAN A M，HUANG H，et al. Breakthroughs in NiO_x-HTMs towards stable，low-cost and efficient perovskite solar cells[J]. Nano Energy，2018，51：408-424.

[139] QIN P，TANAKA S，ITO S，et al. Inorganic hole conductor-based lead halide perovskite solar cells with 12.4% conversion efficiency[J]. Nature Communications，2014，5（1）：3834.

[140] KRüGER J，PLASS R，CEVEY L，et al. High efficiency solid-state photovoltaic device due to inhibition of interface charge recombination[J]. Applied Physics Letters，2001，79（13）：2085-2087.

[141] ROMBACH F M，HAQUE S A，MACDONALD T J. Lessons learned from spiro-OMeTAD and PTAA in perovskite solar cells[J]. Energy & Environmental Science，2021，14（10）：5161-5190.

[142] BURSCHKA J，DUALEH A，KESSLER F，et al. Tris(2-(1H-pyrazol-1-yl)pyridine)cobalt(III) as p-type dopant for organic semiconductors and its application in highly efficient solid-state dye-sensitized solar cells[J]. Journal of the American Chemical Society，2011，133（45）：18042-18045.

[143] DAILLANT J，GIBAUD A. X-ray and Neutron Reflectivity：Principles and Applications[M]. New York：Springer，1999：97-98.

[144] LI W，DONG H，WANG L，et al. Montmorillonite as bifunctional buffer layer material for hybrid perovskite solar cells with protection from corrosion and retarding recombination[J]. Journal of Materials Chemistry A，2014，2（33）：13587-13592.

[145] WANG S，HUANG Z，WANG X，et al. Unveiling the role of tBP-LiTFSI complexes in perovskite solar cells[J]. Journal of the American Chemical Society，2018，140（48）：16720-16730.

[146] CHOI H，CHO J W，KANG M S，et al. Stable and efficient hole transporting materials with a dimethylfluorenylamino moiety for perovskite solar cells[J]. Chemical Communications，2015，51（45）：9305-9308.

[147] RAKSTYS K，ABATE A，DAR M I，et al. Triazatruxene-based hole transporting materials for highly efficient perovskite solar cells[J]. Journal of the American Chemical Society，2015，137（51）：16172-16178.

[148] KE W, ZHAO D, GRICE C R, et al. Efficient fully-vacuum-processed perovskite solar cells using copper phthalocyanine as hole selective layers[J]. Journal of Materials Chemistry A, 2015, 3（47）: 23888-23894.

[149] YANG W S, NOH J H, JEON N J, et al. High-performance photovoltaic perovskite layers fabricated through intramolecular exchange[J]. Science, 2015, 348（6240）: 1234-1237.

[150] ZHANG W, SMITH J, HAMILTON R, et al. Systematic improvement in charge carrier mobility of air stable triarylamine copolymers[J]. Journal of the American Chemical Society, 2009, 131（31）: 10814-10815.

[151] EDRI E, KIRMAYER S, CAHEN D, et al. High open-circuit voltage solar cells based on organic-inorganic lead bromide perovskite[J]. The Journal of Physical Chemistry Letters, 2013, 4（6）: 897-902.

[152] XU D, GONG Z, JIANG Y, et al. Constructing molecular bridge for high-efficiency and stable perovskite solar cells based on P3HT[J]. Nature Communications, 2022, 13（1）: 7020.

[153] WANG Q, SHAO Y, DONG Q, et al. Large fill-factor bilayer iodine perovskite solar cells fabricated by a low-temperature solution-process[J]. Energy & Environmental Science, 2014, 7（7）: 2359-2365.

[154] XIAO Z, BI C, SHAO Y, et al. Efficient, high yield perovskite photovoltaic devices grown by interdiffusion of solution-processed precursor stacking layers[J]. Energy & Environmental Science, 2014, 7（8）: 2619-2623.

[155] NIE W, TSAI H, ASADPOUR R, et al. High-efficiency solution-processed perovskite solar cells with millimeter-scale grains[J]. Science, 2015, 347（6221）: 522-525.

[156] HAN W, REN G, LIU J, et al. Recent progress of inverted perovskite solar cells with a modified PEDOT:PSS hole transport layer[J]. ACS Applied Materials & Interfaces, 2020, 12（44）: 49297-49322.

[157] DUBEY A, ADHIKARI N, VENKATESAN S, et al. Solution processed pristine PDPP3T polymer as hole transport layer for efficient perovskite solar cells with slower degradation[J]. Solar Energy Materials and Solar Cells, 2016, 145: 193-199.

[158] CHRISTIANS J A, FUNG R C M, KAMAT P V. An inorganic hole conductor for organo-lead halide perovskite solar cells improved hole conductivity with copper iodide[J]. Journal of the American Chemical Society, 2014, 136（2）: 758-764.

[159] YE S, SUN W, LI Y, et al. CuSCN-based inverted planar perovskite solar cell with an average PCE of 15.6%[J]. Nano Letters, 2015, 15（6）: 3723-3728.

[160] SUN J, ZHANG N, WU J, et al. Additive engineering of the CuSCN hole transport layer for high-performance perovskite semitransparent solar cells[J]. ACS Applied Materials & Interfaces, 2022, 14（46）: 52223-52232.

[161] LI M H, SHEN P S, WANG K C, et al. Inorganic p-type contact materials for perovskite-based solar cells[J]. Journal of Materials Chemistry A, 2015, 3（17）: 9011-9019.

[162] BIAN H, YOU J, XU C, et al. Chemically suppressing redox reaction at the NiO_x/perovskite interface in narrow bandgap perovskite solar cells to exceed a power conversion efficiency of 20%[J]. Journal of Materials Chemistry A, 2023, 11（1）: 205-212.

[163] CHEN W, WU Y, YUE Y, et al. Efficient and stable large-area perovskite solar cells with inorganic charge extraction layers[J]. Science, 2015, 350（6263）: 944-948.

[164] LV M, ZHU J, HUANG Y, et al. Colloidal $CuInS_2$ quantum dots as inorganic hole-transporting material in perovskite solar cells[J]. ACS Applied Materials & Interfaces, 2015, 7（31）: 17482-17488.

[165] LIN L, JONES T W, YANG T C J, et al. Inorganic electron transport materials in perovskite solar cells[J]. Advanced Functional Materials, 2021, 31（5）: 2008300.

[166] SINGH T, SINGH J, MIYASAKA T. Role of metal oxide electron-transport layer modification on the stability of high performing perovskite solar cells[J]. ChemSusChem, 2016, 9（18）: 2559-2566.

[167] LIAN J，LU B，NIU F，et al. Electron-transport materials in perovskite solar cells[J]. Small Methods，2018，2（10）：1800082.

[168] WANG Y，WAN J，DING J，et al. A rutile TiO_2 electron transport layer for the enhancement of charge collection for efficient perovskite solar cells[J]. Angewandte Chemie International Edition，2019，58（28）：9414-9418.

[169] LU H，ZHONG J，JI C，et al. Fabricating an optimal rutile TiO_2 electron transport layer by delicately tuning $TiCl_4$ precursor solution for high performance perovskite solar cells[J]. Nano Energy，2020，68：104336.

[170] XIE F，ZHU J，LI Y，et al. TiO_2-B as an electron transporting material for highly efficient perovskite solar cells[J]. Journal of Power Sources，2019，415：8-14.

[171] KOGO A，SANEHIRA Y，IKEGAMI M，et al. Brookite TiO_2 as a low-temperature solution-processed mesoporous layer for hybrid perovskite solar cells[J]. Journal of Materials Chemistry A，2015，3（42）：20952-20957.

[172] YANG W S，PARK B W，JUNG E H，et al. Iodide management in formamidinium-lead-halide-based perovskite layers for efficient solar cells[J]. Science，2017，356（6345）：1376-1379.

[173] TAN H，JAIN A，VOZNYY O，et al. Efficient and stable solution-processed planar perovskite solar cells via contact passivation[J]. Science，2017，355（6326）：722-726.

[174] HU H，DONG B，HU H，et al. Atomic layer deposition of TiO_2 for a high-efficiency hole-blocking layer in hole-conductor-free perovskite solar cells processed in ambient air[J]. ACS Applied Materials & Interfaces，2016，8（28）：17999-18007.

[175] LU H，MA Y，GU B，et al. Identifying the optimum thickness of electron transport layers for highly efficient perovskite planar solar cells[J]. Journal of Materials Chemistry A，2015，3（32）：16445-16452.

[176] KE W，FANG G，WANG J，et al. Perovskite solar cell with an efficient TiO_2 compact film[J]. ACS Applied Materials & Interfaces，2014，6（18）：15959-15965.

[177] SONG S，KANG G，PYEON L，et al. Systematically optimized bilayered electron transport layer for highly efficient planar perovskite solar cells（η=21.1%）[J]. ACS Energy Letters，2017，2（12）：2667-2673.

[178] XIONG L，GUO Y，WEN J，et al. Review on the application of SnO_2 in perovskite solar cells[J]. Advanced Functional Materials，2018，28（35）：1802757.

[179] JIANG Q，ZHANG X，YOU J. SnO_2: a wonderful electron transport layer for perovskite solar cells[J]. Small，2018，14（31）：1801154.

[180] ANARAKI E H，KERMANPUR A，STEIER L，et al. Highly efficient and stable planar perovskite solar cells by solution-processed tin oxide[J]. Energy & Environmental Science，2016，9（10）：3128-3134.

[181] ROOSE B，BAENA J P C，GöDEL K C，et al. Mesoporous SnO_2 electron selective contact enables UV-stable perovskite solar cells[J]. Nano Energy，2016，30：517-522.

[182] MA J，ZHENG X，LEI H，et al. Highly efficient and stable planar perovskite solar cells with large-scale manufacture of e-beam evaporated SnO_2 toward commercialization[J]. Solar RRL，2017，1（10）：1700118.

[183] DONG Q，SHI Y，ZHANG C，et al. Energetically favored formation of SnO_2 nanocrystals as electron transfer layer in perovskite solar cells with high efficiency exceeding 19%[J]. Nano Energy，2017，40：336-344.

[184] JIANG Q，ZHANG L，WANG H，et al. Enhanced electron extraction using SnO_2 for high-efficiency planar-structure $HC(NH_2)_2PbI_3$-based perovskite solar cells[J]. Nature Energy，2016，2（1）：16177.

[185] BACH U，LUPO D，COMTE P，et al. Solid-state dye-sensitized mesoporous TiO_2 solar cells with high photon-to-electron conversion efficiencies[J]. Nature，1998，395（6702）：583-585.

[186] JEONG S，SEO S，PARK H，et al. Atomic layer deposition of a SnO_2 electron-transporting layer for planar perovskite solar cells with a power conversion efficiency of 18.3%[J]. Chemical Communications，2019，55（17）：

2433-2436.

[187]　CHEN J Y, CHUEH C C, ZHU Z, et al. Low-temperature electrodeposited crystalline SnO₂ as an efficient electron-transporting layer for conventional perovskite solar cells[J]. Solar Energy Materials and Solar Cells, 2017, 164: 47-55.

[188]　ABULIKEMU M, NEOPHYTOU M, BARBé J M, et al. Microwave-synthesized tin oxide nanocrystals for low-temperature solution-processed planar junction organo-halide perovskite solar cells[J]. Journal of Materials Chemistry A, 2017, 5 (17): 7759-7763.

[189]　ZHENG D, WANG G, HUANG W, et al. Combustion synthesized zinc oxide electron-transport layers for efficient and stable perovskite solar cells[J]. Advanced Functional Materials, 2019, 29 (16): 1900265.

[190]　SCHUTT K, NAYAK P K, RAMADAN A J, et al. Overcoming zinc oxide interface instability with a methylammonium-free perovskite for high-performance solar cells[J]. Advanced Functional Materials, 2019, 29 (47): 1900466.

[191]　YANG J, SIEMPELKAMP B D, MOSCONI E, et al. Origin of the thermal instability in CH₃NH₃PbI₃ thin films deposited on ZnO[J]. Chemistry of Materials, 2015, 27 (12): 4229-4236.

[192]　CAO J, WU B, CHEN R, et al. Efficient, hysteresis-free, and stable perovskite solar cells with ZnO as electron-transport layer: effect of surface passivation[J]. Advanced Materials, 2018, 30 (11): 1705596.

[193]　ZHANG D, ZHANG X, BAI S, et al. Surface chlorination of ZnO for perovskite solar cells with enhanced efficiency and stability[J]. Solar RRL, 2019, 3 (8): 1900154.

[194]　CHEN R, CAO J, DUAN Y, et al. High-efficiency, hysteresis-less, UV-stable perovskite solar cells with cascade ZnO-ZnS electron transport layer[J]. Journal of the American Chemical Society, 2019, 141 (1): 541-547.

[195]　ZHANG P, YANG F, KAPIL G, et al. Enhanced performance of ZnO based perovskite solar cells by Nb₂O₅ surface passivation[J]. Organic Electronics, 2018, 62: 615-620.

[196]　TAVAKOLI M M, TAVAKOLI R, YADAV P, et al. A graphene/ZnO electron transfer layer together with perovskite passivation enables highly efficient and stable perovskite solar cells[J]. Journal of Materials Chemistry A, 2019, 7 (2): 679-686.

[197]　SAID A A, XIE J, ZHANG Q. Recent progress in organic electron transport materials in inverted perovskite solar cells[J]. Small, 2019, 15 (27): 1900854.

[198]　SHAO Y, YUAN Y, HUANG J. Correlation of energy disorder and open-circuit voltage in hybrid perovskite solar cells[J]. Nature Energy, 2016, 1 (1): 15001.

[199]　JENG J Y, CHIANG Y F, LEE M H, et al. CH₃NH₃PbI₃ perovskite/fullerene planar-heterojunction hybrid solar cells[J]. Advanced Materials, 2013, 25 (27): 3727-3732.

[200]　DOCAMPO P, BALL J M, DARWICH M, et al. Efficient organometal trihalide perovskite planar-heterojunction solar cells on flexible polymer substrates[J]. Nature Communications, 2013, 4 (1): 2761.

[201]　MALINKIEWICZ O, YELLA A, LEE Y H, et al. Perovskite solar cells employing organic charge-transport layers[J]. Nature Photonics, 2014, 8 (2): 128-132.

[202]　XIAO Z, DONG Q, BI C, et al. Solvent annealing of perovskite-induced crystal growth for photovoltaic-device efficiency enhancement[J]. Advanced Materials, 2014, 26 (37): 6503-6509.

[203]　ANGMO D, PENG X, CHENG J, et al. Beyond fullerenes: indacenodithiophene-based organic charge-transport layer toward upscaling of low-cost perovskite solar cells[J]. ACS Applied Materials & Interfaces, 2018, 10 (26): 22143-22155.

[204]　ELDER F R, GUREWITSCH A M, LANGMUIR R V, et al. Radiation from electrons in a synchrotron[J]. Physical

Review，1947，71（11）：829-830.

[205] SHAM T K. Photon-in photon-out spectroscopic techniques for materials analysis: some recent developments[M]// FAN C，ZHAO Z. Synchrotron Radiation in Materials Science. Hoboken：Wiley，2018：123-136.

[206] YANG W，LIU Z. Techniques and demonstrations of synchrotron-based *in situ* soft X-ray spectroscopy for studying energy materials[M]//FAN C，ZHAO Z. Synchrotron Radiation in Materials Science. Hoboken：Wiley，2018：511-562.

[207] CAO L，JIANG Z X，DU Y H，et al. Origin of magnetism in hydrothermally aged 2-line ferrihydrite suspensions[J]. Environmental Science & Technology，2017，51（5）：2643-2651.

[208] DUARTE R M B O，DUARTE A C. Multidimensional analytical techniques in environmental research: evolution of concepts[M]//DUARTE R M B O，DUARTE A C. Multidimensional Analytical Techniques in Environmental Research. Amsterdam：Elsevier，2020：1-26.

[209] SHI W Q，YUAN L Y，WANG C Z，et al. Exploring actinide materials through synchrotron radiation techniques[M]//FAN C，ZHAO Z. Synchrotron Radiation in Materials Science. Hoboken：Wiley，2018：389-509.

[210] ZHU Y，ZHANG J，WANG L，et al. Synchrotron-based bioimaging in cells and *in vivo*[M]//FAN C，ZHAO Z. Synchrotron Radiation in Materials Science. Hoboken：Wiley，2018：563-596.

[211] QUARTIERI S. Synchrotron radiation in the earth sciences[M]//MOBILIO S，BOSCHERINI F，MENEGHINI C. Synchrotron Radiation：Basics，Methods and Applications. Berlin，Heidelberg：Springer Berlin Heidelberg，2015：641-660.

[212] CAO L，QI D C. Characterization of electronic structures at organic-2D materials interfaces with advanced synchrotron-based soft X-ray spectroscopy[J]. Surface Review and Letters，2021，28（8）：2140009.

[213] DE GROOT F，KOTANI A. Core Level Spectroscopy of Solids[M]. Boca Raton：CRC Press，2008.

[214] NEFEDOV A，WÖLL C. Advanced applications of NEXAFS spectroscopy for functionalized surfaces[M]// BRACCO G，HOLST B. Surface Science Techniques. Berlin，Heidelberg：Springer Berlin Heidelberg，2013：277-303.

[215] STÖHR J. Principles，techniques，and instrumentation of NEXAFS[M]//STÖHR J. NEXAFS Spectroscopy. Berlin，Heidelberg：Springer Berlin Heidelberg，1992：114-161.

[216] QI D C，CHEN W，WEE A T S. NEXAFS studies of molecular orientations at molecule-substrate interfaces[M]//KOCH N，UENO N，WEE A T S. The Molecule-Metal Interface. Hoboken：Wiley，2013：119-151.

[217] CAO L，YUAN L，YANG M，et al. The supramolecular structure and van der Waals interactions affect the electronic structure of ferrocenyl-alkanethiolate SAMs on gold and silver electrodes[J]. Nanoscale Advances，2019，1（5）：1991-2002.

[218] KEMPGENS B，KIVIMäKI A，NEEB M，et al. A high-resolution N 1s photoionization study of the molecule in the near-threshold region[J]. Journal of Physics B：Atomic，Molecular and Optical Physics，1996，29（22）：5389.

[219] COVILLE M，THOMAS T D. Molecular effects on inner-shell lifetimes：possible test of the one-center model of Auger decay[J]. Physical Review A，1991，43（11）：6053-6056.

[220] KRAUSE M O，OLIVER J H. Natural widths of atomic K and L levels，K_{α} X-ray lines and several KLL Auger lines[J]. Journal of Physical and Chemical Reference Data，1979，8（2）：329-338.

[221] BRüHWILER P A，KARIS O，MåRTENSSON N. Charge-transfer dynamics studied using resonant core spectroscopies[J]. Reviews of Modern Physics，2002，74（3）：703-740.

[222] WANG L，CHEN W，WEE A T S. Charge transfer across the molecule/metal interface using the core hole clock technique[J]. Surface Science Reports，2008，63（11）：465-486.

[223] CAO L，GAO X Y，WEE A T S，et al. Quantitative femtosecond charge transfer dynamics at organic/electrode interfaces studied by core-hole clock spectroscopy[J]. Advanced Materials，2014，26（46）：7880-7888.

[224] FRIEDLEIN R，BRAUN S，DE JONG M P，et al. Ultra-fast charge transfer in organic electronic materials and at hybrid interfaces studied using the core-hole clock technique[J]. Journal of Electron Spectroscopy and Related Phenomena，2011，183（1）：101-106.

[225] FÖHLISCH A，FEULNER P，HENNIES F，et al. Direct observation of electron dynamics in the attosecond domain[J]. Nature，2005，436（7049）：373-376.

[226] BLOBNER F，HAN R，KIM A，et al. Spin-dependent electron transfer dynamics probed by resonant photoemission spectroscopy[J]. Physical Review Letters，2014，112（8）：086801.

[227] WANG K，LIU C，MENG T，et al. Inverted organic photovoltaic cells[J]. Chemical Society Reviews，2016，45（10）：2937-2975.

[228] THOLE B T，CARRA P，SETTE F，et al. X-ray circular dichroism as a probe of orbital magnetization[J]. Physical Review Letters，1992，68（12）：1943-1946.

[229] HAGHIGHIRAD A A，KLUG M T，DUFFY L，et al. Probing the local electronic structure in metal halide perovskites through cobalt substitution[J]. Small Methods，2023，7（6）：2300095.

[230] TSAI P T，LIN K C，WU C Y，et al. Toward long-term stable and efficient large-area organic solar cells[J]. ChemSusChem，2017，10（13）：2778-2787.

[231] JI G，ZHAO W，WEI J，et al. 12.88% Efficiency in doctor-blade coated organic solar cells through optimizing the surface morphology of a ZnO cathode buffer layer[J]. Journal of Materials Chemistry A，2019，7（1）：212-220.

[232] WANG G，ADIL M A，ZHANG J，et al. Large-area organic solar cells：material requirements，modular designs，and printing methods[J]. Advanced Materials，2019，31（45）：1805089.

[233] MüLLER-BUSCHBAUM P. The active layer morphology of organic solar cells probed with grazing incidence scattering techniques[J]. Advanced Materials，2014，26（46）：7692-7709.

[234] SCHLIPF J，MüLLER-BUSCHBAUM P. Structure of organometal halide perovskite films as determined with grazing-incidence X-ray scattering methods[J]. Advanced Energy Materials，2017，7（16）：1700131.

[235] ZHAO N，YANG C，BIAN F，et al. SGTools：a suite of tools for processing and analyzing large data sets from *in situ* X-ray scattering experiments[J]. Journal of Applied Crystallography，2022，55（1）：195-203.

[236] HAMMERSLEY A P. FIT2D：a multi-purpose data reduction，analysis and visualization program[J]. Journal of Applied Crystallography，2016，49（2）：646-652.

[237] ILAVSKY J. Nika：software for two-dimensional data reduction[J]. Journal of Applied Crystallography，2012，45（2）：324-328.

[238] JIANG Z. GIXSGUI：a MATLAB toolbox for grazing-incidence X-ray scattering data visualization and reduction，and indexing of buried three-dimensional periodic nanostructured films[J]. Journal of Applied Crystallography，2015，48（3）：917-926.

[239] HUANG D，HONG C X，HAN J H，et al. *In situ* studies on the positive and negative effects of 1, 8-diiodoctane on the device performance and morphology evolution of organic solar cells[J]. Nuclear Science and Techniques，2021，32（6）：57.

[240] LIAO H C，TSAO C S，LIN T H，et al. Quantitative nanoorganized structural evolution for a high efficiency bulk heterojunction polymer solar cell[J]. Journal of the American Chemical Society，2011，133（33）：13064-13073.

[241] LIAO H C，TSAO C S，SHAO Y T，et al. Bi-hierarchical nanostructures of donor-acceptor copolymer and fullerene for high efficient bulk heterojunction solar cells[J]. Energy & Environmental Science，2013，6（6）：

1938-1948.

[242] GURNEY R S，LI W，YAN Y，et al. Morphology and efficiency enhancements of PTB7-Th：ITIC nonfullerene organic solar cells processed via solvent vapor annealing[J]. Journal of Energy Chemistry，2019，37：148-156.

[243] LIN X S，ZHANG L L，XU J H，et al. Quantitative calculation of a confocal synchrotron radiation micro-X-ray fluorescence imaging technique and application on individual fluid inclusion[J]. Journal of Analytical Atomic Spectrometry，2021，36（11）：2353-2361.

第 2 章　基于同步辐射表征揭示有机太阳能电池的科学问题

实现太阳能电池商业应用的三个基本要素是高转换效率、高环境稳定性和低成本。有机原材料具有种类丰富多样、价格低廉、柔韧性以及易于大面积制备等优势，是无机太阳能电池的有效补充。然而，器件的效率、稳定性和大面积制备等方面依然存在的问题制约了其商业应用。因此，2.1 节将首先介绍有机太阳能电池面临的关键科学问题，明确其活性层晶体结构和相分离结构对提升器件性能的关键作用；2.2 节介绍有机光伏薄膜的结晶动力学及同步辐射研究成果，以理解提升薄膜质量的动力学起源；2.3 节主要介绍活性层纳米尺度的相分离及同步辐射研究；2.4 节介绍添加剂对薄膜形貌的调控作用，以及相关同步辐射表征结果。

2.1　有机太阳能电池的关键科学问题

2.1.1　有机太阳能电池的构效关系

PCE 是用来评估器件性能的总体参数，是由开路电压（V_{OC}）、短路电流密度（J_{SC}）和填充因子（FF）决定的，具体表达式如下：

$$\text{PCE} = \frac{P_{\max}}{P_{in}} \times 100\% = \frac{V_{OC} \times J_{SC} \times \text{FF}}{P_{in}} \times 100\% \qquad (2.1)$$

其中，开路电压（V_{OC}）与给体分子的最高占据分子轨道（HOMO）能级和受体分子的最低未占分子轨道（LUMO）能级之差成正比，即 V_{OC} 主要由给/受体本身的材料特性所决定[1]。与此同时，有研究表明 V_{OC} 同样会受到活性层形貌结构的影响，如给/受体界面面积、晶粒尺寸等[2]。短路电流密度（J_{SC}）的大小受到整个光电转换过程的影响，即激子产生、扩散和解离以及电荷传输和收集。良好的活性层形貌结构有利于激子的扩散和解离，也有利于电荷的传输[3]。填充因子（FF）代表着器件的二极管特性，与活性层中的电荷传输及复合密切相关。而电荷传输和复合也主要取决于形貌结构，如结晶度、分子取向、畴纯度、垂直相分离等。因此，良好的形貌结构对于提高有机太阳能电池的性能至关重要。Peter Muller-Buschbaum 团队发现 π 轨道重叠方向和交替的单/双键方向具有高导电性[4]。也就是说，有机材料具有明显的导电各向异性，在某些特定晶向表现出高导电性，而在其他晶向上表现出相对低的导电性。因此，活性层中的电荷传输强烈依赖于微晶的结晶度、晶粒尺寸和取向等结构特征，而这些微观结构都依赖于 X 射线衍射和散射技术的表征。

1. 结构-开路电压

Germa 团队以 P3HT:PC$_{60}$BM 为研究对象探究给体材料 P3HT 的结晶度和电活性缺陷密度之间的关系[5]。在制备过程中，通过控制活性层干燥的快慢来改变薄膜内部的缺陷密度，进而影响空穴的费米能级（E_{Fp}）。X 射线衍射（XRD）结果表明，不同条件下制备的 P3HT 薄膜的结晶度也不同 [图 2.1（a）]。高缺陷密度对应着低的结晶度，而低的缺陷密度对应高的结晶度。空穴费米能级的差异导致了不同的 V_{OC}，如图 2.1（b）和（c）所示。

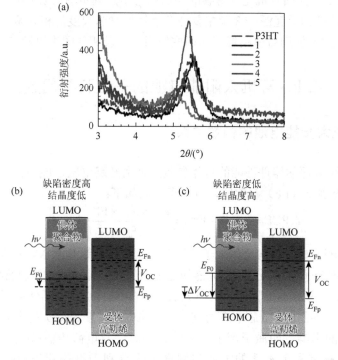

图 2.1　给体材料 P3HT 的结晶度和电活性缺陷密度之间的关系[5]

（a）不同处理工艺后的 P3HT:PC$_{60}$BM 共混薄膜的 XRD 图谱，其中 1 为缓慢干燥；2 为缓慢干燥，130℃阴极退火后处理；3 为快速干燥；4 为快速干燥，90℃退火；5 为快速干燥，130℃退火；高缺陷密度（b）和低缺陷密度（c）的聚合物和富勒烯共混物在极端情况下的能级排列示意图，以及其在光照下带隙中的电活性状态，给体的 HOMO 能级相对于费米能级（E_{F0}）的位置依赖于聚合物的结晶度，平衡（暗）费米能级的位置信号为 E_{F0}；空穴费米能级（E_{Fp}）和电子费米能级（E_{Fn}）的分裂产生输出开路电压，E_{Fp} 和 E_{Fn} 的能量差为 V_{OC}；而在低缺陷密度的情况下，因为 HOMO 的低水平被占据，从而与高缺陷密度情况产生开路电压差 ΔV_{OC}

　　除了能级结构，调节活性层的微观结构也可以降低载流子的复合，从而延长载流子寿命（τ）和提高开路电压。微观结构包括：畴尺寸、畴纯度、内部存在的势垒、给/受体界面的电场梯度或偶极子、捕获电荷载流子的库仑半径及带隙态的空间分布。薄膜微观结构和载流子动力学对于理解和预测 V_{OC} 至关重要[6]。以 P3HT:PC$_{60}$BM 为例[7]，通过热退火可以增加共混物的相分离程度。异质结表面有效接触面积的减小有助于延长内部载流子的寿命；然而对于 PCPDTBT:PCBM 体系[8]，虽然给体材料有着更高的 HOMO 能级，但载流子的复合速率相比于 P3HT:PC$_{60}$BM 要高出 1～2 个数量级，最终两种体系的 V_{OC} 相差了 200～300mV。因此，为了实现高 V_{OC}，不仅需要调整共混组分/材料的电子结构，还需要调整共混微观结构来延长活性层内的载流子寿命。Wang 等通过 Cl 原子取代给体 PTB7-Th 的 F 原子，发现薄膜 $\pi\text{-}\pi$ 堆积的峰位向低 q 移动，给/受体结晶都得以增加，给/受体的相分离促进了电荷分离，虽然其对填充因子、短路电流基本没有影响，但开路电压却得以大幅提高，PCE 继而得到提高，如图 2.2 所示[9]。

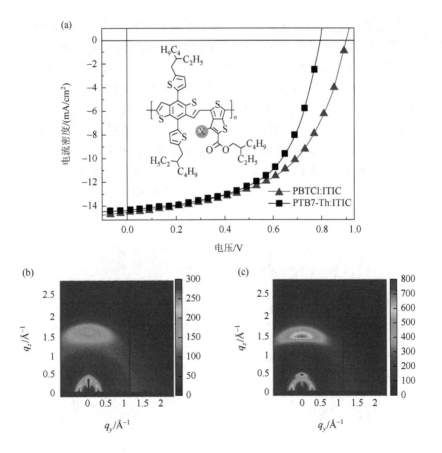

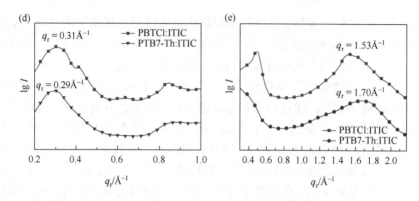

图 2.2 PTB7-Th:ITIC/CB 器件与微观结构对比[9]

（a）PTB7-Th:ITIC/CB 的器件性能图；PBTCl:ITIC/CB 共混薄膜的二维 GIWAXS 图谱 [（b）和（c）] 及对应的两种薄膜面内（in-plane）和面外（out of plane）方向上的一维 GIWAXS 积分曲线 [（d）和（e）]

2. 结构-短路电流密度和结构-填充因子

π 共轭分子的主链不仅决定了分子的电子结构和光学特性，还影响分子的堆积和结晶度。研究表明，具有面朝上取向的分子堆积更有利于电荷的传输。适当的结晶性对于形成适当的畴尺寸和畴纯度是必要的，这样可以促进激子解离和电荷传输。分子主链的氟化取代可以有效改善给/受体材料的电子亲和势及分子间相互作用。You 团队通过改变 PBnDT-(X)TAZ 给体材料中 FTAZ 和 HTAZ 的比例 [图 2.3（a）]，研究聚合物骨架氟化程度如何影响薄膜形貌和器件性能[10]。如图 2.3（a）所示，随着氟含量的增加，器件的平均 PCE 从 3.84% 显著提高到 7.17%，FF 从 46.6% 提高到 70.6%。这主要归因于空穴迁移率的增加。GIWAXS 结果 [图 2.3（b）] 表明，骨架氟化改善了 π-π 堆积和面朝上（face-on）择优取向，有利于链间电荷传输。

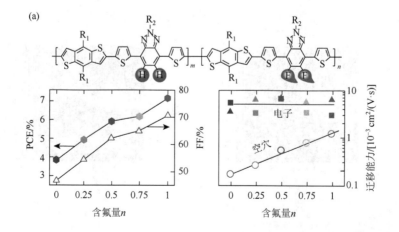

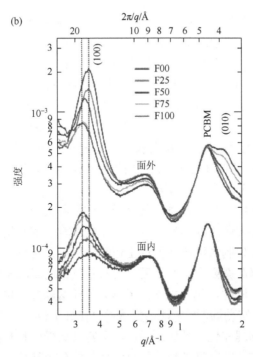

图 2.3　氟含量对 FF、PCE 以及电子和空穴迁移率的影响[10]

（a）PBnDT-(X)TAZ 的分子结构及氟含量对 FF、PCE 和迁移率的影响；（b）不同氟含量下的 GIWAXS 测量结果，例如，F25 表示 PBnDT-(X)TAZ 给体材料中 FTAZ 所占的摩尔比为 25%

在 π 共轭体系中，侧链影响分子的溶解性和排列，进而调节薄膜内部结晶度和主链取向等。考虑到聚合物给体和不同种类的受体的混溶性和相互作用，侧链对 OSCs 的形态和性能有不同影响。Osaka 等通过调节噻吩-噻唑并噻唑共聚物体系中的侧链组成，改变主链的排列取向。通过改变侧链 R^1 和 R^2 的长度，调整取向从面朝上（face-on）转变为边朝上（edge-on）[11]。面朝上取向的聚合物获得了较高的 J_{SC}，并且具有在较厚活性层中损失的 FF 较少的特点；而边朝上或双模（bimodal）取向的聚合物薄膜器件的 FF 会随膜厚的增大而明显下降，大大降低器件性能。因此，聚合物给体的取向对于提高太阳能电池的 PCE 至关重要。

2.1.2　有机太阳能电池的稳定性

基于有机半导体构筑的有机太阳能电池（OSCs）具有带隙可调、柔性可穿戴、加工简单、成本低廉等特点，已经成为备受关注的下一代光伏技术。在 2015～2020 年中，由于材料的根本改进，即非富勒烯受体（NFAs）的横空出世，OSCs 的光电转换效率得到快速提升，逐渐接近传统的无机半导体光伏技术，这使众多学者看到了 OSCs 大规模应用的希望[12]。与无机半导体长达数十年的使用寿命相比，大多数高效的 OSCs 在运行、保存或运输过程中发生不可逆的降解，这极大地阻碍了该技术从实验室到商业应用的道路[13]。因此，了解降解机制并制定克服策略以实现高度稳定的器件成为 OSCs 推广和应用的先决条件。

在改善稳定性之前，必须先了解 OSCs 性能下降的原因。我们熟知的 OSCs 光电转换过程大致分为以下几个阶段：①光吸收；②激子扩散；③电荷转移；④CT 状态分离；⑤电荷输运；⑥电荷收集。这些过程与分子结构、分子堆积、给体/受体畴的大小、薄膜的缺陷以及界面的接触息息相关，这些性质随时间的变化过程是影响 OSCs 稳定性的主要因素。

由于有机半导体的"软"性质，其分子结构和薄膜形貌很容易受到光照、化学环境和热处理等外部刺激的影响，导致其光电性能发生变化[14]。这些过程可能发生在成膜阶段、器件制备阶段及器件工作时。例如，传统的富勒烯电子受体对环境非常敏感，将薄膜暴露在大气之后，会与空气中的氧和水等发生反应，导致其电子结构的变化。同时，化学相互作用也会破坏富勒烯二聚化、扩散、聚集和结晶结构[15]。不同于富勒烯，非富勒烯受体材料在分子设计上具有更大的灵活性，并表现出多样性的物理和化学性质。因此，非富勒烯受体材料的稳定性不能简单地从富勒烯衍生出来。非富勒烯受体材料多样化的分子结构，降解过程可以发生在不同的位点，导致降解过程的复杂化。虽然多样化的结构给降解机制的探索带来了巨大挑战，但有可能通过合理的优化提高其稳定性，进而促进商业化应用进程。接下来将逐一对稳定性及相应的策略进行介绍。

1. 热稳定性

溶剂挥发后活性层成膜，因为低于分子的玻璃化转变温度（T_g），膜内部的分子链被冻结。然而，活性层的形貌仍处于亚平衡状态，一旦有足够的热应力，链迁移会重新激活使形貌进一步发展。当 OSCs 工作时，连续的光照会给光活性层带来不可避免的热应力，而光子照射引起的热应力虽然不会超过常用有机半导体材料的分解温度（200～300℃），但足以影响形貌。

对于共轭度高的分子，结晶是最常见、最重要的相变行为之一。事实上，热退火也已被广泛用作增加活性层结构有序性或结晶度的有效方法。然而，过大的热应力也会导致过度结晶，并可能改变活性层的分子堆积，影响其光电性能。通常，非富勒烯受体分子在热应力下的结晶主要取决于两个因素，即成膜加工温度及其持续时间。ITIC 较低的成核速率导致其只能在 T_g 以上温度结晶，然而温度过高形成的微米级晶粒会导致光伏性能衰减。Min 等研究了高温下非富勒烯受体的形态随时间的演变[16]。如图 2.4（a）所示，分子堆积和聚集体的尺寸都随时间发生明显变化，PM6:BTTT-2Cl 薄膜样品 24h 退火导致了微米级晶粒的形成。同时，从 GIWAXS 结果［图 2.4（b）］可以看到，在长时间热应力作用下，PM6:BTTT-2Cl 共混薄膜中的(001)衍射峰强度明显增加（粉色线），这种过度的热诱导结晶也造成了器件效率快速损失。通过受体添加剂（PZ1）的添加，抑制了效率损失速度，在 150℃加速老化实验的 800h 内光电转换效率基本恒定。Xin 等发现 ITIC 与一系列具有不同结晶度的聚合物给体混合后，增加聚合物给体的结晶度可使其冷结晶温度（T_{cc}）从 225℃下降到 170℃[17]。原位 GIWAXS［图 2.4（c）］表明，在温度接近 T_{cc} 时，层间堆积（$q\approx0.41\text{Å}^{-1}$）和 π-π 堆积（$q\approx1.45\text{Å}^{-1}$）开始出现尖锐的峰，降低 T_{cc} 可使共混膜在低于 200℃下保持其良好的分子堆积和微相分布。另外，研究发现与 PffBT4T-2OD 共混膜相比，PTB7-Th 所形成的共混膜在共振软 X 射线散射（R-SoXS）光谱［图 2.4（d）］中显示出更合适的域尺寸，从而表现出更好的热稳定性。

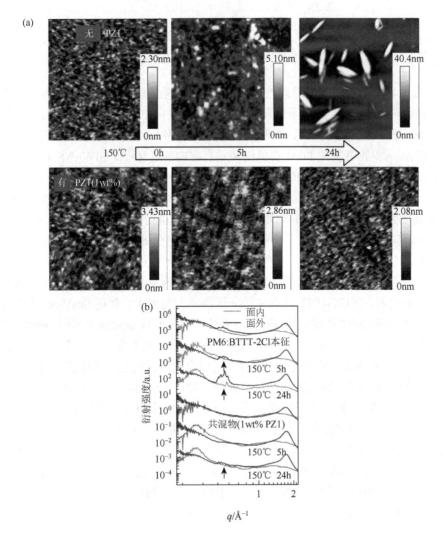

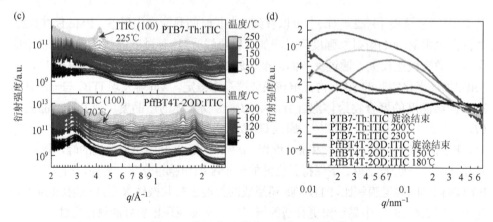

图 2.4　热退火对薄膜形貌的影响[16, 17]

（a）PM6:BTTT-2Cl 共混薄膜在不同加热过程中的原子显微镜（AFM）图像；（b）PM6:BTTT-2Cl 薄膜在不同退火时间的 1D GIWAXS 曲线，wt%表示质量分数；（c）PTB7-Th:ITIC 和 PffBT4T-2OD:ITIC 薄膜的 1D GIWAXS 积分曲线随温度的变化；（d）PTB7-Th:ITIC 和 PffBT4T-2OD:ITIC 薄膜在不同温度下退火 20min 后的 R-SoXS 曲线

　　在热应力导致的光活性层降解过程中，另一个常见的现象是分子扩散导致的给体-受体混合和分离。这一过程不仅发生在共混膜的横向方向（平行于衬底），而且发生在垂直方向（垂直于衬底）。在非富勒烯 OSCs 中，Li 等报道了 160℃热退火 PBDB-T:IT-M 共混物能促进 IT-M 在横向和垂直方向的迁移[18]。GIWAXS 测量结果显示 PBDB-T 的(100)、(200)和(300)衍射峰分别位于 q_y 为 0.29Å^{-1}、0.64Å^{-1} 和 0.87Å^{-1} 处，面内方向上，这些衍射峰的强度在 80℃退火 30min 时基本没有变化，但在 160℃ 退火时显著增强。同时，在面外方向也观察到(300)片层衍射峰，也就是说 160℃热退火后，PBDB-T 的结晶度得到了增加。从不同温度退火处理的 PBDB-T:IT-M 薄膜的二维 GISAXS 图中可以看出，所有 PBDB-T:IT-M 薄膜的 GISAXS 图谱在整个 q 区强度急剧下降（$<0.02\text{Å}^{-1}$），中间 q 区没有出现明显的漫散射肩峰（shoulder peak）。但在 160℃退火后，PBDB-T:IT-M 在中间 q 区散射强度增大。使用 SasView 软件对积分后的一维 GISAXS 曲线进行拟合，发现未经过退火处理（as-cast）薄膜的 PBDB-T 富集相的相干长度 ξ 为 46.9nm，80℃热退火 30min 后基本不变，但是经 160℃热退火后迅速增加至 98.0nm。虽然较大的聚合物区域有利于活性层中的电荷传输，但也会阻碍有效的激子解离，因此适当的相干长度 ξ 对于平衡这两个过程非常重要。与 PBDB-T 相比，IT-M 聚集的相干长度 η 从 as-cast 薄膜时的 16nm 增加到热处理后的 22nm；$2R_g$（聚集体的旋转半径尺寸）也从 57.3nm 增加到 160℃退火后的 66.3nm；但是分形维数 D 在 80℃退火时从 2.01 下降到 1.93，在 160℃退火时又下降到 1.65。这说明 IT-M 分子的聚集从紧密状态变为松散状态，也促进了 PBDB-T 和 IT-M 分子在其区域界面上的相互扩散，而经 160℃高温退火后的 PBDB-T 与 IT-M 之间的界面由 as-cast 薄膜中相对尖锐的界面演变为更为弥散界面。为了明确 NFAs 在光活性

层中的扩散动力学，Ade 等对不同体系活性层进行了双层互扩散实验[19, 20]。飞行时间二次离子质谱（TOF-SIMS）结果表明，NFAs 在聚合物基体中的扩散能力与其在热应力下的形态稳定性密切相关。因此，他们认为高 T_g 的 NFAs 或低延展性的给体可以抑制 NFAs 的扩散并获得稳定形态。

　　NFAs 的热稳定性主要是由热应力作用下的形态变化决定，因此人们成功地采用分子工程、构建三元共混膜或引入固体添加剂等多种策略对形态进行修饰，以提高 NFAs 的热稳定性。在 ITIC 的偏烷基位置引入氟原子以降低其结晶度，使其具有较好的抗热应力性能[21]。此外，1, 8-二碘辛烷（DIO）等常用的液体添加剂会残留在光活性层膜中，导致 NFAs 在热应力作用下过度结晶，破坏其形貌。为此，Cai 等设计了一系列的固体添加剂来替代 DIO[22]，发现它们不仅能增强成膜过程中 NFAs 的 π-π 堆积，而且在 100℃ 左右退火后可以完全挥发，使其表面具有更平整的形貌以提升器件的抗热能力。另外，Su 等采用两亲性树枝状嵌段共聚物/纳米金夹层对 ZnO 电子传输层进行改性[23]，获得了理想的异质结形态，同时实现了热稳定性增强。通过嵌段共聚物和金纳米颗粒修饰后的电子传输层界面兼容性提高，退火前后结晶特性基本没有变化［图 2.5（a）～（d）］，因此提高了器件的热稳定性。总体而言，由于受体的分解温度远远高于 OSCs 操作过程中所能实现的温度，因此在热应力作用下，受体的形貌变化主要包括过结晶、混合和解聚

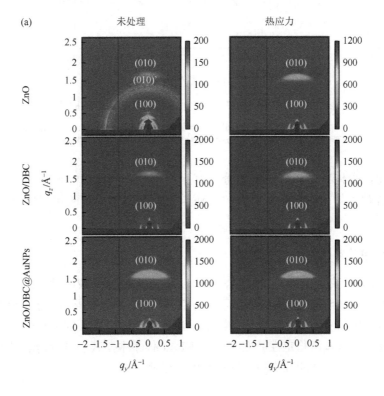

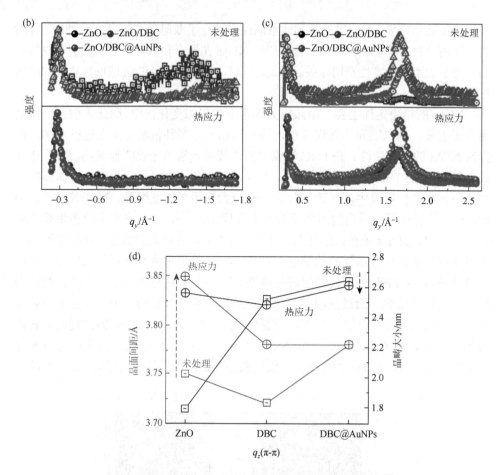

图 2.5 基于不同电子传输层的 PM6:Y6 薄膜退火研究[23]

（a）基于不同电子传输层 PM6:Y6 薄膜在 65℃退火 150h 前后的 2D GIWAXS 图谱；相应的面内（b）和面外（c）方向的一维积分曲线；（d）π-π 堆积峰所计算出来的晶畴大小和晶面间距

等。然而，受体在体异质结中的分子有序或相分离演化是一个复杂的过程，不仅与非富勒烯体系的物理性质有关，还与它们与受体组分的相互作用和相容性有关。

2. 化学稳定性

OSCs 具有夹层结构，BHJ 活性层位于电荷传输层和/或缓冲层之间。因此，活性层中的 NFAs 不仅要承受来自环境的 O_2 和 H_2O 分子的影响，还要承受来自不同电荷传输层和缓冲层化学性质的影响。尽管 NFAs 与传统的富勒烯受体不同，具有更好的抗水和氧稳定性，但在一些 NFAs 体系中，其与电荷传输材料和界面材料发生强烈的化学相互作用，同样导致化学降解。

氧气和水分子是有机半导体材料的主要威胁，因为它们从环境中缓慢但不可避免地扩散，例如，PEDOT:PSS 等的环境敏感的界面和电极材料促进了它们的进入。传统的富勒烯受体在水暴露下表现出不可逆的降解，这影响它们的电子结构和电荷迁移率。而非富勒烯受体因为复杂的结构，水和氧气造成的降解更加复杂。例如，Wang 等发现在水蒸气中长期暴露对三种 NFAs 膜（o-IDTBR、p-ITIC 和 m-ITIC NFAs）的电子结构影响不大[24]，但当 NFAs 暴露在氧气中时，它们的电子结构发生变化，这是因为空气中的水分子发挥了氧钝化作用，减少了氧气和 NFAs 之间的化学相互作用。

与 BHJ 活性层连接的电荷传输层或缓冲层也为 NFAs 提供了化学环境，并可能导致不可避免的降解。例如，常用的空穴传输层材料 PEDOT:PSS 是一种 pH 为 1～2 的强酸，典型的缓冲层材料——聚乙烯亚胺（PEI）由于存在氨基而呈碱性。酸性或碱性环境对 NFAs 的稳定性也有重要影响。Hu 等发现 ITIC 与 PEI 或乙氧基化的聚乙烯亚胺（PEIE）等碱性界面材料有很强的化学相互作用[25]。电子顺磁共振结果表明，PEI 和 PEIE 可以在 ITIC 中诱导自由基，并导致 ITIC 在长波区域的吸光度降低，同时导致分子内电荷转移的降低。Zhu 等认为 OH⁻ 阴离子的存在是破坏受体共轭结构的原因[26]。OH⁻ 阴离子可以作为亲核试剂发生反应，攻击 ITIC 的 A-D-A 构型的 C=C 键。然而，当 OH⁻ 被 H⁺ 阳离子中和时，电子云在整个"A"单元上离域，使碳负离子中的电子回到 ITIC 的"D"和"A"单元之间来重建 C=C 键。

另外，界面材料的化学掺杂也会改变 NFAs 的电子结构。例如，Kang 等发现 PFN 和 PFN-Br 缓冲层材料在 PBDB-T-2F:IT-4F 非富勒烯 OSCs 中表现出明显的反差[27]。IT-4F 可以被 PFN 的氨基掺杂，并在与 PFN 的界面上转化为电负性分子，阻断了光活性层中聚合物给体的电荷转移，导致电荷积累，从而降低了电荷收集效率。当 PFN 被 PFN-Br 取代时，这种与氨基的掺杂反应可以消除，这是由溴离子诱导 PFN-Br 的弱给电子性能所致。此外，用来沉积电子传输层（ETL）的极性溶剂可能会影响光活性层的形态，而一些刚性 π 共轭 ETL 分子的强聚集会使器件稳定性变差。Bin 等[28]研究了 H31:Y6 体系中 ETL 对器件长期稳定性的影响，含有 PDINO 作为 ETL 的器件效率下降远高于无 ETL 的器件，在 GIWAXS 中发现给体和受体在面内 1.64Å⁻¹ 和面外 1.74Å⁻¹ 左右出现的特征峰并没有随时间发生显著变化，但 PDINO 的聚集和分解增加了器件顶面的粗糙度和化学不稳定性，导致 OSCs 器件的填充因子和短路电流在 30 天内迅速下降。

NFAs 是一种化学键合物质，在通常环境条件下具有很强的稳定性。但是 NFAs 的电子给体（D）单元和电子受体（A）单元之间的亲电 C=C 键很容易受到攻击，导致分子内电荷转移和长波吸光度降低。为了解决这一问题，人们研究了 NFAs 的结构与相应化学稳定性之间的关系。例如，Hu 等发现 NFAs 末端基团的取代可以显著改变它们的化学反应活性[29, 30]。F 取代使"A"和"D"单元之间的 C═C 双键更容易断裂，但在 A-DA′D-A 型的 Y6 受体中 F 取代却带来更好的化学稳定性。

为了进一步增强 NFAs 分子结构中"D"和"A"单元之间 C═C 键的稳定性，Liu 等通过引入环己烯作为 π 桥来去除 NFAs A-D-A 结构中亲电双键中不稳定的 β-氢原子。而环己烯基桥对胺类衍生物表现出优越的化学稳定性[31]。Zhang 等报道了一种依靠 C—C 连接的 A-D-A 型受体（IDT-SZ），由于具有氮-硫（N···S）非共价相互作用，不仅在环境中表现出优异稳定性，而且在薄膜中表现出高电子迁移率[32]。Yu 等设计了一种具有窄带隙的 N 型全稠环分子[33]。全稠环骨架使其具有更好的化学稳定性，相应器件的稳定性远高于 Y6。诚然，通过化学结构设计方法来提高 NFAs 化学稳定性的工作仍有限，需要付出更多努力。相反，许多工作已经应用界面修饰来避免电荷传输层与 NFAs 之间的化学反应。例如，Xiong 等用极性质子溶剂（如甲醇）代替水作为 PEIE 的溶剂[34]。他们发现质子化的 PEIE 对 NFAs 显示出较弱的化学反应活性，使 NFAs 更加稳定。

Huang 等发现在太阳能电池中用作溶剂添加剂的残留 1,8-二碘多烷（DIO）在光照和空气暴露下加速了给体聚合物的化学降解，而利用反溶剂处理则显著提高了器件稳定性，反溶剂处理后的形态变化通过与同步辐射技术相结合来研究[35]。R-SoXS 结果表明了反溶剂处理前后薄膜平均域大小均为 30nm，在 GIWAXS 的一维积分曲线中未观察到反溶剂处理的样品在面外 1.52Å^{-1} 和面内 0.3Å^{-1} 处的峰发生偏移，这均表明反溶剂处理样品中的分子堆积行为没有变化。但反溶剂处理聚合物薄膜的相干长度略低，并且表面敏感的 X 射线近吸收边精细结构（NEXAFS）显示了反溶剂处理的薄膜表面聚合物成分更高，这些变化很可能是器件稳定性提高的原因。

总的来说，目前性能优异的 NFAs 包括 ITIC、IDTBR、N2200 和 Y6 系列，与传统的富勒烯受体相比，具有更好的耐水和耐氧性能。然而，A-D-A 或 A-DA′D-A 型 NFAs 的中心核与末端单元之间的 C═C 键并不像我们所希望的那样牢固，尤其是当它们在器件界面上受到碱性和亲核试剂的作用时，会显著改变 NFAs 的光学和电学性能。令人鼓舞的是，后续报道的 Y6 系列比 ITIC 家族具有更好的化学稳定性，表明化学稳定性与 NFAs 的化学结构高度相关，因此需要更多的分子设计。

3. 光稳定性

光诱导降解是有机半导体中另一种众所周知的降解机制，分为光物理降解和光化学降解。光物理降解是指照明时的形态变化，其中没有发生化学反应。NFAs 的光化学降解主要涉及两类反应，即 NFAs 的光氧化反应以及 NFAs 与电荷传输材料的光催化反应。在光照下，活性层中的给体和受体成分都面临光氧化过程，这会改变给体和受体材料的结构。

在制备器件时，为了抑制原材料的光氧化，所有受体都是用棕色药瓶来封装以保护分子不被破坏。这是因为在黑暗条件下 NFAs 非常稳定，但是在光照下却会发生强烈的光氧化降解。以 ITIC 为例，光氧化反应可能发生在分子结构的多个位点，包括给体和受体单元之间的双键，位于噻吩或联噻吩骨架和侧链上。暴露于光和氧时，氧原子通过羟基和羰基化反应连接到 ITIC 分子上，导致其分子结构在光氧化时发生急剧变化，进而破坏 ITIC 主链 π 共轭系统[36]。因此，ITIC 仅暴露在光和空气中 30min，PCE 损失 70%～100%。值得注意的是，富勒烯的光氧化仅发生在笼外且几乎不影响其光吸收。Luke 等进一步以 IDTBR 为例[37]，使用原位拉曼和荧光光谱来监测分子结构的振动和 IDTBR 的构象，研究了 NFAs 光氧化降解的演变过程。IDTBR 的光子氧化可分为三个阶段：在第一阶段（0～400s），随着稠环中心和苯并噻二唑（BT）之间二面角的增加，IDTBR 表现出初始构象变化，这可以通过 1530cm^{-1} 处拉曼峰的增强来证实；在第二阶段（400～1200s），背景荧光强度开始增加，而 BT 和苯基的拉曼峰强度开始猝灭，表明发色团漂白和降解；在第三阶段（>1200s），荧光强度达到最大值，而初始分子的拉曼峰强度可以忽略不计，表明 IDTBR 分子已经严重降解，初始发色团已经完全漂白。

聚合物给体的光氧化是由于在照明下产生单线态氧和超氧阴离子（O_2^-）。Soon 等利用瞬态吸收谱学技术证明了三线态激子的单线态氧生成是由于 PTB7 聚合物光不稳定[38]。Speller 等证实 NFAs 的光氧化可以进一步诱导其共混膜中聚合物给体的降解，这与 NFAs 的 LUMO 能级相关，NFAs 可以介导聚合物给体中超氧化物形成的产量[15]。

有机太阳能电池的光化学降解主要归因于活性层分子结构的破坏，而活性层的光物理降解与光照时的形态变化有关。因此，分子设计和形态优化是增强光稳定性的有效方法。Guo 等研究了 33 个受体中分子结构（给体单元、受体单元、共轭桥、侧链和杂原子取代）与光氧化稳定性之间的相关性[36]。他们发现氟取代端基、给电子单元的稠环数量及部分侧链可以增强光稳定性。由于 NFAs 中的反应位点是烯烃基单元，因此应用猝灭剂或稳定剂可以阻碍活性氧的存在，并进一步有效避免 NFAs 的光氧化。此外，Wu 等发现 Y6 更倾向于表现出一种特殊的平面构象，这与 ITIC 和 IDTBR 分子不同，它们可以在薄膜中自由旋转并采用不同的构象[39]。结果表明，Y6 的分子振动光谱在辐照后变化很小，与 ITIC 和 O-IDTBR 薄膜相比具有更好的光子稳定性。

Du 等利用 GIWAXS、GISAXS 等技术研究了 ITIC 及四种 ITIC 衍生物与 PBDB-T 聚合物给体的 OSCs 的光稳定性[40]。具有不同受体的新制膜和老化膜（在 N$_2$ 气氛中光照 500h）的 GIWAXS 结果表明，基于 PCBM、ITIC-2F 和 ITIC-Th 的共混膜在面内（IP）和面外（OOP）方向上都没有明显变化，这与相应太阳能电池的长期光稳定性吻合。另外，ITIC-M 和 ITIC-DM 混合膜变化也不明显，这也表明相应的太阳能电池和电子器件的降解与 ITIC-M 和 ITIC-DM 的化学稳定性有关。然而，对于 ITIC 基共混膜，发现经过光老化后，共混物中 ITIC 的(100)峰在面内方向上减小，而在面外方向上增大，这表明 ITIC 晶体从面内取向到面外取向的转变，而这对器件性能不利。

从以 PCBM、ITIC-M 和 ITIC-DM 为给体的共混膜的 GISAXS 结果可以看出，光老化后以 PCBM 和 ITIC-M 为给体的薄膜的 GISAXS 曲线没有明显改变；然而，以 ITIC-DM 为给体的共混膜的 GISAXS 曲线在光老化前后差异明显。通过应用 Debye-Anderson-Brumberger（DAB）模型对 GISAXS 进行拟合分析发现其聚集尺寸为 2.8nm，表明 ITIC-DM 的共混膜经光老化后在非晶区进一步聚集与相分离，也就是说光照导致了 ITIC-DM 共混膜形貌发生明显变化[41]。

2.1.3 有机太阳能电池的大面积制备

有机太阳能电池（OSCs）由于具有质量轻、柔韧性好、成本低、低温溶液工艺等独特优点而备受关注[42]。OSCs 的器件结构为层状结构，阴极和阳极之间的活性层是 OSCs 中光吸收、电荷产生和传输的最重要成分。在目前大多数研究中，活性层结构主要是由给体:受体（D:A）混合膜形成的体异质结（BHJ）结构，通常具有合适的纳米相分离互穿网络，以此来实现高效的激子解离和传输。

分子设计、形态控制、器件工程等方面的快速发展极大地提高了 OSCs 的器件性能[43]。然而高效电池的活性层通常在无水无氧的环境，通过旋涂制备，活性面积仅有几平方毫米，且旋涂制备方法在溶液旋转过程中浪费了 90%的材料，这与实际的器件结构、制备和使用环境有着极大差别。另外，由于传统旋涂工艺的离心力不均匀，在大面积制备时衬底中心和边缘的厚度不同[44]。较厚区域的非辐射复合损失增加，而较薄区域的光捕获能力降低和针孔增加，从而导致效率降低。

刮涂是一种广泛认可的制备大面积太阳能电池活性层薄膜的方法，具有材料高效利用、原位结晶和参数可调等优点。刮涂成膜的过程是通过刮刀拖曳前驱体溶液使其覆盖在衬底上，随着溶剂的蒸发前驱体在衬底上结晶并形成薄膜。由于溶液剪切效应和较慢的结晶过程，刮涂薄膜可以获得比其他方法制造的薄膜更高的结晶度。受到溶液流动、前驱体溶液浸润性等影响，刮涂过程中溶液有可能出现过分聚集导致薄膜分布不均；另外刮刀对溶液的剪切速率，衬底与刮刀的温度等都会对薄膜质量产生影响。所以，从旋涂改为刮涂很可能会导致薄膜形态不佳，从而对器件性能产生负面影响。目前，绝大多数工作致力于缩小刮涂和旋涂之间的性能差距。

　　剪切速率由刮刀速度和刮刀距离衬底高度决定，是影响薄膜形貌的主要因素之一。刮刀高度主要影响薄膜的厚度，即在一定范围内，刮刀离衬底越高，薄膜的厚度会相对变大。而刮刀速度对形貌的影响更加明显，在较高刮刀速度下，刀片会拖曳更多溶液，因为受到衬底影响，上部溶液与底部溶液的流速不一致，流体流动类似于层流，垂直方向具有不同的剪切应变分布，从而导致薄膜形貌的变化。当刮刀速度较低时，溶液受到拉力较小，导致薄膜结晶性变差，难以产生合适相分离，器件性能有可能会下降。除此之外，少数工作指出对刮刀进行设计能够直接改善刮涂过程中溶液的剪切速率。马伟课题组设计了一种圆柱阵列刀片用于刮涂制备太阳能电池[45]，由于拉伸和剪切流动的协同作用，聚合物给体 PM6 的分子链在随后的蒸发过程中表现出更紧密的堆积和排列；而 Y6 分子也得到充分结晶，薄膜因此表现出较高的结晶度和适当的相分离，有利于有效的激子解离和电荷传输，最终获得 15.93% 的 PCE。邓巍巍课题组设计了一种多孔软刀片，基于此种刀片制备的 PTQ10:Y6 器件实现了 16.45% 的最高效率[46]。由于软刀片的内置多孔微结构，在薄膜加工过程中可引起同一方向的液体流动剪切速率以及更多的成核位点，从而促进结晶生长，使薄膜中的分子排列、结晶和相分离得到显著改善。另外，他们还设计了另一种梳齿的 PET 片材[47]，并通过流体力学模拟，发现微梳齿周围的流体流动会引起高剪切和拉伸应变率，从而增强薄膜的分子排列和横向质量传输，提高了结晶度和相分离程度。另外，微梳印刷的柔韧性便于在柔软或弯曲的衬底上印刷，通过该工艺制备的柔性 OSCs 的 PCE 达到了 13.62%，其柔韧性可达到数千次弯曲的程度。

　　在 OSCs 活性层制备中，衬底温度主要影响溶剂的挥发过程。在高温下，由于溶剂的快速挥发，相变和结晶更加迅速。温度不仅影响薄膜的结晶过程，而且影响流体流动的形状。马伟课题组通过在空气中的不同衬底温度下进行刮刀涂布制备了基于 PM6:IT-4F 混合物的有机太阳能电池[48]，当衬底温度升高时，IT-4F 分子运动速度加快，趋于形成稳定的侧链堆积状态，具有长程有序的特点，适合制作厚膜器件。在 50℃ 下刮涂时，IT-4F 分子沿主链骨架方向有序堆积；在 70℃ 下刮涂时，IT-4F 沿侧链长程有序堆积，这对于在薄膜中建立连续电荷传输通道起着非常重要的作用。谢志元课题组发现高温刮涂和无卤溶剂添加剂 DMN 可以调节活性层形成的动态过程，并以此来抑制 Y6 的过度聚集以提高 PM6 和 Y6 的结晶度，形成了适当的纳米纤维互穿网络［图 2.6（a）］[49]。而低温下刮刀涂膜的缓慢膜干燥过程会导致 Y6 过度聚集［图 2.6（b）和（c）］并产生较大的相分离相貌。

　　前驱体溶液的润湿性也会影响薄膜的形貌。在刮涂器件制备过程中，几十纳米厚的电荷传输层通常由极性溶剂沉积，而 BHJ 活性层通常则由非极性芳烃溶剂混合而成，且每个处理层的液体黏度和表面张力与其他处理层有很大不同，溶液与

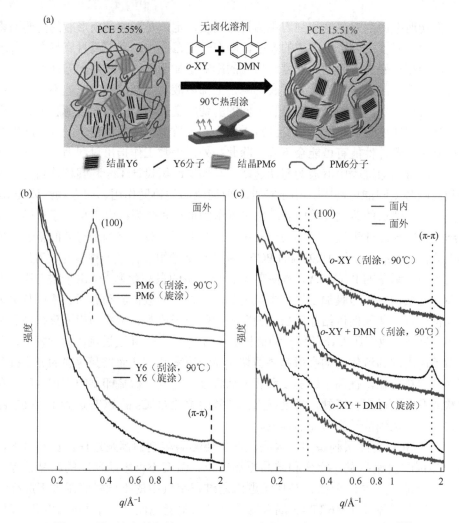

图 2.6 刮刀涂布制备基于 PM6:IT-4F 混合物的有机太阳能电池器件[49]

（a）高温刮涂和无卤溶剂添加剂 DMN 可以调节活性层形成的示意图；（b）在不同加工条件下制备的纯 PM6 和 Y6 薄膜的 GIWAXS 图谱；（c）在不同加工条件下制备的 PM6:Y6 共混膜的 GIWAXS 图谱

下层界面较低的附着力会导致薄膜不均匀，这将对大面积 OSCs 的性能提升和再现性不利。改善浸润性可以改善流体的流动和各界面接触，诱导产生合适相分离。李昌治课题组采用双层合并热退火辅助刮涂成膜策略[50]，即将电荷传输层直接涂覆在原始活性层顶部，然后进行合并退火处理，来解决去润湿问题，从而提高薄膜覆盖率及改善两层之间的电荷传输。

在刮涂成膜过程中，采用溶剂策略优化薄膜的形态和性能也是研究的重点之一。其一，采用更绿色环保的溶剂来减少大规模制备带来的污染；其二，刮涂工艺比旋涂工艺具有更长的溶剂挥发时间，缓慢成膜产生的大量微晶颗粒为给体和受体提供了成核位点，从而增加分子的结晶度。溶剂的选择对于刀片涂层工艺至关重要，采用合适的溶剂能够调控溶剂的挥发速度，诱导给体和受体产生合适的相分离，提升器件性能。陈义旺课题组通过将非卤化溶剂甲苯与刮涂相结合策略制备了高效的 PM6:BTP-eC9 体系的器件[51]，并且发现氯仿沸点较低，刮涂过程中较快的成膜和较短的干燥时间会使活性层的形貌难以控制；甲苯溶剂具有更适合的薄膜干燥过程，较快的剪切力可以很好地构建 PM6 和 BTP-eC9 的相分离形态。另外，李刚课题组使用适当的溶剂分两次分别刮涂给体（PM6）和受体（BTB-eC9）[52]，每一层选用给/受体相应的最佳溶剂。当沉积第二层也就是受体层时，底部给体聚合物层实际上进入了半湿态，给体/受体界面可以更紧密接触［图 2.7（a）和（b）］，同时第二层的受体也可以快速聚集，产生定向排列。这样制备的器件中各层薄膜有着更好的形貌，具有可调 D/A 组成和结晶度梯度分布，进一步提高了 J_{SC} 和 FF。

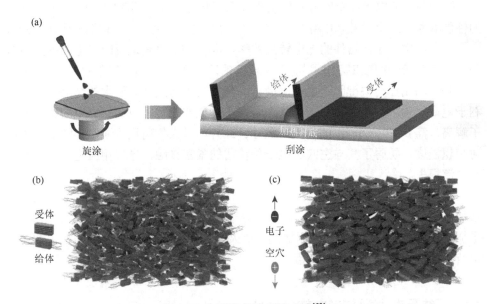

图 2.7　给/受体依次刮涂成膜[52]

（a）给/受体依次刮涂成膜示意图；最优 BHJ 薄膜（b）和最优 Graded BHJ（G-BHJ）薄膜（c）沿垂直方向的形貌示意图

总之，刮涂具有成本低、加工速度快、生产效率高等优点，适用于 OSCs 的大规模制造。而刮涂器件的性能与薄膜的形貌息息相关。为此，以上从加工条件的角度入手，讨论了刮涂制造过程中剪切速率、衬底温度、界面浸润性和溶剂工程对光活性层分子堆积和结晶度的影响，以及光伏性能的改变。

2.2 有机光伏薄膜的结晶动力学研究

体异质结有机太阳能电池（OSCs）可被视为大规模应用中最有前途的能源生产技术之一。随着非富勒烯受体（NFAs）的发展，OSCs 的光电转换效率不断提高，已超过 19%[53]。获得高效器件性能的关键是控制光活性层复杂的非平衡形态，使畴尺寸与激子、载流子和其他光电子物理动力学相匹配，并抑制损耗通道。活性层中 P 型给体材料和 NFAs 混合可形成具有精细相分离的互穿网络，进而实现有效的激子分离和载流子传输。因此，大多数工作都致力于研究活性层的形貌与器件性能的关系，其中，调控活性层的结晶行为是影响形态的关键。

一般情况下，OSCs 的工作机制主要包括三个连续的步骤。首先，给体和受体材料吸收入射光子产生激子——电子-空穴对。然后，这些激子向给体/受体界面扩散，在克服它们之间的库仑相互作用力后，激子分离成独立的电子和空穴。最后，这些独立的电子和空穴分别向阴极和阳极传输，并被相应的电极收集。OSCs的性能取决于三个参数，开路电压（V_{OC}）、短路电流密度（J_{SC}）和填充因子（FF），它们共同决定了光伏器件的光电转换效率。其中，J_{SC} 直观地反映光电转换并有效收集光生载流子的效率，FF 则能反映电荷的迁移和复合。在此过程中，适当的畴大小是结晶调控的关键因素之一，激子解离需要小畴尺寸，而大的结晶域尺寸有利于电荷传输。大多数研究工作认为，为了避免非配对重组并保证电荷传输和激子解离，需要 10~20nm 的适当畴尺寸。此外，过大的畴尺寸通常伴随着较大的薄膜粗糙度，妨碍了其与空穴和电子传输层的紧密接触，导致相应电池产生热量和电流损失。

为了制备更高性能的 OSCs 器件，给体和受体的分子设计及器件的加工过程都被广泛研究。在这些研究中，无论是分子设计（如主链工程、侧链工程等），还是加工过程（溶剂处理、加入添加剂、退火等），这些与薄膜结晶行为相关的动力学特征都是不可忽视的研究重点。

2.2.1 结晶动力学与光电转换性能

结晶度，是指聚合物内的共轭作用而导致的有序（结晶）区域的比例，是聚合物科学中非常重要的物理量。其值因聚合物而异，因此范围很大。在 BHJ 有机太阳能电池中，聚合物给体和小分子受体都具有较大共轭单元，这些共轭单元存在强的 π 电子离域，在整个体系中通过 π 电子云的堆叠可以使整体的能量降低，更有利于提高系统的稳定性。这也就说明具有大共轭平面的分子具有一定的自聚集倾向，分子共轭面越大，稳定构象的平整度越大，聚集效应越强，最终获得的结晶度越高。此外，烷基链的聚集、分子间的非共价相互作用等因素对分子结晶度也有一定影响。

　　目前，BHJ 有机太阳能电池活性层薄膜的制备过程就是多种分子的结晶过程。在此过程中产生合适的相分离是薄膜形貌的关键，太强或太弱的结晶都不利于活性层纳米级互穿网络最优形貌的形成[2]。在混合薄膜中，太高的结晶度会导致严重的聚集（图 2.8），大的结构域尺寸和过度的相分离增加了电荷迁移的路径，但激子的寿命不足以支撑自身迁移至 D/A 界面，从而无法产生合适的电荷分离。而当结晶度太低时，经常在相应的活性层薄膜中观察到非晶区域，这也会阻碍电荷传输。

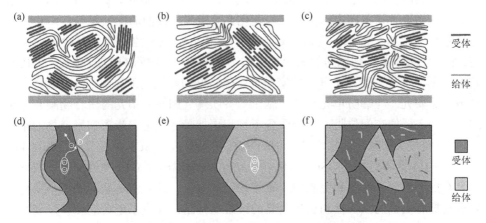

图 2.8　BHJ 有机太阳能电池活性层薄膜的制备过程[54]

薄膜中分子堆叠 [（a）～（c）] 及电荷转移和分离 [（d）～（f）] 的示意图，具有合适的 [（a）、（d）]，太高的 [（b）、（e）] 和太低的 [（c）、（f）] 结晶度，绿色圆圈表示在有机半导体材料中传输的电子-空穴对的范围

　　在 BHJ 有机太阳能电池中，结晶过程的核心驱动力源于分子间 π 电子轨道耦合形成的空间相干性及其离域化程度的协同增强效应。这一动力学过程本质上受分子拓扑结构调控，后者通过共轭体系电子云重排主导着 π 电子分布特征的形成与演化。因此，控制聚合物的分子结构是调整共混膜中结晶度和结晶过程的基本方法。通常主链骨架设计、侧链工程和官能团取代是调整聚合物分子结构的最常用方法。

1. 聚合物共轭骨架的影响

　　目前主流的聚合物给体骨架是将电子给体（D）和受体（A）部分不断集成到其主链，通过调制 D-A 部分的电子结构和主链骨架的共轭强度来控制给体和受体之间的分子内电荷转移，进一步提高其光电特性并满足太阳能电池的需要[55]。将

π 桥掺入 D-A 共聚物中可以显著影响聚合物的分子结构。将 π 桥作为间隔物掺入 D-A 共聚物中可以增强所得共聚物的主链平面性，从而延长 π 电子沿 π 共轭主链的离域。这些效应提高了聚合物中的 HOMO 能级，拓宽了光吸收范围并增加了电荷载流子迁移率。浦项科技大学的 Kilwon Cho 等在 PBT 聚合物中引入不同长度的噻吩 π 桥，形成 PBT-OT 和 PBT-OTT 两种聚合物给体[56]，在以 PCBM 为受体的体系中，π 桥的延长促进了光伏性能的提升。通过 GIWAXS 测试发现 π 桥延伸不仅减弱了聚合物分子的边缘取向，还减小了聚合物的晶畴尺寸，使聚合物给体和 PCBM 受体混溶性更好，实现了高效的电荷分离和电荷传输，同时抑制了电荷复合。Jung 等则在 2021 年比较了聚合物 D 组分和 A 组分间不同 π 桥带来的影响[57]，用呋喃 π 桥代替噻吩可以显著提高给体聚合物在其与受体的共混膜中的平面度和结晶度，但这种提高会带来过度相分离，导致电荷传输减弱和 PCE 降低，这更加说明聚合物主链中的微小结构变化会导致光伏性能的巨大差异。

聚合物给体主链杂环的改变也会影响其在太阳能电池活性层薄膜中的结晶度。目前绝大多数表现优秀的聚合物给体都包含苯并二噻吩（BDT）单元，如 PM6 和 D18 等聚合物。受益于其与非富勒烯受体良好的能级匹配和混溶性，这类聚合物被广泛研究。与噻吩单元相比，基于苯并呋喃（BDF）单元的聚合物具有更小的尺寸和更弱的空间位阻，会导致分子堆积更加紧密，进一步影响聚合物的结晶度。香港科技大学颜河团队将 D18 中的 BDT 单元替换为 BDF 单元合成了 D18-Fu，并与 Y6-1O 受体制备了 OSCs 器件[58]。D18-Fu 表现出与 D18 类似的面外取向，但具有更小的 π-π 间距和更高的 π-π 堆积结晶强度，这种主链杂环的微小变化使聚合物拥有更好的共面性和更加明显的纤维状网络，促进了电荷的转移，使基于 BDF 单元组成的 D18-Fu 给体拥有比原聚合物更加优异的性能。

其他一些工作也证明了扩大主链的共轭平面能改变聚合物的结晶度。陈寿安课题组将 2-乙基己基噻吩基引入 PTB-7，新合成的 PTB-7TH 聚合物的主链具有更好的共面性。这种聚合物与 $PC_{71}BM$ 受体作为活性层，其效率高于以 PTB-7 为给体的太阳能电池[59]。共轭平面的增加不仅促进吸收带向更大的波长延伸，而且还诱导了更好的 π-π 堆积和面外分子取向。具有扩大的共轭平面通常意味着更多的 π 电子，以及系统中更宽的离域 π 轨道，这最终导致给体与受体的分子间相互作用增大。因此，具有高平坦度的较大的共轭平面通常是增大结晶度的一个必要条件。

2. 官能团取代的影响

研究表明，给体共轭链上的官能团取代是提高聚合物给体和非富勒烯器件性能的方法之一。各类官能团的引入可以改变聚合物的能级和光吸收能力，同时受到分子间相互作用和空间位阻的影响，进一步改变分子排列和结晶[60]。侯剑辉团队将卤素引入 PBDB-T 聚合物中，合成了具有优异光伏性能的聚合物给体 PM6

和 PM7。特别是给体发生卤素取代后，均保持了良好的面外取向，且氟化后的给体比氯化后的给体具有更长的 π-π 堆积长度。

氟原子具有最高的电负性（其值为 3.98），研究表明，氟化是调节有机半导体 HOMO 能级的有效方法。将具有最大电负性和小原子半径的氟原子引入有机半导体材料中可以显著降低 HOMO 能级。同时，氟原子与碳原子和氢原子有很强的相互作用，导致更好的分子平面性和结晶过程。Wei You 团队合成了一系列具有不同数量和位置的氟取代的 PBnDT-TAZ 聚合物，且与 PC$_{71}$BM 受体组成太阳能电池器件后性能有较大差异[61]。在氟化后除了能级和波谱吸收发生改变之外，氟取代基的位置和数量也影响了共混膜的结晶度。从纯聚合物薄膜的 2D GIWAXS 图谱中可以看出，在纯 4′-FT 聚合物中观察到的面外(010)峰和面内(100)峰同时出现，表明 4′-FT-FTAZ 和 4′-FT-HTAZ 优先形成微晶，相对于衬底面朝上取向；然而，3′-FT 聚合物的(100)和(010)峰都显示出面外偏好，聚合物与受体形成共混膜后，其聚合物取向没有明显变化。虽然各种共混膜的取向不同，但氟取代后 π-π 堆积均变强。另外，4′位置的取代比 3′位置的取代具有更强的 π-π 堆积和更小的相干长度，且 4′-FT-FTAZ 具有最大的畴堆积，这可能是其具有最佳光伏性能的原因。韩国 Bumjoon J. Kim 团队报道了两种顺序氟化 PT 给体（PT-2F 和 PT-4F）的制备，基于 PT-4F 的二元 OSCs 实现了 15.6%的高 PCE[62]。氟化带来的结晶变化是影响性能的主要原因之一。GIWAXS 分析结果表明 PT-4F 共混膜表现出更强的 π-π 堆积峰和更短的 π-π 堆积距离。同时通过共振软 X 射线散射分析发现 PT-4F 有更小的域间距和域纯度，允许共混膜形成较大的给体/受体界面区域，这些都有利于激子的扩散。

同样，与氟原子相比，氯原子不仅具有更大的半径，而且还能够进一步降低相应的能级，因为它们的 3d 轨道可以接受来自共轭骨架的电子。氯原子可以通过 Cl···S 和 Cl···π 非共价相互作用调节分子间和分子内 π 堆积和聚集，这有助于进一步改善分子间和分子内电荷转移，以获得更好的光伏性能。此外，氯化聚合物比氟化聚合物更容易合成，不仅价格便宜，而且比氟化产品更容易引入光伏材料中，有利于满足未来的实际应用。何凤课题组报道了一系列聚合物给体 PBDP-H、PBDP-Cl 和 PBDP-2Cl，发现给体中 Cl 的引入促进了活性层的 π-π 相互作用，而 Cl 浓度的增大会促进聚合物的聚集，只有合适浓度的 Cl 原子取代才能对光伏性能产生促进作用[63]。薄志山团队合成了具有不同氯取代的给体-给体（D-D）型聚合物（PBDTT、PBDTT1Cl 和 PBDTT2Cl），并将其用作有机太阳能电池中的给体材料[64]。此工作中发现含有氯取代基的位置会影响共混膜的结晶，其中 PBDTT1Cl 中氯原子的引入增强了主链间的分子间相互作用力，而 PBDTT2Cl 会导致分子主链扭曲。因此，聚合物 PBDTT1Cl 拥有最长的 π-π 堆积周期，PBDTT2Cl 拥有最短的 π-π 堆积周期。这充分说明了只有合适的 Cl 取代位置才能有效改善结晶度，促进光伏性能的提升。

氰基也是一种常见的聚合物取代基，强力的吸电子作用能够降低给体的HOMO 能级。同时氰基也能调节聚合物分子的平面度和分子间作用力，从而调节分子的聚集和排列。Yuan 等将氰基取代的噻吩单元 3-氰基噻吩（CT）引入P4T2F-HD 的主链中，合成了缩写为 P5TCN-2F 的新聚合物[65]。P5TCN-2F 在溶液中表现出更强的聚集性，改善了堆积顺序，并增强了 S···C≡N 非共价相互作用。从 GIWAXS 图谱上看，氰基的引入减小了 π-π 间距，同时分子在面内方向的有序堆叠减弱，在面外方向的 π-π 相干长度增加。这些结果表明，CT 单元的掺入大大提高了聚合物的结晶度，有利于电子和空穴的迁移。

虽然半导体聚合物的给体和/或受体的官能团取代是增强 OSCs 性能的主要策略，也可以改变分子的结晶，但官能团有时候并不能带来光伏性能的提升。Wu等选用无氟（TPD-3）和氟化（TPD-3F）给体聚合物与非富勒烯受体 Y6 配对，在 OSCs 中研究氟化的影响[66]。含有氟化聚合物的共混膜，虽然与无氟聚合物的共混膜有相似的 π-π 间距，但其相干长度大幅度减小，这削弱了激子解离能力，致使光伏性能下降。

3. 侧链的影响

有机半导体分子中的侧链通常是为了增溶而引入的，以期优化聚合物给体和受体之间的混合程度。同时，侧链之间的相互作用和空间位阻变化通常会影响分子的 π-π 堆积和自聚集效应，从而影响结晶度。烷氧羰基、烷基、烷氧基、硫醚基和甲硅烷基经常被报道为最常用的侧链。侧链工程通过优化分子侧链来调整吸收光谱、HOMO 能级和体异质结层形貌，进而提高光伏性能。

孙艳明课题组对一系列给体聚合物 PBT1-O、PBT1-S 和 PBT1-C 进行了系统研究，发现侧链中微妙的原子变化对共轭聚合物的电子结构和自组装具有深远影响[67]。在所有共混膜中都发现了纤维结构，原纤维宽度与聚合物侧链密切相关。虽然碳接头侧链的聚合物结晶度较低，但这种较为松散的排列产生了合适的相分离，增加了共混膜的垂直电荷传输，因此基于碳接头侧链的 PBT1-C:PC$_{71}$BM 器件拥有最佳的性能。阳仁强团队将刚性环戊烷、环己烷和环庚烷附着在 D18 聚合物柔性烷基侧链的尾部，设计并合成了新型聚合物给体（D18-C6Cp、D18-C6Ch 和D18-C6Chp）[68]。引入的环烃有较大空间位阻，降低了聚合物的结晶度，但使聚合物保持原有的面朝上取向。在与 L8-BO 形成的共混膜中，烷基侧链可以使薄膜保持致密的分子堆积，而具有空间位阻效应的末端环链会对聚合物的聚集特性产生干扰，从而导致面内层状堆积的减弱和面外 π-π 堆积距离的延长，激子得以有效解离和传输，促进了器件光电转换性能的提高。

现阶段还没有明确的规则表明哪些侧链可以增加或降低分子结晶度；另外，侧链本身的结构及连接位置也会影响分子的结晶度。Jiang 等报道了基于萘噻吩酰

亚胺（NTI）的聚合物给体，发现 NTI 中烷基链的微小变化可以显著影响光伏器
件的效率和热稳定性[69]。该工作通过 GIWAXS 研究了分子堆积和排列，发现两种
聚合物的共混膜都保持了共轭面朝上的分子取向；虽然 PNTB-HD 每个重复单元
的烷基链的碳原子数更多，但是其 π-π 间距更近，且在面内和面外方向都有着更
长的相干长度。温度依赖性吸收光谱也显示 PNTB-HD 的共轭链通过丰富的短接
触来堆积，区别于 PM6 的 π-π 堆积。这些结果表明减小 NTI 中烷基链的体积会显
著影响相邻分子之间 C═O 和 H─C 短相互作用的强度，从而提高聚合物的光伏
性能。所以，侧链的类型和位置对于共混膜的结晶是至关重要的，聚合物主链上
的改造更多与主链的平面性相关。与聚合物主链不同的是，侧链改造带来位阻和
分子间作用力的影响是不容忽视的。而对这些通过侧链工程调控结晶动力学的策
略，同步辐射掠入射 X 射线散射技术是不可替代的关键角色。

2.2.2　结晶的取向调控研究

在 2013～2023 年，有机太阳能电池（OSCs）得到迅速发展，这得益于对给
体和受体化学结构的探索。受体材料是影响 OSCs 性能的重要因素。在单结 OSCs
中，经典的活性层通常由 P 型共轭聚合物给体和 N 型受体材料（富勒烯衍生物和
非富勒烯材料）组成。富勒烯受体（FAs）具有显著的电子亲和力、迁移率和其他
出色的特性，如易于插入聚合物并形成有效的电子传输途径，但 FAs 的固有局限
性阻碍了其进一步应用。为了解决化学结构高度对称、分子修饰和纯化灵活性差、
吸收不良、纯化复杂等关键问题，非富勒烯受体（NFAs）应运而生。NFAs 合成
过程的灵活性和与给体匹配的能级，使其 PCE 经历了爆炸性的发展，目前 PCE
已超过 19%，相信在不远的将来会突破 20%的门槛。

在 BHJ 活性层中，分子通过范德瓦耳斯力组装成晶体，并通过调整几何形状
和静电相互作用来实现紧密堆积。对于受体的改性，不仅需要考虑其与给体的互补
光吸收和能级匹配，还需要关注给体分子和受体分子的结晶过程以及产生的相分
离。正如 2.2.1 节中提到的，形成纳米级互穿网络和合适的结晶度（分子堆积、晶
域大小等）有利于激子的解离和电荷的传导。受体的分子设计与给体聚合物的理念
相似，分子共轭长度和共轭骨架可以控制小分子的电子结构和堆积行为，原子和基
团修饰通常用于调整分子间相互作用以微调晶体结构。但主链和侧链的共存使结晶
过程变得更加复杂，应用同步辐射技术研究分子结构调控对晶体堆积、取向等形貌
的影响，建立其与载流子传输和复合之间的构效关系至关重要。

1. 共轭主链的影响

共轭主链是受体最关键的组成部分之一，因为它决定了受体的主要物理性质，

如光吸收、能级和分子间/分子内相互作用。因此，分子共轭结构以及长度、形状和杂原子单元将有效影响非富勒烯受体的性质，改变共轭骨架的长度或形状，将显著影响分子构象。随着稠环数量的增加，受体的吸收可以很容易地扩展到近红外，从而显著改善光电流的产生；同时，骨架改变往往带来分子平面度的变化，对分子的堆积产生重要影响。Dai 等设计合成了四个共轭长度不同的小分子受体，具有相同的端基和侧链 [图 2.9（a）]，但骨架核心的稠环数量不同[70]。当受体骨架核心的稠环数量从 5 个增加到 11 个时，分子堆积更坚固，导致更高的电子迁移率。

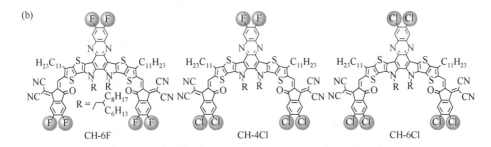

图 2.9　稠环延长及受体中杂原子取代

（a）稠环延长策略及其示意图，GIWAXS 测试分子堆积的结果[70]；（b）受体中杂原子取代的结构示意图[72]

而在共混膜中，GIWAXS 测试表明稠环数量从 5 个增加到 9 个时其面朝上取向更加明显，且具有更小的域尺寸，从而有利于激子的解离。这一结果在一定程度上证明了骨架共轭长度的变化与分子堆积行为之间的联系，帮助理解给体骨架的稠环的化学性质和尺寸对光伏性能的影响。

　　π 桥策略也是改善受体主链的一种常见方法。在从溶液快速制备薄膜的过程中，分子没有足够时间重新排列，而理论模拟或单晶培养中形成的最终分子构象是在缓慢溶剂挥发/交换后得到的，这两种条件下的最终分子构象往往是有差异的。因此，将 π 桥整合到刚性分子系统中可以增加分子间堆叠和取向的复杂性。π 桥引入无须烦琐的扩环合成，但能增强分子内电荷转移并扩展电子云离域，进一步改变受体的吸光波段。π 桥段引入可能破坏受体分子的对称性，可能对分子间堆积产生相反的影响。包西昌课题组基于苯烷基连接的受体 LA1-4F，在骨架核心两侧增加单烷基硫代噻吩 π 桥，合成了两种新的受体 WA1 和 WA2[71]。WA1 分子因为只插入一个 π 桥，产生不对称的电势分布；WA2 分子中双 π 桥的引入增加了主链对称性，并提供了更平衡的电势分布，极大地抵消了沿分子主链的偶极矩。同步辐射 GIWAXS 图谱显示单 π 桥的引入保持了共混膜良好的面朝上取向并缩短了 π-π 间距，而双 π 桥的引入显著降低了共混膜的面朝上取向和结晶度，过度无序的分子取向不利于太阳能电池中电荷的垂直传输，导致电荷迁移率较低和光电转换性能较差。该工作深入研究了受体中共轭长度与光伏性能的联系，并给出了一种引入 π 桥提升 OSCs 性能的策略。

　　与分子骨架长度和形状的修饰相比，控制杂原子的数量可对受体结构进行微小调控，获得最佳的 PCE，同时保持母体受体的大部分优点。各种杂原子的引入会对分子间相互作用和分子内电荷转移产生不同影响，同时改变结晶行为和分子堆积。南开大学陈永胜团队合成了具有相同主链、不同卤素原子及原子数量的三种受体分子（CH-6F、CH-4Cl 和 CH-6Cl），其结构如图 2.9（b）所示[72]。GIWAXS 测试结果显示 CH-6F、CH-4Cl、CH-6Cl 和 Y6 纯膜面外（OOP）方向上的 π 向上堆积(010)峰的峰位分别是 1.76Å^{-1}、1.79Å^{-1}、1.77Å^{-1} 和 1.72Å^{-1}，PM6 与 CH-6F、CH-4Cl、CH-6Cl 和 Y6 的共混薄膜在 OOP 方向上(010)峰分别在 1.74Å^{-1}、1.75Å^{-1}、1.74Å^{-1} 和 1.71Å^{-1} 处，小于纯膜(010)峰的 q 值。PM6:CH-6F 对应的 π-π 堆积峰和(100)衍射峰的晶体相干长度（crystalline coherence length，CCL）分别为 18.21Å 和 83.16Å；PM6:CH-4Cl 对应的晶体相干长度分别为 19.30Å 和 89.76Å；PM6:CH-6Cl 对应的晶体相干长度分别为 19.98Å 和 91.21Å；PM6:Y6 对应的晶体相干长度分别为 19.10Å 和 73.44Å。与 PM6:CH-6F 和 PM6:Y6 相比，PM6:CH-4Cl 和 PM6:CH-6Cl 的晶体相干长度显著增大，这可能是由氯化后结晶度增加所致。精确选择卤素类型及数量可以有效调节 NFAs 的结晶，控制表面取向，从而控制相应共混膜的分子堆积，获得更高的 J_{SC}、FF 和光伏性能。

2. 侧链和末端基团的影响

绝大多数非富勒烯受体具有对称的侧链和末端基团，侧链对称性和末端基团是影响分子结晶取向的重要因素之一。在不改变整体结构的情况下，修改侧链对称性或端基以优化器件性能是简单有效的。

引入吸电子侧链或更强的供电子基团来取代烷基链是优化分子内电荷传输或分子间堆叠的有效策略。Yan 等合成了两种名为 Y6-1O 和 Y6-2O 的小分子受体[73]，由于烷氧基的构象锁定效应，Y6-2O 受体表现出较低的溶解度和过度的聚集效应，使其不能保持良好的面朝上取向，而含有烷基链和烷氧基链的不对称 Y6-1O 保持了相当好的溶解度，产生强烈的面外取向和有序的分子堆积，从而促进电荷传输。三种不同共混膜的二维 GIWAXS 图谱，以及纯膜和不同共混膜的一维 GIWAXS 积分曲线表明，对于纯膜，Y6-1O 与 Y6 没有明显差异。然而，Y6-2O 具有极高的聚集性能，二维 GIWAXS 图谱中出现高阶(200)片层峰和多阶(010)峰，π-π 堆积相干长度也相应大幅增加。PM6:Y6-1O 和 PM6:Y6 共混物在面外方向都表现出很强的(010)峰，在面内方向表现出很强的(100)峰，这表明它们都是面朝上取向的，而 PM6:Y6-2O 共混物在面外方向和面内方向上均存在(010)和(100)峰，表明其为面朝上和边朝上混合取向，不利于电荷输运。

除了中心主链和侧链外，末端基团的性质对于确定整体电子亲和力和光学带隙至关重要。孙艳明课题组选择 3 个不同极性的吸电子官能团作为末端基团[74]，结果表明受体末端的对称性破坏有利于保持面外的 π-π 堆积，但是不利于结晶度的改善。Lu 等合成了 3 种基于 Y 系列具有不同卤素原子末端的异构体小分子受体[75]，分别称为 Y-Cl、Y-FCl 和 Y-FClF。随着氟取代的增加，Y-FClF 不仅保持了原有的晶系，而且表现出更好的分子平面度、更短的 π-π 堆积距离和更显著的 π-π 电子耦合；而 PM6:Y-FClF 共混膜在 3 种共混膜中表现出最优的正面分子堆积、合适的相分离结构及最高的电荷迁移率，从而获得最佳的效率

（17.65%）。这说明精确调控受体端基的氟/氯原子数是改善分子间晶体堆积和优化共混薄膜形貌的重要方法。

2.2.3　结晶动力学加工条件调控与原位研究

与调节分子结构的方法相比，薄膜制备的外部参数可以更好地控制分子结晶过程和薄膜形貌，再加上操作简单，该方法更适用于薄膜形貌和光伏性能的改善。如何精确和最大限度地控制结晶过程和薄膜形貌仍然是一项复杂而艰巨的任务。

相对于无机半导体，溶液处理是有机半导体的主要优势之一。然而，给体和受体材料的溶解度差会导致严重的相分离，进而导致 PCE 降低。以往的研究主要集中在如何借助烷基侧链工程提高光活性层材料的溶解度。然而，这种补救措施有时会抑制主链排列和 π-π 堆积，从而导致 PCE 降低。控制溶解度的另一种潜在方法是提高溶液温度，以降低大多数 OSCs 材料的聚集特性。溶液处理的活性层具有复杂的分层结构，由不同的微观结构参数进行描述，如结晶度、分子取向、结构域大小和结构域纯度等。此外，给体和受体之间的混溶性也是反映溶液处理过程中相分离趋势的关键热力学因素。马伟团队用氯仿和氯苯处理 PM6:Y6 体系，获得了完全不同的形貌和性能[76]。溶液工程使 Y6 受体的排列结构发生变化，其中氯仿处理的薄膜呈现面朝上取向，而氯苯处理的薄膜呈现低结晶度和随机晶体取向。在低混溶性 D18:Y6 体系中，微量的氯苯会导致 Y6 的显著聚集。在成膜 0.5s 期间，溶液浓度增加，而氯苯中的强相互作用导致聚集增强和过度相分离。

热退火是一种简单、广泛使用且具有成本效益的策略，可以有效改变共混膜的结晶度。在高温下，薄膜中的分子可以自组装以修复由旋涂结晶过程引起的缺陷并改变微晶尺寸，最终改善薄膜的形貌，从而促进有机给体材料的激子扩散。叶龙团队发现 P3HT:ZY-4Cl 对退火过程十分敏锐，受体的非晶部分在短时间（30s）内迅速结晶，然后随着退火时间的延长而团聚，而 P3HT 的结晶度在退火后没有明显变化[77]。因此，随着退火时间的延长，共混物的相分离逐渐增加，导致器件效率先快速提高后缓慢降低。这项工作表明，退火可以精细控制给体和受体的结晶顺序，方便制造高效且具有成本效益的光电器件。

在器件加工方面，溶剂添加剂不仅可以更好地溶解给体和受体材料，还可以增加成膜时间以增强给体-受体相分离。液体添加剂如 1,8-二碘辛烷（DIO）和 1-氯萘，就可以有效调控给体/受体的结晶速率和分子堆积有序性，进而改善 OSCs 的激子解离和电荷传输性能。然而，溶剂添加剂的有效性和相溶性各不相同，并且取决于溶剂溶质材料。选择合适的添加剂种类和用量，优化域尺寸和相分布才可以实现高效激子解离。Obaid Alqahtani 等在 PBDB-T:CPDT 体系中添加氯萘，发现 1% 氯萘可以极大地改善器件性能，但对于添加量十分敏感[78]。氯萘的添加与小分子的垂直分布关联密切，添加剂过量很容易导致小分子的过度聚集，严重影响器件的填充因子。另外，添加剂中的氯和小分子中的氯的相互作用，使含氯小分子受体的结晶行为对添加剂更加敏感。

然而，当使用高沸点添加剂时，活性层中残留的添加剂会缓慢挥发，从而恶化活性层的形态和器件性能。因此，高挥发性固体添加剂（volatile solid additives, SADs）已成为优化薄膜形态和光伏性能的优秀候选者。一般 SADs 根据工作机制可分为三种类型。第一种，SADs 可以通过强电荷-四极子（quadrupole）相互作用或 σ-空穴相互作用诱导有序和冷凝的分子间堆积形成有利的形貌，从而增强光伏性能。第二种，通过 SADs 与受体之间的相互吸引作用，可以有效降低受体的吸附能，改善 π-π 堆积，从而增加光吸收和电子迁移率。第三种，具有高结晶度的 SADs 可以通过限制膜形成过程中受体的过度自聚集，然后促进给体在退火过程中进入 SADs 的剩余空间，形成发达的纳米级相分离[79]。中国科学院大学黄辉课题组设计并合成了具有 S⋯O 分子内相互作用的两种可挥发添加剂。因为其更小的体积，更容易插入 Y6 分子之间，有利于 Y6 经过热处理后形成更紧密的分子间堆积方式和更长的 π-π 相干长度，从而有利于提高电荷传输迁移率，导致 OSCs 的 PCE 显著提高[79]。

Chase 等应用同步辐射 GIWAXS 原位研究 PBDB-T:ITIC 体系在变压溶剂蒸气退火（variable-pressure solvent vapor annealing，VP-SVA）下 OSCs 结晶形貌的实时演变［图 2.10（a）][80]。结果表明，溶剂蒸气分压控制着薄膜重组的长度大小，在溶剂饱和蒸气压以下，薄膜重组并达到性能最优［图 2.10（b）]。图 2.10（c）为在不同溶剂浓度下，薄膜退火前（$t=1\text{min}$）、退火过程中（$t=11\text{min}$）和退火后（$t=21\text{min}$）的面外方向上 GIWAXS 的一维积分曲线。在 50% 的蒸气压下，SVA 后给体 PBDB-T 的 (100) 峰强度半峰宽增加，75% 的蒸气压下也出现类似的情况，但是 ITIC 的结晶峰逐渐出现。在 95% 的蒸气压下，PBDB-T 的结晶进一步减弱，而 ITIC 的结晶进一步得以增强。图 2.10（d）为 AFM 高度图的径向功率谱密度曲线，退火减小了分布宽度。在 50%～75% 溶剂浓度下，薄膜膨胀降低了 ITIC 运动和局部聚合物重排的动力学势垒，允许晶体 ITIC 域生长，在不破坏聚合物网络的情况下改善了受体渗透途径。总之，75% 蒸气压下退火有效平衡了 ITIC 受体的有序性和聚合物给体中的无序性，获得了较好的性能。该原位实验揭示了薄膜结晶度、结构域大小和渗透途径在 VP-SVA 过程中如何演变，以及这些形态参数的细微差异如何区分良好的 OSCs 与性能最好的器件，突出了平衡渗透网络的创建与给体和受体结构域的结晶度和相纯度的必要性。

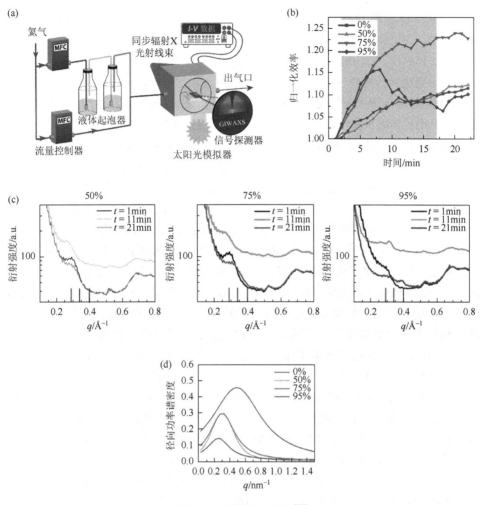

图 2.10　溶剂蒸气退火[80]

（a）溶剂蒸气退火示意图；（b）原位 VP-SVA 下 PCE 随时间的变化，蓝色阴影区域表示在这段时间内样品室中存在溶剂蒸气；（c）在指定溶剂浓度下，薄膜退火前（t=1min）、退火过程中（t=11min）和退火后（t=21min）的面外方向上 GIWAXS 的一维积分曲线，三条标记线分别为 PBDB-T 的(100)面（粉色，0.29Å^{-1}）和 ITIC（蓝色，0.33Å^{-1} 和 0.40Å^{-1}）的(001)和(011)面的特征峰位置；（d）AFM 高度图的径向功率谱密度曲线

2.3　有机光伏薄膜活性层纳米尺度相分离研究

2.3.1　调控相分离方法

由于共轭聚合物与受体小分子有着特定电子能带结构、载流子迁移率和光吸收范围，其光伏特性会直接影响太阳能电池的性能表现，同时也会影响活性层的形貌。

因此，可以通过调节分子的立构规整性、分子量、主侧链等来优化共混薄膜的相分离。例如，通过调节聚合物 P3AT（聚烷基噻吩）侧链的长度，发现较长的侧链使得小分子受体材料 $PC_{61}BM$ 在薄膜中的扩散更好，从而使得薄膜内部相分离程度增加，并表现出更优异的器件性能[81]。除了侧链长度外，主链长度（分子量）也会影响活性层的形貌。Ma 等通过改变 P3HT 分子量来研究 P3HT:PCBM 活性层的形貌变化，发现当 P3HT 共轭长度较长时，给受体互穿网络连接更好，因此改善了薄膜的光伏性能及热稳定性[82]。不仅如此，侧链的立构规整性（regioregularity，RR）也影响共轭聚合物的光学和电学性质。Woo 等在研究 P3HT:PCBM 体系时，发现虽然高 RR 的 P3HT 体系中光子吸收和电荷载流子迁移率增加，但引起了更明显的相分离，形成了更大的 PCBM 团簇[83]，导致热稳定性下降。总之，化学结构强烈影响聚合物链的溶解性和有序性，这会影响给受体的共混形貌并改变活性层的光伏特性。

由于给受体材料具有不同的溶解度和结晶度，因此对于选定的活性层体系来说，通过优化共混比例来调控相分离是最基本及最重要的手段。对于聚合物共混物薄膜，给受体材料的比例对薄膜内部结构的影响十分明显。例如，$PCDTBT:PC_{71}BM$ 体系活性层的形貌对给受体混合比例非常敏感[84]。随着 $PC_{71}BM$ 含量的增加，活性层相分离变得更加明显，"纤维状"的 PCDTBT 纳米结构逐渐出现。这种纤维状的 PCDTBT 纳米结构在给受体混合比为 1:4 时最为明显，表明增加 $PC_{71}BM$ 的含量会使 PCDTBT 形成更长和更好的互穿网络，有利于电荷传输并抑制电荷重组从而提高性能。Song 等发现随着 $PTB7-Th:PC_{71}BM$ 体系中 $PC_{71}BM$ 含量的增加，共混物薄膜内部的微相分离程度增大；而随着 $PC_{71}BM$ 浓度的进一步增加，共轭聚合物畴尺寸变小[85]。这说明 $PC_{71}BM$ 含量过高会阻碍聚合物结晶，但同时会诱导共混物薄膜中共轭长度的增加。

一般在使用溶液制备活性层时，溶剂对活性层薄膜形貌结构有着很大的影响。相关参数有溶剂沸点、蒸发速率、所用聚合物的黏度和给/受体材料溶解度等。Shaheen 等研究 MDMO-PPV:PCBM 体系时首次提出了器件性能与形貌的关联，所用溶剂从甲苯变为氯苯后，效率从 0.9% 提高到 2.5%[86]。混合溶剂也是优化活性层形貌和提高光伏性能的有效策略。因此，想要获得高性能的太阳能电池器件，就需要通过优化活性层薄膜形貌结构来实现。于是探究内部形貌的形成过程对于形貌调控、内部结构优化尤为重要，这就需要使用先进的表征手段来观察薄膜内部结构形态。Russell 等将 CF 和 DCB 的混合溶剂应用在 $pDPP:PC_{71}BM$ 中，器件的 J_{SC} 和 PCE 得到显著提升[87]。他们利用透射电子显微镜（TEM）和 AFM 观察了薄膜表面形貌，发现在混合溶剂中形成的薄膜具有更均匀的形貌，而在 CF 溶剂中形成的薄膜相分离较大，相比之下共混溶剂制备的薄膜比采用 CF 溶剂制备的薄膜更适合激子扩散和电荷传输。他们利用 GIWAXS 进一步研究了薄膜内部的微观结构，给体 pDPP 表现出明显的(100)峰，以及(200)和(300)峰（图 2.11），具有显著的边朝上取向，而在约 1.25Å^{-1} 处的宽峰则来自受体 PC$_{71}$BM 的特征散射。从半峰宽分析来看，当只使用 CF 作为溶剂时，聚合物的晶体尺寸略大。当这些薄膜在 150℃ 下热退火 10min 时，晶面间距保持不变，但晶体尺寸增加了约 5nm，峰强度也增加了，表明结晶度增大。图 2.11（b）为退火前后薄膜的 GISAXS 图谱，对于 1∶4 和 1∶16 的 DCB∶CF 溶剂混合物，薄膜显示出相似的散射曲线，在 0.015～0.02Å^{-1} 处具有一个弥散肩峰，表明热退火并没有改变散射曲线的形状。虽然热退火提高了 pDPP 的结晶度，但薄膜的整体形貌特征基本保持不变。对于相位空间不相关的两相系统，GISAXS 数据可以使用 Debye-Beuche 方程处理，$I(q)^{-1/2} = K(a^3Q)^{-1}(1 + a^2q^2)$，其中 K 为常数，a 为相干长度，Q 为散射不变量。通过拟合 DCB∶CF = 1∶4 样品的 GISAXS 低 q 区域的数据，退火前样品的相干长度为 6.1nm，退火后的相干长度为 7.7nm。对于 CF 溶剂制备的薄膜，GISAXS 曲线发生了较大变化，在低 q 区域具有更高的强度，并发现一个弱反射峰，这说明退火前后相干长度变化较大，相分离较大。从碳边（284.4eV）的透射 RSoXS 结果［图 2.11（c）］可以看出，DCB∶CF = 1∶4 的薄膜热退火前没有观察到明显的散射峰，热退火后散射强度增大，在 0.01～0.015Å^{-1} 之间出现了一个微弱的扩散肩峰，对应 40～60nm 的相分离尺寸。对于 CF 溶剂制备的薄膜，在低 q 区域的 0.0023Å^{-1} 处观察到一个尖峰，对应实空间的相分离尺寸为 270nm，这与 TEM 和 AFM 的结果一致。

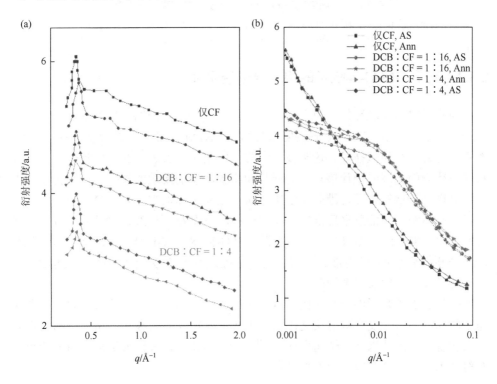

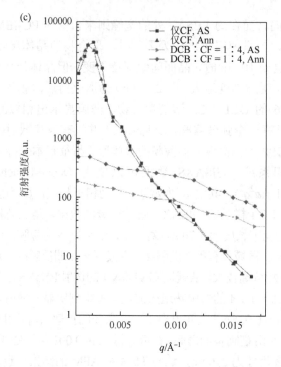

图 2.11　不同溶剂下 pDPP:PC$_{71}$BM 共混薄膜的退火[87]

不同溶剂下 pDPP:PC$_{71}$BM 共混薄膜的 GIWAXS（a）和 GISAXS（b）结果，实线和虚线分别代表退火前后的薄膜；（c）透射 RSoXS 结果，AS 表示未处理，Ann 表示退火处理

2.3.2　基于 GISAXS 技术的相分离形貌研究

薄膜材料形貌表征常有两类手段[88]。第一类是实空间的直接观察技术，主要有透射电子显微镜（TEM）、扫描隧道显微镜（STM）、原子力显微镜（AFM）等，通常统称为近场显微技术。这类技术通常只能用于观察表面的结构和信息，而且只能获得有限范围的统计信息，对样品和实验环境的要求比较高，在实验过程中对样品也有一定的破坏，因此无法用于做一些原位和动态实验。第二类技术是通过获得倒易空间的信息来反推实空间的结构，统称为 X 射线散射技术，包括常规透射散射（SAXS、WAXS）、掠入射散射（GISAXS、GIWAXS）、反常小角散射（ASAXS）等多种实验方法。本书主要介绍掠入射小角 X 射线散射（GISAXS）在电池活性层结构表征中的应用。

GISAXS 是 X 射线以较小的角度（接近试样的临界角 α_c）掠入射到试样表面与薄膜样品内电子发生散射相互作用，通过分析散射 X 射线在小角度范围的空间分布实现薄膜内纳米尺度结构表征[89, 90]。GISAXS 是研究纳米结构表面和薄膜的散射技术之一，具有以下优点[88, 91]：

（1）非破坏性、非接触。

（2）可以获得大表面积的形貌统计信息，可达几平方毫米。

（3）探测深度可通过改变入射角调节。

（4）可应用于不同的样品环境，便于原位和动态实验。

（5）GISAXS 与 GIWAXS 相结合使得这一技术可以探测从埃米到微米的结构信息。

（6）反常掠入射 X 射线小角散射技术可以加强对某一特定元素的散射信号，从而研究特定元素的聚集形态。

将 GISAXS 技术应用于新型有机太阳能电池时，通常在 DWBA 近似的框架里处理 GISAXS 数据[1, 91-94]。目前已开发出几款可以基于 DWBA 框架对 GISAXS 数据进行建模的软件，如 R. Lazzari 的 IsGISAXS 软件[95]，D. Babonneau 的 FitGISAXS[96]等。结合其他表征技术，如 TEM、AFM，将 GISAXS 拟合得到的参数与其分析比较，可以更好地分析解释样品的结构信息及生长机制，也可以通过分析 SEM、AFM 等技术观察到的结构信息找到合适的近似处理方法[97]。

在分析拟合 GISAXS 数据时，也会遇到无法很好拟合曲线的情况，通常可以利用 GISAXS 剖面图进行定量分析[98]。利用布拉格方程、Scherrer 公式等[99]，通过计算 GISAXS 剖面图上的特征信息来获得结构上的信息。

Derek R. Kozub 等[100]在探究 PBTTT/PC$_{71}$BM 聚合物太阳能电池的激子扩散长度对电池性能的影响时，通过 GISAXS 技术分析 1:4 PBTTT/PC$_{71}$BM 在退火处理时的形貌变化。利用 Teubner-Strey 模型拟合 GISAXS 曲线得出域间距尺寸，并与退火时间关联。从 GISAXS 结果可以看出，在 125℃退火时，域间距尺寸约为 30nm，并且随退火时间的变化很小；而在 150℃和 190℃退火时，域间距尺寸会随退火时间延长而增加。在测得不同退火温度下电池效率随退火时间的变化后，发现在 150℃和 190℃下域间距尺寸的增加会导致较差的器件性能，而在 125℃下退火后发现的较小的域间距尺寸导致更高的短路电流密度 J_{SC}，从而说明活性层形貌变化严重影响电池的光伏性能。

Alexander J. Bourque 等[101]探究 BQR:PC$_{71}$BM 聚合物太阳能电池在退火过程中纳米尺度的形态变化时，利用 Teubner-Strey 模型分析拟合 GISAXS 数据。从结果可以看出，在 120℃以上退火时，BQR:PC$_{71}$BM 共混物域间距尺寸逐渐变大，同时根据积分散射强度（integrated scattering intensity，ISI）可知相纯度也变大。经过器件性能测试后发现从 120℃退火温度开始，随着退火温度的升高器件的光电转换效率下降。

Wang 课题组[102]探究非富勒烯聚合物太阳能电池中 TBD 与 TBF 含量比对活性层形貌组织的影响时，利用 GISAXS 技术获得相对应的小分子 IT-4F 聚集程度。利用 Debye-Anderson-Brumberger（DAB）模型对 GISAXS 曲线进行拟合，获得聚合物的相干长度 ξ、IT-4F 团簇的相干长度 η、2 倍的回转半径 $2R_g$ 和分形维数 D。

如表 2.1 所示，在 TBD 含量达到 50%前，聚合物的相干长度 ξ 随着 TBD 的含量增加而减小，在 TBD 含量大于 50%后，ξ 又开始增大。虽然较大的相干长度有利于活性层中电荷的传输，但也会导致聚合物与 IT-4F 团簇之间形成扩散界面并阻碍激子分离。同时，IT-4F 团簇的 η 和 $2R_g$ 都随着共聚物中 TBD 含量的增加而降低，因此推测可以通过调控 TBD 和 TBF 比例来获得适合的相分离程度和域间距尺寸，从而达到促进激子解离和电荷运输的目的。

表 2.1 从 GISAXS 曲线获取的拟合参数[102]

共混物	ξ/nm	D	η/nm	$2R_g$/nm
TBD0-IT4F	51.5	2.92	6.9	30.3
TBD25-IT4F	41.8	2.71	5.7	25.6
TBD50-IT4F	27.8	2.98	3.7	18.0
TBD75-IT4F	31.6	2.77	2.9	13.1
TBD100-IT4F	36.6	2.80	2.1	9.0

杨春明等[103]应用 GISAXS 技术研究了不同刮涂速率下 PM6:N3 和 PM6:N3:N2200 共混薄膜的相分离形貌。他们发现，随着刮涂速率的增加，二元共混薄膜（PM6:N3）的给体相干长度逐渐减小，三元共混薄膜（PM6:N3:N2200）的给体相干长度则是先减小后增大，在中等刮涂速率（20mm/s）下达到一个最小值（图 2.12）。而无论是二元体系还是三元体系，随着刮涂速率的增加，受体相区尺寸都是先减小后增大。此外，三元体系的受体相区尺寸比二元体系的小，说明第三元组分 N2200 的引入可以减小受体相区尺寸。这些结果表明，溶液剪切速率是影响活性层相分离的重要因素之一，而第三元组分的添加也将有利于具有适当尺寸微相区的形成，这将有助于激子的扩散和解离。

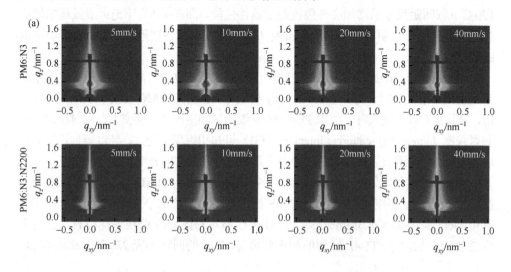

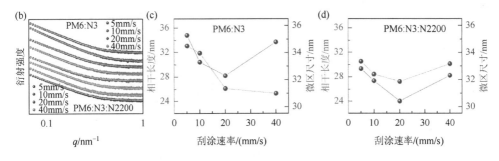

图 2.12　不同刮涂速率的影响[103]

不同刮涂速率下 PM6:N3 和 PM6:N3:N2200 薄膜的 GISAXS 二维图（a）和一维曲线拟合结果（b）；拟合得到的二元（c）和三元（d）共混薄膜的给体 PM6 的相干长度 ξ 和受体微区尺寸（2 倍的回转半径 $2R_g$）随刮涂速率的变化

2.3.3　相分离过程的原位研究

原位掠入射 X 射线散射表征可以实时观察薄膜动态生长及服役过程。Peter Müller-Buschbaum 团队[104]利用掠入射小/广角 X 射线散射（GISAXS/GIWAXS）原位探究了由苯并噻二唑基共轭聚合物（PPDT2FBT）和富勒烯小分子 $PC_{71}BM$ 组成的共混物薄膜在印刷成膜过程中聚合物内部形貌及结晶的形成过程，并对比了不同添加剂对成膜过程及薄膜内部结构的影响。同年，他们再次利用原位 GISAXS/GIWAXS 探究添加剂对 PffBT4T-2OD:$PC_{71}BM$ 共混膜的稳定性影响及其太阳能电池器件的降解过程[105]。图 2.13 为应用 GISAXS/GIWAXS 测试获得的共混物薄膜内部结构随时间的演变。从图 2.13（a）～（c）可以看出，无任何添加剂的薄膜内部初始的非晶畴尺寸比加入 1, 8-二碘辛烷（DIO）或邻氯苯甲醛（CBA）添加剂的尺寸更大，并且非晶畴尺寸随时间的增加而增大。相反，在加入 DIO 和 CBA 添加剂的薄膜中，非晶相尺寸并没有随时间发生明显变化。这说明溶剂添加剂使小分子受体材料更加均匀地穿插在共轭聚合物给体中，并且提高了内部结构的稳定性。为了进一步探究降解过程中结构与性能之间的关系，他们通过原位 GIWAXS 得到了晶粒尺寸随时间的演变，并且与器件开路电压进行比对，如图 2.13（d）～（f）所示。可以看出无添加剂及添加 CBA 添加剂的薄膜内部晶粒大小和对应器件的开路电压 V_{OC} 基本稳定，而添加 DIO 添加剂的薄膜晶粒尺寸和 V_{OC} 值随时间减小，从而影响器件的稳定性。由此可见，溶剂添加剂也会引起给/受体互穿网络形成和共轭聚合物微晶生长之间的竞争。DIO 增强了聚合物在共混物薄膜中形成互穿网络的能力，但降低了聚合物的结晶度，导致 V_{OC} 降低；CBA 添加剂增加了共轭聚合物的结晶度，从而得到了更好的稳定性。

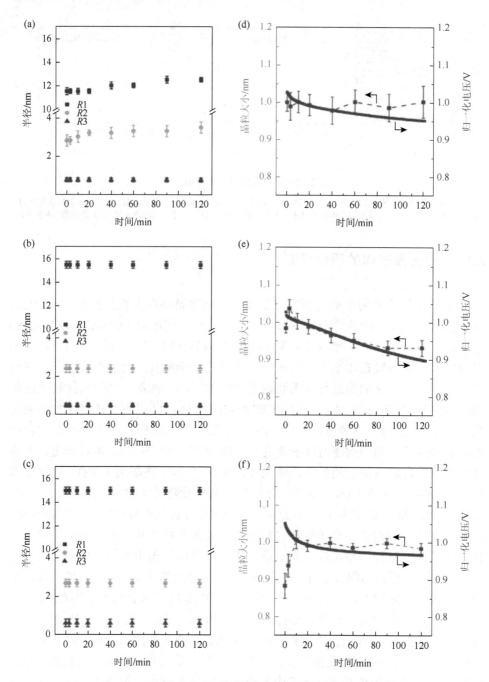

图 2.13　不同条件下共混物薄膜内部结构随时间的演变[105]

（a）、（d）不加溶剂添加剂共混物薄膜内部结构（$R1$、$R2$ 和 $R3$ 是拟合 GISAXS 得到的三种不同特征尺寸）以及
光电特性随时间的演变；（b）、（e）加 DIO 添加剂的演变；（c）、（f）加 CBA 添加剂的演变

2.4　有机光伏薄膜形貌的添加剂效应研究

关于溶剂添加剂最早的报道是在 2006 年，Peet 等偶然发现正辛基硫醇（1-辛硫醇）能诱导 P3HT 的有序堆积，P3HT:PC$_{61}$BM 薄膜表现出更大的光电流[106]。随后，Rogers 等利用 X 射线衍射也证实了溶剂添加剂增加了给体材料的晶粒尺寸[107]。随着有机太阳能电池发展，利用溶剂添加剂实现对活性层形貌结构特征的精细控制，已经成为优化器件性能常用的技术手段。溶剂添加剂一般具有两个特点：沸点（boiling point）高于主溶剂，并且活性层中的一种组分可以选择性地溶于溶剂添加剂中。常用溶剂添加剂如 1,8-二碘辛烷（DIO）、1-氯萘（1-CN）、邻氯苯甲醛（CBA）、二苯醚（DPE）等，如图 2.14 所示。

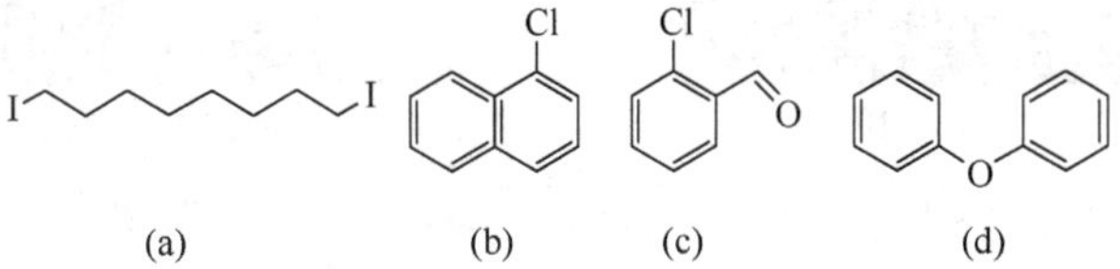

图 2.14　常见的溶剂添加剂

（a）DIO；（b）1-CN；（c）CBA；（d）DPE

2.4.1　添加剂与结晶形貌

以非芳香族添加剂 1,8-二碘辛烷（DIO）为例，由于其高沸点（332.5℃）和对富勒烯的选择性溶解，可以使体异质结（BHJ）活性层薄膜获得良好的相分离，从而改善载流子迁移率和减少电荷复合[108, 109]。Yang 等根据氟化策略将氟原子引入到 BDT 单元中烷氧基苯基的邻位，设计合成了三种聚合物（P1、P2 和 P3）[110]。通过对比发现添加剂 DIO 可以改善由聚合物自发的聚集特性带来的过度聚集，从而优化活性层的形态和相分离。次年，他们又设计合成了给体材料聚合物 PTBTz-2，并与 ITIC 构建了非富勒烯太阳能电池[111]。他们发现 DIO 的加入可以增强聚合物和 ITIC 的分子堆积（图 2.15）。从二维 GIWAXS 图［图 2.15（c）和（d）］可以看出，加入 0.5% DIO 的薄膜的 π-π 堆积具有双峰结构，退火后双峰分离更加明显，使得 π-π 堆积程度加深，形成更利于电荷传输的面朝上取向，从而提高了光伏性能，最终得到了 10.92% 的器件效率。

利用 GIWAXS 可以得到活性层内部纳米结构信息，如结晶度、晶体取向、晶体尺寸和片晶间距等，因此利用 GIWAXS 可以探究添加剂对活性层内部结晶形貌的影响。以经典富勒烯体系 P3HT:PC$_{61}$BM 为例，给体聚合物 P3HT 的分子链在成

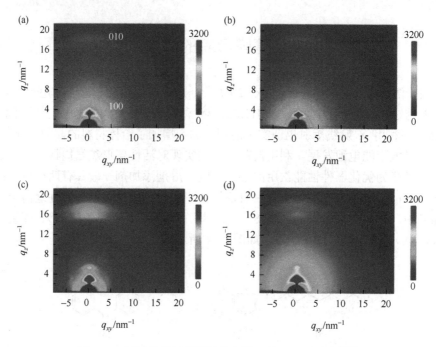

图 2.15　不同条件下得到的共混膜二维 GIWAXS 图[111]

（a）无处理；（b）130℃下退火 10min；（c）加入 0.5%的 DIO；（d）加入 0.5%的 DIO 并且在 150℃下退火 10min

膜过程中倾向于形成平行于衬底方向的片晶结构[112]，这种边朝上取向在 GIWAXS 图的面外方向上有着很强的(100)峰散射信号。而在添加辛烷二硫醇（ODT）后，(100)散射信号增强，这意味着结晶程度的增大。同时片晶间距 d 可以用来描述片晶的堆积程度，在添加 ODT 后，散射峰峰位向高 q 区移动，根据布拉格方程 $d = 2\pi/q$ 可以得出添加剂的使用减小了片晶间距，使得内部堆叠更加致密。GIWAXS 测试结果表明，PTB7:PC$_{71}$BM 活性层内部的 π-π 堆积方向平行于衬底，这对应面朝上取向[113]。加入添加剂 DIO 后，π-π 峰的散射信号增强，说明面朝上（face-on）取向程度增加，更加有利于载流子的传输[92]。

2.4.2　添加剂对相分离的影响

添加剂同样会影响更大尺度范围（数十纳米至数百纳米）的结构，从而影响活性层的光伏性能以及器件的光电转换效率。Lee 等以 PCPDTBT:PC$_{71}$BM 作为研究体系来探究添加剂对活性层形貌变化的影响[114]。从图 2.16（a）中可以看出在没有添加 DIO 的情况下，给/受体材料的混合更加均匀。而加入添加剂促进了相分离，PCPDTBT 的畴尺寸变大，给/受体之间形成了更明显的互穿网络。图 2.16（c）

为不同 DIO 比例添加剂制备的薄膜的 GISAXS 一维曲线，3%～10%浓度 DIO 添加剂制备的薄膜表现出明显的散射峰，表明薄膜内部存在着 PC$_{71}$BM 的聚集以及给/受体相分离。根据 AFM、TEM 和 GISAXS 的结果，图 2.16（b）给出了活性层内部的一个相分离示意图，其中给体材料 PCPDTBT 以片晶作为基本单元聚集在一起形成给体畴，而富勒烯小分子则聚集形成团簇。

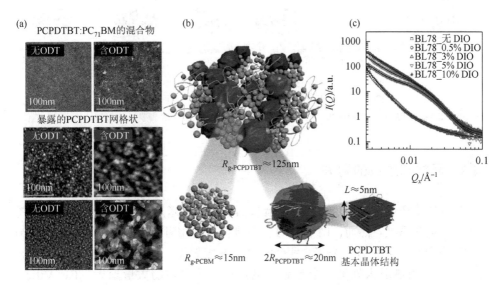

图 2.16　添加剂对 PCPDTBT:PC$_{71}$BM 的影响[114]

（a）PCPDTBT:PC$_{71}$BM BHJ 共混物的 TEM 图，以及 PCPDTBT:PC$_{71}$BM BHJ 暴露的 PCPDTBT 网络的 AFM 和 TEM 图；（b）PCPDTBT:PC$_{71}$BM 薄膜纳米结构示意图；（c）不同添加剂量加工的 PCPDTBT:PC$_{71}$BM 薄膜的 GISAXS 一维曲线

Peter 课题组利用原位掠入射小/广角 X 射线散射技术（GISAXS/GIWAXS）探究了添加剂 1, 8-二碘辛烷（DIO）与邻氯苯甲醛（CBA）对 PffBT4T-2OD:PC$_{71}$BM 的相分离及结晶行为的影响[104]。他们发现低沸点溶剂添加剂 CBA 也有利于聚合物分子的聚集，并且更利于聚合物晶体的生长。同年，他们又对比了掺杂不同溶剂添加剂 DIO 或二苯醚（DPE）对印刷法制备的体异质结（BHJ）聚合物薄膜的形貌和结晶度的影响，发现掺杂 DPE 添加剂所制备的薄膜结晶度比 DIO 添加剂制备的薄膜的结晶度高。这是由于在成膜过程中，相互渗透的给体-受体网络的形成和聚合物晶体的生长之间发生了竞争，如图 2.17 所示，DPE 掺杂薄膜溶剂蒸发缓慢，可以促进活性层薄膜的进一步相分离，从而获得更加分散的给体-受体网络[104]。

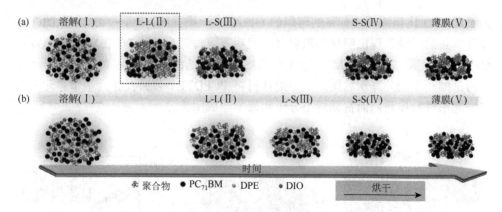

图 2.17 不同掺杂对聚合物薄膜生长影响示意图[104]

基于 GISAXS/GIWAXS 分析得到的 DPE（黄色）(a) 和 DIO（橙色）(b) 掺杂薄膜的形貌随时间的演变示意图，其中 L 表示液体，S 表示固体

2.4.3 添加剂效应的利弊

1,8-二碘辛烷（DIO）通常用于调节活性层的纳米形态，进一步改善电荷的产生、输运和重组。然而，由于 DIO 具有高沸点和相对较低的蒸气压，活性层制备过程中会有少量的 DIO 残留，残余的 DIO 挥发较慢，对器件稳定性造成不利影响[115, 116]。而热退火处理又会导致光活性层中给受体的大量聚集。De Villers Bertrand 等[117]应用 GIWAXS 表征光照下薄膜纳米结构的变化（图 2.18）。光照射前后结构变化结果中，最明显的是烷基堆积距离的变化。光照前，纯的 PTB7-Th 薄膜在 $q = 0.26\text{Å}^{-1}$ 处有一个面内峰，对应的烷基堆积距离为 24Å；光照后，烷基堆积距离变为 23Å。聚合物薄膜光照前后，烷基堆积距离（约 1Å）也有类似的变化，这可以归因于侧链几何形状相对较小的变化。在纯的聚合物中加入 DIO 后，光照前的烷基堆积距离为 23Å，光照后的烷基堆积距离为 24Å。当 PTB7-Th 与 PC$_{71}$BM 混合时，发生较大的变化；与 DIO 共混时，烷基堆积距离为 22Å，不含

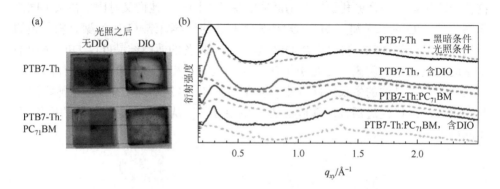

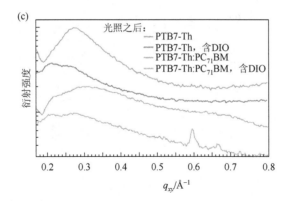

图 2.18　PTB7-Th 和 PTB7-Th:PC$_{71}$BM 薄膜纳米结构在光照下的变化[117]

（a）PTB7-Th 和 PTB7-Th:PC$_{71}$BM 薄膜光照前后的照片；样品在有或没有 DIO 的情况下进行处理，并在黑暗中
保存或暴露在环境白光照明下 3h 后 GIWAXS 面内方向的积分曲线（b）及局部放大图（c）

DIO 共混时为 21Å。光照后，堆积距离增加约 1Å。更重要的是，暴露于光下的样品在 $q = 0.21$Å^{-1} 处出现了一个新的面内峰［图 2.18（c）］，这对应于约 30Å 的堆积距离。含 DIO 的 PTB7-Th、含 DIO 和不含 DIO 的共混物 PTB7-Th:PC$_{71}$BM 都存在这一特征，这归因于光降解产物的形成，而不是简单的结构转移。

　　为了更好地理解溶剂添加剂如何影响活性层薄膜相分离及结晶行为，可以利用原位形态学表征技术探究成膜过程中内部结构形貌的演变过程。Yang 等利用原位 GIWAXS 深入探究了 DIO 对基于 PTB7-Th:PC$_{71}$BM 活性层薄膜形态演变和制备的器件性能的影响[118]。他们发现器件的 PCE 随着 DIO 比例的增加呈现出先增加后减小的变化趋势，当添加 3% DIO 时达到最大值。同时，发现经过在 100℃ 热退火 10min 后的器件的 PCE 随着 DIO 比例的增加而逐渐减小［图 2.19（a）］。原位 GIWAXS 结果表明，退火过程中的堆积距离（d）和结晶相干长度（CCL）演变幅度会随着 DIO 比例的增加而增大［图 2.19（b）和（c）］，

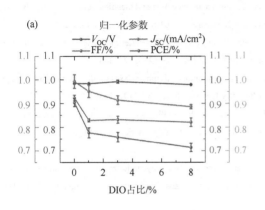

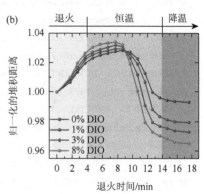

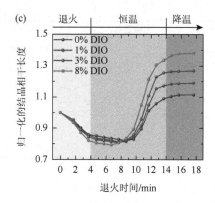

图 2.19 　DIO 对基于 PTB7-Th:PC$_{71}$BM 活性层薄膜形态演变和制备的器件性能的影响[118]

（a）在 100℃热退火 10min 后添加不同比例 DIO 器件的性能参数，退火过程中共混膜面外方向(100)峰的归一化的堆积距离（b）和结晶相干长度（c），其中 0 代表退火开始前的温度（25℃），升温和降温速率为 20℃/min

微观形貌随时间的剧烈变化导致了退火后器件 PCE 的大幅度降低。因此，从原位 GIWAXS 结果可知，室温下 DIO 的添加可以延长成膜时间，从而使 PC$_{71}$BM 更加充分地穿插在聚合物中形成互穿网络，并且诱导给体材料结晶，从而获得更合适的相分离及结晶程度，提升了 PCE。但是在高温情况下，DIO 的挥发又引起晶体结构的剧烈演变，导致 PCE 的快速降低，也就是说 DIO 的添加降低了器件的热稳定性。

参 考 文 献

[1]　CHEN H Y，HOU J，ZHANG S，et al. Polymer solar cells with enhanced open-circuit voltage and efficiency[J]. Nature Photonics，2009，3（11）：649-653.

[2]　ELUMALAI N K，UDDIN A. Open circuit voltage of organic solar cells: an in-depth review[J]. Energy & Environmental Science，2016，9（2）：391-410.

[3]　THOMPSON B C，FRéCHET J M J. Polymer-fullerene composite solar cells[J]. Angewandte Chemie International Edition，2008，47（1）：58-77.

[4]　RUDERER M A，PRAMS S M，RAWOLLE M，et al. Influence of annealing and blending of photoactive polymers on their crystalline structure[J]. The Journal of Physical Chemistry B，2010，114（47）：15451-15458.

[5]　RIPOLLES T S，GUERRERO A，GARCIA-BELMONTE G. Polymer defect states modulate open-circuit voltage in bulk-heterojunction solar cells[J]. Applied Physics Letters，2013，103（24）：243306.

[6]　CREDGINGTON D，DURRANT J R. Insights from transient optoelectronic analyses on the open-circuit voltage of organic solar cells[J]. The Journal of Physical Chemistry Letters，2012，3（11）：1465-1478.

[7]　HAMILTON R，SHUTTLE C G，O'REGAN B，et al. Recombination in annealed and nonannealed polythiophene/fullerene solar cells: transient photovoltage studies versus numerical modeling[J]. The Journal of Physical Chemistry Letters，2010，1（9）：1432-1436.

[8]　MAURANO A，HAMILTON R，SHUTTLE C G，et al. Recombination dynamics as a key determinant of open circuit voltage in organic bulk heterojunction solar cells: a comparison of four different donor polymers[J]. Advanced Materials，2010，22（44）：4987-4992.

[9] WANG H, CHAO P, CHEN H, et al. Simultaneous increase in open-circuit voltage and efficiency of fullerene-free solar cells through chlorinated thieno[3, 4-b]thiophene polymer donor[J]. ACS Energy Letters，2017，2（9）：1971-1977.

[10] LI W，ALBRECHT S，YANG L，et al. Mobility-controlled performance of thick solar cells based on fluorinated copolymers[J]. Journal of the American Chemical Society，2014，136（44）：15566-15576.

[11] OSAKA I，SAITO M，KOGANEZAWA T，et al. Thiophene-thiazolothiazole copolymers：significant impact of side chain composition on backbone orientation and solar cell performances[J]. Advanced Materials，2014，26（2）：331-338.

[12] CHENG P，LI G，ZHAN X，et al. Next-generation organic photovoltaics based on non-fullerene acceptors[J]. Nature Photonics，2018，12（3）：131-142.

[13] LI W，LIU D，WANG T. Stability of non-fullerene electron acceptors and their photovoltaic devices[J]. Advanced Functional Materials，2021，31（41）：2104552.

[14] LIU Y，LI S，JING Y，et al. Research progress in degradation mechanism of organic solar cells[J]. Acta Chimica Sinica，2022，80（7）：993-1009.

[15] SPELLER E M，CLARKE A J，ARISTIDOU N，et al. Toward improved environmental stability of polymer：fullerene and polymer：nonfullerene organic solar cells：a common energetic origin of light- and oxygen-induced degradation[J]. ACS Energy Letters，2019，4（4）：846-852.

[16] YANG W，LUO Z，SUN R，et al. Simultaneous enhanced efficiency and thermal stability in organic solar cells from a polymer acceptor additive[J]. Nature Communications，2020，11（1）：1218.

[17] XIN J，MENG X，XU X，et al. Cold crystallization temperature correlated phase separation，performance，and stability of polymer solar cells[J]. Matter，2019，1（5）：1316-1330.

[18] LI W，CAI J，YAN Y，et al. Correlating three-dimensional morphology with function in PBDB-T:IT-M non-fullerene organic solar cells[J]. Solar RRL，2018，2（9）：1800114.

[19] GHASEMI M，HU H，PENG Z，et al. Delineation of thermodynamic and kinetic factors that control stability in non-fullerene organic solar cells[J]. Joule，2019，3（5）：1328-1348.

[20] GHASEMI M，BALAR N，PENG Z，et al. A molecular interaction-diffusion framework for predicting organic solar cell stability[J]. Nature Materials，2021，20（4）：525-532.

[21] XIN Y，ZENG G，OUYANG J，et al. Enhancing thermal stability of nonfullerene organic solar cells via fluoro-side-chain engineering[J]. Journal of Materials Chemistry C，2019，7（31）：9513-9522.

[22] CAI J，WANG H，ZHANG X，et al. Fluorinated solid additives enable high efficiency non-fullerene organic solar cells[J]. Journal of Materials Chemistry A，2020，8（8）：4230-4238.

[23] SU L Y，HUANG H H，LIN Y C，et al. Enhancing long-term thermal stability of non-fullerene organic solar cells using self-assembly amphiphilic dendritic block copolymer interlayers[J]. Advanced Functional Materials，2021，31（4）：2005753.

[24] WANG C，NI S，BRAUN S，et al. Effects of water vapor and oxygen on non-fullerene small molecule acceptors[J]. Journal of Materials Chemistry C，2019，7（4）：879-886.

[25] HU L，LIU Y，MAO L，et al. Chemical reaction between an ITIC electron acceptor and an amine-containing interfacial layer in non-fullerene solar cells[J]. Journal of Materials Chemistry A，2018，6（5）：2273-2278.

[26] ZHU X，HU L，WANG W，et al. Reversible chemical reactivity of non-fullerene acceptors for organic solar cells under acidic and basic environment[J]. ACS Applied Energy Materials，2019，2（10）：7602-7608.

[27] KANG Q，WANG Q，AN C，et al. Significant influence of doping effect on photovoltaic performance of efficient fullerene-free polymer solar cells[J]. Journal of Energy Chemistry，2020，43：40-46.

[28] BIN H, WANG J, LI J, et al. Efficient electron transport layer free small-molecule organic solar cells with superior device stability[J]. Advanced Materials, 2021, 33 (14): 2008429.

[29] HU L, XIONG S, WANG W, et al. Influence of substituent groups on chemical reactivity kinetics of nonfullerene acceptors[J]. The Journal of Physical Chemistry C, 2020, 124 (4): 2307-2312.

[30] ZENG W, ZHOU X, DU B, et al. Minimizing the thickness of ethoxylated polyethylenimine to produce stable low-work function interface for nonfullerene organic solar cells[J]. Advanced Energy and Sustainability Research, 2021, 2 (5): 2000094.

[31] LIU H, WANG W, ZHOU Y, et al. A ring-locking strategy to enhance the chemical and photochemical stability of A-D-A-type non-fullerene acceptors[J]. Journal of Materials Chemistry A, 2021, 9 (2): 1080-1088.

[32] ZHANG Q Q, LI C Z. Robust carbon-carbon singly bonded electron acceptors for efficient organic photovoltaics[J]. Chemical Engineering Journal, 2023, 452: 139312.

[33] YU Y, ZHANG Y, MIAO J, et al. An n-type all-fused-ring molecule with narrow bandgap[J]. CCS Chemistry, 2022, 5 (2): 486-496.

[34] XIONG S, HU L, HU L, et al. 12.5% Flexible nonfullerene solar cells by passivating the chemical interaction between the active layer and polymer interfacial layer[J]. Advanced Materials, 2019, 31 (22): 1806616.

[35] HUANG W, GANN E, XU Z Q, et al. A facile approach to alleviate photochemical degradation in high efficiency polymer solar cells[J]. Journal of Materials Chemistry A, 2015, 3 (31): 16313-16319.

[36] GUO J, WU Y, SUN R, et al. Suppressing photo-oxidation of non-fullerene acceptors and their blends in organic solar cells by exploring material design and employing friendly stabilizers[J]. Journal of Materials Chemistry A, 2019, 7 (43): 25088-25101.

[37] LUKE J, SPELLER E M, WADSWORTH A, et al. Twist and degrade—impact of molecular structure on the photostability of nonfullerene acceptors and their photovoltaic blends[J]. Advanced Energy Materials, 2019, 9 (15): 1803755.

[38] SOON Y W, CHO H, LOW J, et al. Correlating triplet yield, singlet oxygen generation and photochemical stability in polymer/fullerene blend films[J]. Chemical Communications, 2013, 49 (13): 1291-1293.

[39] WU J, LEE J, CHIN Y C, et al. Exceptionally low charge trapping enables highly efficient organic bulk heterojunction solar cells[J]. Energy & Environmental Science, 2020, 13 (8): 2422-2430.

[40] DU X, HEUMUELLER T, GRUBER W, et al. Efficient polymer solar cells based on non-fullerene acceptors with potential device lifetime approaching 10 years[J]. Joule, 2019, 3 (1): 215-226.

[41] LI N, PEREA J D, KASSAR T, et al. Abnormal strong burn-in degradation of highly efficient polymer solar cells caused by spinodal donor-acceptor demixing[J]. Nature Communications, 2017, 8 (1): 14541.

[42] HUANG W, CHENG P, YANG Y, et al. High-performance organic bulk-heterojunction solar cells based on multiple-donor or multiple-acceptor components[J]. Advanced Materials, 2018, 30 (8): 1705706.

[43] XIAO Y, ZUO C, ZHONG J X, et al. Large-area blade-coated solar cells: advances and perspectives[J]. Advanced Energy Materials, 2021, 11 (21): 2100378.

[44] QU G, KWOK J J, DIAO Y. Flow-directed crystallization for printed electronics[J]. Accounts of Chemical Research, 2016, 49 (12): 2756-2764.

[45] YUAN J, LIU D, ZHAO H, et al. Patterned blade coating strategy enables the enhanced device reproducibility and optimized morphology of organic solar cells[J]. Advanced Energy Materials, 2021, 11 (18): 2100098.

[46] LI Y, DENG L, DU G, et al. Additive-free organic solar cells with enhanced efficiency enabled by unidirectional printing flow of high shear rate[J]. Organic Electronics, 2021, 97: 106274.

[47]　DU G, WANG Z, ZHAI T, et al. Flow-enhanced flexible microcomb printing of organic solar cells[J]. ACS Applied Materials & Interfaces, 2022, 14 (11): 13572-13583.

[48]　ZHANG L, ZHAO H, LIN B, et al. A blade-coated highly efficient thick active layer for non-fullerene organic solar cells[J]. Journal of Materials Chemistry A, 2019, 7 (39): 22265-22273.

[49]　LI Y, LIU H, WU J, et al. Additive and high-temperature processing boost the photovoltaic performance of nonfullerene organic solar cells fabricated with blade coating and nonhalogenated solvents[J]. ACS Applied Materials & Interfaces, 2021, 13 (8): 10239-10248.

[50]　FAN J Y, LIU Z X, RAO J, et al. High-performance organic solar modules via bilayer-merged-annealing assisted blade coating[J]. Advanced Materials, 2022, 34 (28): 2110569.

[51]　ZHANG J, ZHANG L, WANG X, et al. Reducing photovoltaic property loss of organic solar cells in blade-coating by optimizing micro-nanomorphology via nonhalogenated solvent[J]. Advanced Energy Materials, 2022, 12 (14): 2200165.

[52]　ZHANG Y, LIU K, HUANG J, et al. Graded bulk-heterojunction enables 17% binary organic solar cells via nonhalogenated open air coating[J]. Nature Communications, 2021, 12 (1): 4815.

[53]　GAO W, QI F, PENG Z, et al. Achieving 19% power conversion efficiency in planar-mixed heterojunction organic solar cells using a pseudosymmetric electron acceptor[J]. Advanced Materials, 2022, 34 (32): 2202089.

[54]　BIN H, ANGUNAWELA I, QIU B, et al. Precise control of phase separation enables 12% efficiency in all small molecule solar cells[J]. Advanced Energy Materials, 2020, 10 (34): 2001589.

[55]　CHENG Y J, YANG S H, HSU C S. Synthesis of conjugated polymers for organic solar cell applications[J]. Chemical Reviews, 2009, 109 (11): 5868-5923.

[56]　HWANG H, SIN D H, KULSHRESHTHA C, et al. Synergistic effects of an alkylthieno[3, 2-b]thiophene π-bridging backbone extension on the photovoltaic performances of donor-acceptor copolymers[J]. Journal of Materials Chemistry A, 2017, 5 (21): 10269-10279.

[57]　AGNEESWARI R, KIM D, PARK S W, et al. Influence of thiophene and furan π-bridge on the properties of poly(benzodithiophene-alt-bis(π-bridge)pyrrolopyrrole-1, 3-dione)for organic solar cell applications[J]. Polymer, 2021, 229: 123991.

[58]　YI J, PAN M, CHEN L, et al. A benzo[1, 2-b:4, 5-b']difuran based donor polymer achieving high-performance (＞17%) single-junction organic solar cells with a fill factor of 80.4%[J]. Advanced Energy Materials, 2022, 12 (33): 2201850.

[59]　LIAO S H, JHUO H J, CHENG Y S, et al. Fullerene derivative-doped zinc oxide nanofilm as the cathode of inverted polymer solar cells with low-bandgap polymer (PTB7-Th) for high performance[J]. Advanced Materials, 2013, 25 (34): 4766-4771.

[60]　ZHANG Y, YAO H, ZHANG S, et al. Fluorination vs. chlorination: a case study on high performance organic photovoltaic materials[J]. Science China Chemistry, 2018, 61 (10): 1328-1337.

[61]　ZHANG Q, YAN L, JIAO X, et al. Fluorinated thiophene units improve photovoltaic device performance of donor-acceptor copolymers[J]. Chemistry of Materials, 2017, 29 (14): 5990-6002.

[62]　JEONG D, KIM G U, LEE D, et al. Sequentially fluorinated polythiophene donors for high-performance organic solar cells with 16.4% efficiency[J]. Advanced Energy Materials, 2022, 12 (32): 2201603.

[63]　PU M, CAO C, CHEN H, et al. Optimized bicontinuous interpenetrating network morphology formed by gradual chlorination to boost photovoltaic performance[J]. Chemical Engineering Journal, 2022, 437: 135198.

[64]　WANG H, LU H, CHEN Y N, et al. Chlorination enabling a low-cost benzodithiophene-based wide-bandgap donor

polymer with an efficiency of over 17%[J]. Advanced Materials，2022，34（4）：2105483.

[65] YUAN X，ZHAO Y，ZHANG Y，et al. Achieving 16% efficiency for polythiophene organic solar cells with a cyano-substituted polythiophene[J]. Advanced Functional Materials，2022，32（24）：2201142.

[66] WU J，LIAO C Y，CHEN Y，et al. To fluorinate or not to fluorinate in organic solar cells: achieving a higher PCE of 15.2% when the donor polymer is halogen-free[J]. Advanced Energy Materials，2021，11（47）：2102648.

[67] LIU T，HUO L，CHANDRABOSE S，et al. Optimized fibril network morphology by precise side-chain engineering to achieve high-performance bulk-heterojunction organic solar cells[J]. Advanced Materials，2018，30（26）：1707353.

[68] WANG X，XIAO C，SUN X，et al. Hammer throw-liked hybrid cyclic and alkyl chains: a new side chain engineering for over 18% efficiency organic solar cells[J]. Nano Energy，2022，101：107538.

[69] JIANG Q，HAN P，NING H，et al. Reducing steric hindrance around electronegative atom in polymer simultaneously enhanced efficiency and stability of organic solar cells[J]. Nano Energy，2022，101：107611.

[70] DAI S，XIAO Y，XUE P，et al. Effect of core size on performance of fused-ring electron acceptors[J]. Chemistry of Materials，2018，30（15）：5390-5396.

[71] WANG P，LI Y，HAN C，et al. Rationally regulating the π-bridge of small molecule acceptors for efficient organic solar cells[J]. Journal of Materials Chemistry A，2022，10（34）：17808-17816.

[72] ZOU Y，CHEN H，BI X，et al. Peripheral halogenation engineering controls molecular stacking to enable highly efficient organic solar cells[J]. Energy & Environmental Science，2022，15（8）：3519-3533.

[73] CHEN Y，BAI F，PENG Z，et al. Asymmetric alkoxy and alkyl substitution on nonfullerene acceptors enabling high-performance organic solar cells[J]. Advanced Energy Materials，2021，11（3）：2003141.

[74] LI C，LU G，RYU H S，et al. Effect of terminal electron-withdrawing group on the photovoltaic performance of asymmetric fused-ring electron acceptors[J]. ACS Applied Materials & Interfaces，2022，14（38）：43207-43214.

[75] YAN L，ZHANG H，AN Q，et al. Regioisomer-free difluoro-monochloro terminal-based hexa-halogenated acceptor with optimized crystal packing for efficient binary organic solar cells[J]. Angewandte Chemie International Edition，2022，61（46）：e202209454.

[76] XUE J，NAVEED H B，ZHAO H，et al. Kinetic processes of phase separation and aggregation behaviors in slot-die processed high efficiency Y6-based organic solar cells[J]. Journal of Materials Chemistry A，2022，10（25）：13439-13447.

[77] XIAN K，LIU Y，LIU J，et al. Delicate crystallinity control enables high-efficiency P3HT organic photovoltaic cells[J]. Journal of Materials Chemistry A，2022，10（7）：3418-3429.

[78] ALQAHTANI O，LV J，XU T，et al. High sensitivity of non-fullerene organic solar cells morphology and performance to a processing additive[J]. Small，2022，18（23）：2202411.

[79] LI C，GU X，CHEN Z，et al. Achieving record-efficiency organic solar cells upon tuning the conformation of solid additives[J]. Journal of the American Chemical Society，2022，144（32）：14731-14739.

[80] RADFORD C L，PETTIPAS R D，KELLY T L. Watching paint dry: *operando* solvent vapor annealing of organic solar cells[J]. The Journal of Physical Chemistry Letters，2020，11（15）：6450-6455.

[81] NGUYEN L H，HOPPE H，ERB T，et al. Effects of annealing on the nanomorphology and performance of poly(alkylthiophene): fullerene bulk-heterojunction solar cells[J]. Advanced Functional Materials，2007，17（7）：1071-1078.

[82] MA W，KIM J Y，LEE K，et al. Effect of the molecular weight of poly(3-hexylthiophene) on the morphology and performance of polymer bulk heterojunction solar cells[J]. Macromolecular Rapid Communications，2007，28（17）：

1776-1780.

[83] WOO C H，THOMPSON B C，KIM B J，et al. The influence of poly(3-hexylthiophene) regioregularity on fullerene-composite solar cell performance[J]. Journal of the American Chemical Society，2008，130（48）：16324-16329.

[84] PARK S H，ROY A，BEAUPRé S，et al. Bulk heterojunction solar cells with internal quantum efficiency approaching 100%[J]. Nature Photonics，2009，3（5）：297-302.

[85] SONG L，WANG W，BARABINO E，et al. Composition-morphology correlation in PTB7-Th/PC$_{71}$BM blend films for organic solar cells[J]. ACS Applied Materials & Interfaces，2019，11（3）：3125-3135.

[86] SHAHEEN S E，BRABEC C J，SARICIFTCI N S，et al. 2.5% Efficient organic plastic solar cells[J]. Applied Physics Letters，2001，78（6）：841-843.

[87] LIU F，GU Y，WANG C，et al. Efficient polymer solar cells based on a low bandgap semi-crystalline DPP polymer-PCBM blends[J]. Advanced Materials，2012，24（29）：3947-3951.

[88] SONG L，GUO X，HU Y，et al. Efficient inorganic perovskite light-emitting diodes with polyethylene glycol passivated ultrathin CsPbBr$_3$ films[J]. The Journal of Physical Chemistry Letters，2017，8（17）：4148-4154.

[89] WANG C，XIE H，PING W，et al. A general，highly efficient，high temperature thermal pulse toward high performance solid state electrolyte[J]. Energy Storage Materials，2019，17：234-241.

[90] WANG J E，HAN W H，CHANG K J，et al. New insight into Na intercalation with Li substitution on alkali site and high performance of O3-type layered cathode material for sodium ion batteries[J]. Journal of Materials Chemistry A，2018，6（45）：22731-22740.

[91] RENAUD G，LAZZARI R，LEROY F. Probing surface and interface morphology with grazing incidence small angle X-ray scattering[J]. Surface Science Reports，2009，64（8）：255-380.

[92] MüLLER-BUSCHBAUM P. The active layer morphology of organic solar cells probed with grazing incidence scattering techniques[J]. Advanced Materials，2014，26（46）：7692-7709.

[93] XU X，WANG W，ZHOU W，et al. Recent advances in novel nanostructuring methods of perovskite electrocatalysts for energy-related applications[J]. Small Methods，2018，2（7）：1800071.

[94] RUDERER M A，METWALLI E，WANG W，et al. Thin films of photoactive polymer blends[J]. ChemPhysChem，2009，10（4）：664-671.

[95] LAZZARI R. IsGISAXS：a program for grazing-incidence small-angle X-ray scattering analysis of supported islands[J]. Applied Crystallography，2002，35（4）：406-421.

[96] BABONNEAU D. FitGISAXS：software package for modelling and analysis of GISAXS data using IGOR Pro[J]. Journal of Applied Crystallography，2010，43（4）：929-936.

[97] EZQUERRA T A，GARCIA-GUTIERREZ M C，NOGALES A，et al. Applications of Synchrotron Light to Scattering and Diffraction in Materials and Life Sciences[M]. Berlin Heidelberg：Springer Science & Business Media，2009.

[98] BARROWS A T，LILLIU S，PEARSON A J，et al. Monitoring the formation of a CH$_3$NH$_3$PbI$_{3-x}$Cl$_x$ perovskite during thermal annealing using X-ray scattering[J]. Advanced Functional Materials，2016，26（27）：4934-4942.

[99] YANG Y，FENG S，XU W，et al. Enhanced crystalline phase purity of CH$_3$NH$_3$PbI$_{3-x}$Cl$_x$ film for high-efficiency hysteresis-free perovskite solar cells[J]. ACS Applied Materials & Interfaces，2017，9（27）：23141-23151.

[100] KOZUB D R，VAKHSHOURI K，KESAVA S V，et al. Direct measurements of exciton diffusion length limitations on organic solar cell performance[J]. Chemical Communications，2012，48（47）：5859-5861.

[101] BOURQUE A J，ENGMANN S，FUSTER A，et al. Morphology of a thermally stable small molecule OPV blend

comprising a liquid crystalline donor and fullerene acceptor[J]. Journal of Materials Chemistry A，2019，7（27）：16458-16471.

[102] WANG X，HAN J，HUANG D，et al. Optimized molecular packing and nonradiative energy loss based on terpolymer methodology combining two asymmetric segments for high-performance polymer solar cells[J]. ACS Applied Materials & Interfaces，2020，12（18）：20393-20403.

[103] PENG Z，ZHANG Y，SUN X，et al. Real-time probing and unraveling the morphology formation of blade-coated ternary nonfullerene organic photovoltaics with *in situ* X-ray scattering[J]. Advanced Functional Materials，2023，33（14）：2213248.

[104] YANG D，GROTT S，JIANG X，et al. *In situ* studies of solvent additive effects on the morphology development during printing of bulk heterojunction films for organic solar cells[J]. Small Methods，2020，4（9）：2000418.

[105] YANG D，LÖHRER F C，KöRSTGENS V，et al. *In operando* GISAXS and GIWAXS stability study of organic solar cells based on PffBT4T-2OD:PC$_{71}$BM with and without solvent additive[J]. Advanced Science，2020，7（16）：2001117.

[106] PEET J，SOCI C，COFFIN R C，et al. Method for increasing the photoconductive response in conjugated polymer/fullerene composites[J]. Applied Physics Letters，2006，89（25）：252105.

[107] ROGERS J T，SCHMIDT K，TONEY M F，et al. Structural order in bulk heterojunction films prepared with solvent additives[J]. Advanced Materials，2011，23（20）：2284-2288.

[108] LIU Y，ZHAO J，LI Z，et al. Aggregation and morphology control enables multiple cases of high-efficiency polymer solar cells[J]. Nature Communications，2014，5（1）：5293.

[109] SUN Y，WELCH G C，LEONG W L，et al. Solution-processed small-molecule solar cells with 6.7% efficiency[J]. Nature Materials，2012，11（1）：44-48.

[110] WANG N，CHEN W，SHEN W，et al. Novel donor-acceptor polymers containing *o*-fluoro-*p*-alkoxyphenyl-substituted benzo[1, 2-*b*:4, 5-*b'*]dithiophene units for polymer solar cells with power conversion efficiency exceeding 9%[J]. Journal of Materials Chemistry A，2016，4（26）：10212-10222.

[111] BAO X，ZHANG Y，WANG J，et al. High extinction coefficient thieno[3, 4-*b*]thiophene-based copolymer for efficient fullerene-free solar cells with large current density[J]. Chemistry of Materials，2017，29（16）：6766-6771.

[112] LIAO H C，HO C C，CHANG C Y，et al. Additives for morphology control in high-efficiency organic solar cells[J]. Materials Today，2013，16（9）：326-336.

[113] CHEN W，XU T，HE F，et al. Hierarchical nanomorphologies promote exciton dissociation in polymer/fullerene bulk heterojunction solar cells[J]. Nano Letters，2011，11（9）：3707-3713.

[114] LEE J K，MA W L，BRABEC C J，et al. Processing additives for improved efficiency from bulk heterojunction solar cells[J]. Journal of the American Chemical Society，2008，130（11）：3619-3623.

[115] CHANG L，LADEMANN H W A，BONEKAMP J B，et al. Effect of trace solvent on the morphology of P3HT:PCBM bulk heterojunction solar cells[J]. Advanced Functional Materials，2011，21（10）：1779-1787.

[116] PEARSON A J，HOPKINSON P E，COUDERC E，et al. Critical light instability in CB/DIO processed PBDTTT-EFT:PC$_{71}$BM organic photovoltaic devices[J]. Organic Electronics，2016，30：225-236.

[117] DE VILLERS BERTRAND J，O'HARA K A，OSTROWSKI D P，et al. Removal of residual diiodooctane improves photostability of high-performance organic solar cell polymers[J]. Chemistry of Materials，2016，28（3）：876-884.

[118] HUANG D，HONG C X，HAN J H，et al. *In situ* studies on the positive and negative effects of 1, 8-diiodoctane on the device performance and morphology evolution of organic solar cells[J]. Nuclear Science and Techniques，2021，32（6）：23-35.

第3章　基于同步辐射表征揭示钙钛矿太阳能电池的科学问题

钙钛矿太阳能电池材料与器件的发展目前面临大面积制备困难、稳定性差、光电流的迟滞性和环境友好性差等挑战，对应的是钙钛矿薄膜的可控生长、缺陷钝化、器件优化、材料稳定性和铅毒性等科学问题。目前，在这些问题中，器件稳定性是制约其商业应用的重要问题。而器件不稳定性的核心是钙钛矿材料的不稳定性，归根结底与材料的微观结构和电子结构息息相关。基于同步辐射的散射和谱学技术是研究晶体结构和电子结构的有效方法。其独特的元素分辨性和纳米量级的空间分辨性使其成为探索微观机制的重要手段。本章 3.1 节简要介绍钙钛矿薄膜的制备方法，之后在 3.2 节回顾钙钛矿结构及相关晶体结构。3.3 节对器件中的钙钛矿光吸收层的不稳定性进行说明，以及如何利用同步辐射的技术对降解进行研究。3.4 节介绍器件迟滞效应问题，以及如何利用同步辐射技术理解迟滞效应的微观结构起源。3.5 节介绍钙钛矿薄膜制备中结晶动力学及原位同步辐射研究成果，理解提升薄膜质量的动力学起源。3.6 节介绍溶液法制备过程中前驱体溶液的胶体性质及同步辐射研究工作，理解前驱体溶液和添加剂对薄膜质量的影响。

3.1　钙钛矿薄膜的制备方法

为了便于理解，首先简单介绍钙钛矿薄膜的制备技术[1]。随着钙钛矿太阳能电池研究的不断深入，发展了多样性的钙钛矿薄膜制备方法。图 3.1 为溶液沉积法、双源共蒸法、溶液-气相沉积法的示意图。

以下以一些典型钙钛矿的制备为例介绍这些制备方法。

（1）一步溶液法［图 3.1（a）］。一步溶液法是目前应用最广泛的制备方法。将 PbX_2（X = Cl、Br、I）和有机卤化物前驱体以一定比例溶解在高沸点的极性溶剂中，如 N, N-二甲基甲酰胺（DMF）、二甲基亚砜（DMSO）或者 G-丁内酯（GBL），并加热到 70℃，之后旋转涂覆到电荷传输层之上，经过一定温度的退火处理得到钙钛矿薄膜。该方法制备的薄膜存在覆盖度低和构型不可控等缺点，导致器件的可重复性差。

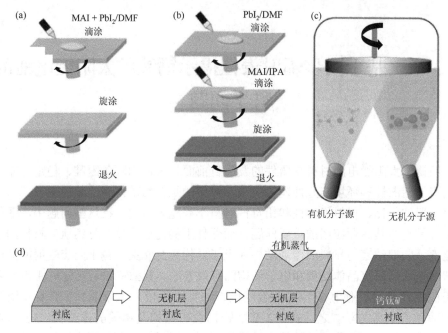

图 3.1 钙钛矿薄膜的四种常用制备技术的示意图[2]

（a）一步溶液法；（b）两步溶液法；（c）双源共蒸法；（d）溶液-气相沉积法

后续发展的反溶剂过程，可以克服覆盖度低和构型不可控等缺点[3]。在旋转涂覆前驱体溶液的过程中，加入非极性的溶剂，它与钙钛矿前驱体溶液中的溶剂相溶，而与钙钛矿前驱体不相溶。反溶剂的作用是使整个沉淀过程均匀地发生在表面，增加钙钛矿薄膜的覆盖度和晶体粒径尺寸。反溶剂也对钙钛矿薄膜的表面形态和晶体性质起着重要作用[4]。

（2）两步溶液法［图 3.1（b）］。2013 年，Grätzel 课题组首次利用两步溶液法制备钙钛矿薄膜，相应电池器件获得了 15%的效率[5]。首先，使用旋转涂覆的方法将 PbI$_2$ 前驱体溶液旋涂在 TiO$_2$ 或者空穴传输层上，晾干后形成 PbI$_2$ 薄膜。将该薄膜浸泡在有机卤化物异丙醇溶液中。随后，在一定温度下退火，以便形成钙钛矿结构的薄膜。退火温度取决于钙钛矿材料的化学组分。

（3）双源共蒸法［图 3.1（c）］。2013 年，Snaith 团队首次利用双源共蒸法制备钙钛矿薄膜[6]。首先分别将 MAI 和 PbI$_2$ 放入不同的蒸发源。然后在真空环境下，分别控制两种材料的蒸发速率，在 TiO$_2$ 薄膜上形成钙钛矿材料。最后经过热退火处理转化成钙钛矿晶体薄膜。该方法制备的薄膜的质量较高，但是由于需要真空环境，操作较复杂。

（4）溶液-气相沉积法［图 3.1（d）］。2014 年，Yang 课题组结合溶液法和蒸发法制备钙钛矿薄膜[7]。首先在 TiO$_2$ 膜的衬底上旋涂制备 PbI$_2$ 膜。然后在氮气气氛下将 MAI 粉末加热到 150℃，使其气化，产生的 MAI 蒸气与 PbI$_2$ 发生反应。最后经过退火处理，形成钙钛矿薄膜。该方法的缺点是，PbI$_2$ 不能完全与 MAI 反应转化成钙钛矿材料，导致器件的串联电阻增大。

在这些方法中，溶液沉积法成本较低的优势使其成为最常用的钙钛矿薄膜制备技术。多孔结构和异质结构太阳能电池器件中的钙钛矿光吸收层常常通过溶液沉积法中的两步法或一步法制备。

3.2　钙钛矿结构及相关结晶结构

目前，溶液相关的制备技术仍是钙钛矿薄膜制备的常见技术。钙钛矿的一般成膜机制分两个阶段：钙钛矿前驱体与溶剂相互作用形成溶胶-凝胶前驱体相，以及前驱体相到三维钙钛矿结构的转变[8]。然而实际的成膜和结晶过程要复杂得多。图 3.2（a）～（o）展示了钙钛矿结构以及形成的一些过渡相。图 3.2（a）为立方相钙钛矿结构示意图。FAPbI$_3$ 组分的钙钛矿与 MAPbI$_3$ 的结构存在差异。如图 3.2（b）所示，室温下，FAPbI$_3$ 可能形成六方 2H 相，又称为黄相[9]。热处理可以实现六方 2H 相到光活性立方相或者四方相的可逆转变。引入添加剂或者混合 MA$^+$、Cs$^+$ 等离子可以稳定立方相或者四方相。除了六方 2H 相，六方 4H 相 [图 3.2（c）]、6H 相 [图 3.2（e）] 和 8H 相 [图 3.2（f）] 等结构也有报道[10]。图 3.2（d）展示了 2H 结构的 PbI$_2$，它是钙钛矿薄膜的前驱体，也是重要的降解产物之一[11]。

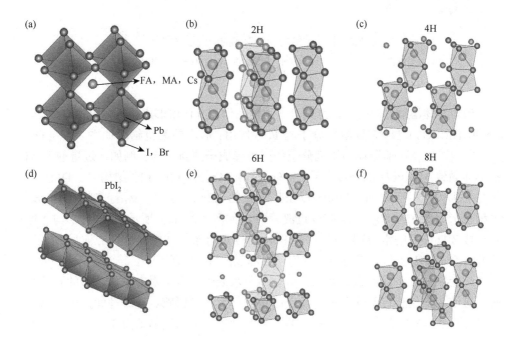

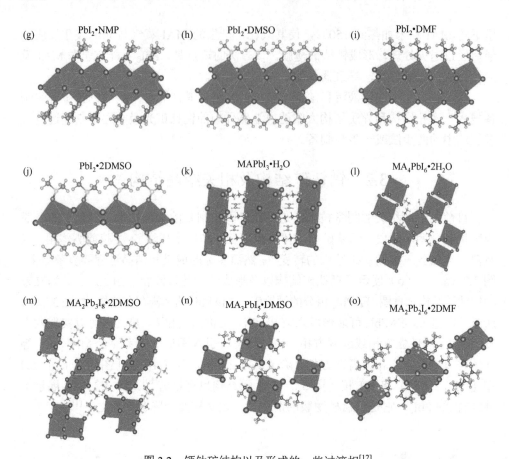

图 3.2 钙钛矿结构以及形成的一些过渡相[12]

（a）立方相钙钛矿结构；六方 2H 相（b）、4H 相（c）、PbI₂（d）、6H 相（e）和 8H 相（f）结构示意图；
（g）～（o）前驱体溶液中的胶体成分结构

当前驱体溶解到溶剂中，溶剂分子与前驱体相互作用形成前驱体胶体溶液[8]。DMF、DMSO 和 NMP 等溶剂分子与 PbI_2 作用，形成的配位结构如图 3.2（g）～（j）所示。钙钛矿前驱体与溶剂分子作用也形成一些新结构。例如，过量的 MAI 前驱体导致 $MA_3PbI_5·DMSO$ ［图 3.2（n）］和 $MA_4PbI_6·2DMSO$ 结构[13]。DMF 溶剂与前驱体作用形成 $MA_2Pb_2I_6·2DMF$[14]，如图 3.2（o）所示。反溶剂制备 $MAPbI_3$ 过程中形成的 $MA_2Pb_3I_8·2DMSO$ 过渡相[15]，如图 3.2（m）所示。$MAPbI_3$ 与水结合形成较低维度的水合物。其中 $MAPbI_3·H_2O$ 具有条状结构，如图 3.2（k）所示，而 $MA_4PbI_6·2H_2O$ 则为零维网状结构，如图 3.2（l）所示[16]。

综上所述，不同元素、溶剂、前驱体及水分子的引入对前驱体溶液的胶体性质、过渡相的结构、最终形成钙钛矿的结构都有一定影响。充分理解前驱体溶液的胶体性质（3.6 节），研究前驱体溶液到钙钛矿结构的结晶动力学（3.5 节），有助于探索钙钛矿薄膜的不稳定性及微观机制，对于高稳定性和高性能的钙钛矿太阳能电池的设计和优化具有重要意义。

3.3　钙钛矿材料及器件的稳定性

高稳定性是实现太阳能电池材料及器件应用的前提。钙钛矿太阳能电池器件不稳定性限制了其商业应用。器件不稳定性的核心是钙钛矿材料的不稳定性。当钙钛矿材料暴露在一定程度的光照、高温或者湿度条件下，会自发蜕化，导致器件性能降低。蜕化分两种——化学不稳定性和相不稳定性。一般认为，钙钛矿薄膜不稳定性的微观结构起源是缺陷和应变。因此，明确降解产物、理解蜕化机制及微观结构起源、提出解决的策略，有助于推动钙钛矿太阳能电池的商业应用。

3.3.1　化学稳定性

1. 光致化学不稳定性及同步辐射 XAS 研究

太阳能电池需在太阳光的照射下工作。光转换为电能的同时，可能会导致材料的降解。钙钛矿材料的降解会导致其电子结构的变化。基于同步辐射的 X 射线吸收谱（XAS）技术可以测量未占据态的电子结构。同时，其具有元素分辨性和局域化学环境敏感性等优势，是明确降解（中间）产物，理解降解过程的有效手段。例如，为了明确 X 射线暴露对 $MAPbI_3$ 薄膜的影响，J. A. McLeod 课题组对比了 $MAPbI_3$ 薄膜及高亮度 X 射线暴露的 $MAPbI_3$ 薄膜的 XAS。图 3.3（a）为碳原子 K 边 XAS 及相应的密度泛函理论（DFT）曲线[17]。对于新制备的 $MAPbI_3$ 薄膜，约 285.6eV 和 287.1eV 处的峰主要来自有机离子 MA^+，与 DFT 模拟结果相同。低光子能量约 282.2eV 处的峰并未在 $MAPbI_3$ 材料 DFT 模拟曲线上观察到，却与 CH_3I-PbI_2 缺陷的 DFT 模拟曲线吻合。这说明在薄膜中存在 CH_3I-PbI_2 缺陷。经过 X 射线暴露之后，约 282.2eV 处的峰的强度增强，而约 285.6eV 和 287.1eV 处的峰的强度相对减弱。这说明 X 射线暴露导致 CH_3I-PbI_2 缺陷增多。

为了区分是形成了 C—N 键长较长的 MA^+，还是有机阳离子 MA^+ 分解成 CH_3^+ 和 NH_3，研究人员测试了氮原子 K 边 XAS，如图 3.3（b）所示。在薄膜暴露 X 射线之后，约 398.2eV 处共振峰的强度明显增强。根据 DFT 模拟，该峰主要来自键长较长的 C—N 键，而非 NH_3。由此可以判断，X 射线暴露导致 C—N 键的键长变长，生成亚稳的 MA_3^+，其中 CH_3^+ 与 Pb-I 晶格中的 I 成键生成 CH_3I-PbI_2 缺陷，同时生成嵌入在晶格中的 NH_3，如示意图 3.3（c）所示。

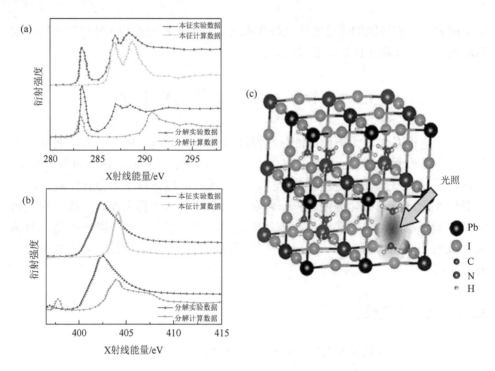

图 3.3　X 射线暴露对 MAPbI₃ 薄膜的影响[17]

MAPbI₃ 薄膜及高亮度 X 射线暴露的 MAPbI₃ 薄膜的碳原子（a）和氮原子（b）K 边 XAS 及相应的 DFT 模拟曲线；
（c）CH₃I-PbI₂ 缺陷和嵌入晶格的 NH₃ 示意图

2. 热致化学不稳定性及同步辐射 GIWAXS 研究

　　钙钛矿太阳能电池需承受太阳光照射导致的高温考验。然而，钙钛矿的降解首先发生在表面，一些提供体相信息的技术，如 XRD，很难对其进行研究。由于降解产物具有不同的化学组分和晶体结构，基于同步辐射的掠入射广角 X 射线散射（GIWAXS）可以对其进行分辨。Kim 等利用 GIWAXS 技术对 MAPbI₃ 薄膜表面结晶结构随退火温度的变化进行了原位研究[18]。如图 3.4（a）所示，室温下制备的 MAPbI₃ 为四方相[19]。散射矢量 $q \approx 0.7\text{Å}^{-1}$ 的散射峰对应于 MAI 前驱体。该薄膜在 80℃下加热 20min 后，散射图案几乎不变［图 3.4（b）］。100℃下加热 20min 后，在 $q \approx 0.55\text{Å}^{-1}$ 处观察到一个新的散射环信号。130℃下加热 20min 后，观察到三方相 PbI₂ (001)面对应的 $q \approx 0.9\text{Å}^{-1}$ 的散射信号。小的散射矢量对应于较大的面间距。因此，$q \approx 0.55\text{Å}^{-1}$ 处信号可能是 MA⁺、CH₃I 或者 NH₃ 插层 PbI₂ 导致的过渡相，如图 3.4（e）所示。除此以外，130℃下退火 20min 后，$q \approx 1.65\text{Å}^{-1}$ 处对应的散射信号消失，证明四方相到立方相的相转变[20]。

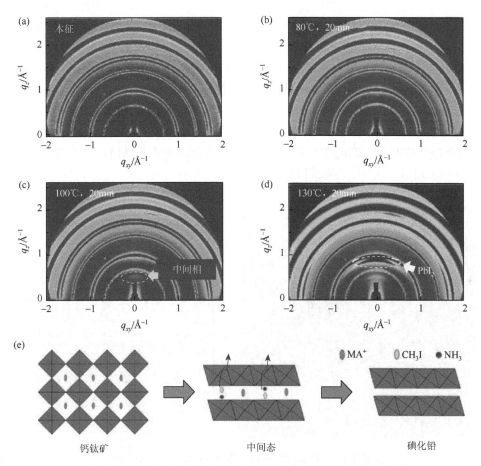

图 3.4　MAPbI$_3$ 薄膜表面结晶结构随退火温度的变化原位研究[18]

MAPbI$_3$ 薄膜（a），80℃条件下加热 20min（b），100℃条件下加热 20min（c），130℃条件下加热 20min（d）后获得的二维掠入射广角 X 射线散射图，入射角度为 0.2°，理论探测深度为 125nm；（e）MAPbI$_3$ 热降解过程示意图

这些结果说明有机阳离子 MA$^+$ 的不稳定性间接导致了钙钛矿材料的化学不稳定性。比较而言，含有离域 π 键的甲脒离子 FA$^+$ 以及无机离子 Cs$^+$ 则具有更好的化学稳定性[21]，其相应器件的环境稳定性也相对较高。

3. 水致化学不稳定性及同步辐射 GIXRD 研究

潮湿环境下钙钛矿太阳能电池的不稳定性也是一个重要的科学问题。基于同步辐射的掠入射 XRD（GIXRD）技术可以原位研究钙钛矿材料在潮湿环境下的降解过程[22, 23]。Luo 等测试的 GIXRD 结果，如图 3.5（a）～（d）所示；新制备的 MAPbI$_3$ 薄膜的衍射图及积分曲线，如图 3.5（e）和（f）中黑圈所示[23]。随着 MAPbI$_3$ 的降解，这些衍射峰的强度随在 80% 相对湿度条件下暴露时间增长而降低。同时，在低角度处出现一组属于 PbI_2 的衍射峰，如图 3.5（b）和（d）中方框及图 3.5（e）中三角所示。该组衍射峰的强度随暴露时间增长而逐渐增强。在重复 $MAPbI_3$ 薄膜降解实验时，Luo 等也发现 $MAPbI_3 \cdot H_2O$ 的衍射峰，如图 3.5（e）和（f）中方块所示；$MAPbI_3 \cdot H_2O$、$MAPbI_3$ 和 PbI_2 的共存结果，如图 3.5（f）所示。然而，并未在 XRD 中探测到另一种分解产物 MAI。这可能是由于形成了 MAI 溶液或者其他产物。原位研究结果表明，$MAPbI_3$ 材料吸附水分子，首先形成水合物，如 $MAPbI_3 \cdot H_2O$ 和 $MA_4PbI_6 \cdot 2H_2O$[16, 22, 24]，之后分解成 PbI_2 和 MAI 溶液。MAI 溶液或继续分解成 CH_3NH_2 溶液和 HI 溶液。

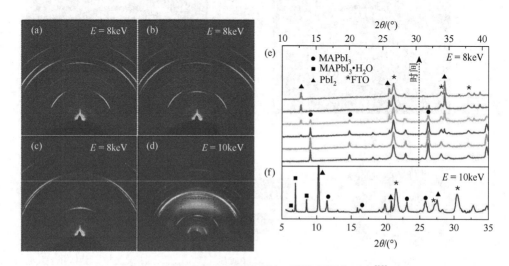

图 3.5   钙钛矿薄膜在潮湿环境下的降解原位研究[23]

（a）～（d）$MAPbI_3$/FTO 薄膜在 80%相对湿度条件下不同暴露时间的原位 GIXRD 图谱；
（e）、（f）原位 GIXRD 图谱对应的积分曲线

3.3.2   相稳定性

A 位阳离子不仅影响钙钛矿材料的化学稳定性，还影响钙钛矿晶体结构。一般而言，离子尺寸影响$[BX_6]^{4-}$八面体结构。离子尺寸过大或过小会影响 B—X—B 的键长和键角，导致$[BX_6]^{4-}$八面体结构的畸变以及结晶对称性的相变，进而改变材料的能带结构[25]。钙钛矿结构晶体的稳定性主要通过尺寸容忍因子 τ 和八面体因子 μ 的经验公式来衡量，见式（3.1）和式（3.2）。

$$\tau = \frac{R_A + R_X}{\sqrt{2}(R_B + R_X)} \tag{3.1}$$

$$\mu = \frac{R_B}{R_X} \tag{3.2}$$

其中，R_A、R_B、R_X 分别为 A、B、X 离子半径。当 $0.81 \leqslant \tau \leqslant 1.10$，$0.44 \leqslant \mu \leqslant 0.90$ 时，形成稳定或者亚稳的钙钛矿结构。当 $0.89 < \tau < 1.00$，接近理想容忍因子 $\tau = 1$ 时，钙钛矿结构为高对称性的立方相，如图 3.6（a）所示。当容忍因子偏离理想容忍因子时，晶体结构发生扭曲，钙钛矿结构会转变为四方相 [图 3.6（b）] 或者正交相 [图 3.6（c）]。

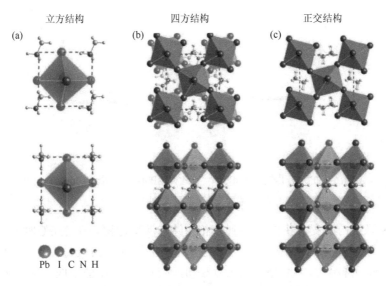

立方结构　　　　　四方结构　　　　　正交结构

Pb I C N H

图 3.6　MAPbI₃ 晶体结构示意图

（a）立方相；（b）四方相；（c）正交相

1. 热致相不稳定性及光活性相调控

MA⁺有理想的容忍因子（0.91～0.99），MAPbI₃ 在室温下为四方相，在 85℃ 发生四方相到立方相的转变。Cs⁺的容忍因子在 0.8 左右，而 FA⁺的容忍因子大于 1，室温下 CsPbI₃ 和 FAPbI₃ 都无法形成稳定的具有光活性的钙钛矿结构[26]。室温下，FAPbI₃ 和 CsPbI₃ 形成非钙钛矿的 δ 相（图 3.7）。图 3.7 展示了 CsPbI₃ 晶体结构随温度的演变。在 320℃ 以上，CsPbI₃ 形成立方相（α-CsPbI₃）[27]。其中，立方相、四方相和正交相 CsPbI₃ 具有相近的光活性，统称为黑相。

如 3.2 节所述，钙钛矿材料具有丰富的结晶相结构。具有优良化学稳定性的钙钛矿材料不一定具有光活性。因此，如何在室温下获得热不稳定的光活性相[28, 29]，一直是一个具有挑战的课题。制备纳米晶、表面功能化、组分工程[30-37]及应变工程[38-40]是获得室温黑相 CsPbI₃ 的有效策略。例如，Steele 等利用 GIWAXS 技术研究了降温速率对 CsPbI₃ 结构相稳定性的调制[39]。在缓慢降温过程中，通过

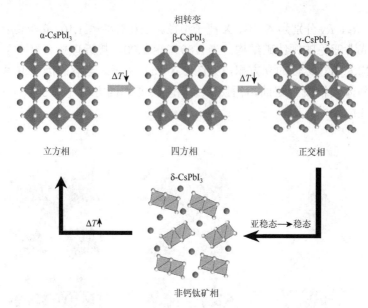

图 3.7　立方 α-CsPbI₃、四方 β-CsPbI₃、正交 γ-CsPbI₃、非钙钛矿 δ-CsPbI₃ 结构相及
热致相转变示意图

GIWAXS 峰结构演变，获得 α 相到 δ 相的结构演变过程。在 330℃时，GIWAXS
结果仅观察到 $2\theta \approx 8.8°$ 的衍射峰，说明形成了立方相 α-CsPbI₃。以较低的降温速
率（−5℃/min）降温时，衍射峰向高角度移动，说明立方相扭曲形成正交相 γ-CsPbI₃。
同时，在 $2\theta \approx 6.1°$ 处出现新的衍射峰，表明形成了非钙钛矿 δ-CsPbI₃。在 270℃以
下时，$2\theta \approx 6.1°$ 处衍射峰强度达到最强，表明非钙钛矿 δ-CsPbI₃ 占主导。$2\theta \approx 8.8°$
处面内方向（与 $q_{x,y}$ 一致）衍射峰的消失说明存在应变和织构结构。织构结构是
指结晶的取向性。对比 270℃ 和 75℃ 的结果，δ-CsPbI₃ 峰强度的增强伴随应变的
释放。室温下，形成了稳定的非钙钛矿 δ-CsPbI₃ 相。

　　前述结果表明快速淬火或许是获得高温中间相 γ-CsPbI₃ 的有效方法。为此，研
究人员开展了玻璃衬底上立方相 α-CsPbI₃ 薄膜在 330℃快速淬火的 GIWAXS 研究。
面内和面外方向衍射峰的劈裂，说明形成结晶择优取向的织构结构。其中玻璃衬底
也起到相稳定的作用。α 相(001)衍射峰的劈裂给出进一步的信息。高温下，立方相
α-CsPbI₃ 与玻璃衬底作用。随着温度的降低，界面拉应变导致 α 相(001)衍射峰劈裂
成 γ(110)和 γ(002)两组峰。其中，(002)衍射峰在面内，而(110)衍射峰在面外方向。
$q_{x,y,z}$、$q_{x,y}$ 和 q_z 方向的积分谱证实存在织构结构。正交 γ-CsPbI₃ 结构可以很好地拟
合 $q_{x,y,z}$ 散射曲线，说明淬火过程能有效稳定正交 γ-CsPbI₃。(002)散射峰强度在面
内达到极大值，而(110)峰在面外方向强度较强。结果表明，CsPbI₃/玻璃衬底界面应
变和淬火协同作用导致室温下稳定的黑相 CsPbI₃。这一研究为获得室温稳定的光活
性无机钙钛矿薄膜提供一种行而有效的策略，从而促进其在光电器件中的应用。

2. 成分偏析及 X 射线荧光成像研究

除了温度导致的钙钛矿材料的相不稳定性，组分差异也可能导致钙钛矿材料的相分离或成分偏析等相不稳定性。研究表明，通过混合阳离子优化尺寸容忍因子是获得相稳定性好的钙钛矿材料的有效策略之一。这为优良光电性能和长效稳定性器件的开发奠定良好的基础[41-47]。然而，组分多样性可能导致相分离和成分偏析问题。成分偏析的研究对探测技术元素分辨性和空间分辨性有极高要求。基于同步辐射的纳米 X 射线荧光成像技术具有元素分辨性，且可获得纳米尺度的空间分辨率，是研究成分偏析的有效手段之一。Correa-Baena 等利用该技术对 $(MAPbBr_3)_{0.17}(FAPbI_3)_{0.83}$ 中各个元素在薄膜中的分布，以及碱金属碘化物添加剂对元素分布的影响进行了研究[48]。结果表明，I 的分布是均匀的，而 Br 的分布依赖于添加剂。研究人员首先利用 X 射线荧光成像对 PbI_2 和 $PbBr_2$ 前驱体过量时薄膜表面元素 Br：Pb 比进行了分析。结果表明，薄膜中贫 Br 区域占比 41%，区域的尺寸为 6～8nm。随着碱金属碘化物 CsI 或 RbI（5%）的加入，贫 Br 区域占比降低至约 30%，且相应的区域尺寸有所减小。CsI 和 RbI 同时加入后，贫 Br 区域占比进一步降低至约 6%，表明 Br 分布相对均匀。为了证明 Br 的均匀分布是由碱金属离子的加入导致，研究人员使用 FAMAI 作为添加剂做对比实验。FAMAI（10%）的加入虽然改善了 Br 分布的均匀性，但是效果不够显著。为了验证 Br 均匀性的改善对光电器件性能的影响，研究人员制备了 Au/Sprio-OMeTAD/$(MAPbBr_3)_{0.17}(FAPbI_3)_{0.83}$/m-TiO_2/FTO 太阳能电池器件，通过对比 PbI_2 和 $PbBr_2$ 前驱体过量 10% 制备的 $(MAPbBr_3)_{0.17}(FAPbI_3)_{0.83}$ 器件，以及 5% CsI + 5% RbI 添加剂制的 $(MAPbBr_3)_{0.17}(FAPbI_3)_{0.83}$ 薄膜器件的 J-V 曲线，发现虽然开路电压和短路电流密度变化不明显，但是填充因子从 51% 提升到 76%。

然而，对于 PbI_2 和 $PbBr_2$ 前驱体按照化学计量比配制或者前驱体不足时制备的薄膜，探测到富 Br 区域，且 Br 的分布相对较均匀。添加剂对这两类薄膜中 Br 元素的分布影响趋势大致相同。在不加入添加剂情况下，富 Br 区域的占比分别为 8% 和 13%。CsI 添加剂将富 Br 区域的占比降至最低（1% 和 0.3%），RbI 添加剂导致富 Br 区域占比提高，而 CsI + RbI 添加剂导致富 Br 区域占比（均约为 7%）相对无添加剂制备的薄膜略有降低。为了证实 Br 均匀性改善对光电器件性能的影响，研究人员制备了 Au/Sprio-OMeTAD/$(MAPbBr_3)_{0.17}(FAPbI_3)_{0.83}$/m-TiO_2/FTO 太阳能电池器件。引入添加剂的器件的开路电压和光电转换效率统计数值要大于未引入添加剂的器件。这些结果证明，碱金属离子 Cs^+、Rb^+ 添加剂能显著改善钙钛矿薄膜中 Br 的分布均匀性。Br 元素的均匀分布有助于减小复合区域面积，提升太阳能电池器件的开路电压[48]。这一发现解释了少量碱金属离子 Cs^+、Rb^+ 添加剂提高太阳能电池的效率和稳定性的微观起源[45, 49-52]。因此，组分工程和添加剂工程联用或是提高钙钛矿材料相稳定性的有效手段之一。

3.3.3　晶格应变及同步辐射研究

晶格应变导致钙钛矿晶体结构的扭曲，降低了离子迁移活化能和缺陷态的形成能，是导致钙钛矿材料不稳定性的微观结构起源[53-56]。应变主要分两类：内部应变和外部应力导致的应变[57]。钙钛矿结构的不稳定性及晶格失配形成钙钛矿晶体缺陷，如位错，进而导致内部应变。而外部应力导致的应变包括钙钛矿薄膜层和电荷传输层热膨胀系数差异导致的晶格应变，以及加载变形过程中导致的晶格常数的变化。

图 3.8（a）展示了 MAPbI$_3$ 薄膜中压缩应变的实空间分布图[58]。压缩应变通过微米级同步辐射 XRD 空间扫描图像获得的 q_{220} 值的移动计算得来，应变 = $(q_{min}-q)/q_{min}$，其中 q 为初始 q_{220} 数值，q_{min} 为不同时间测量的 q_{220} 数值。图 3.8（a）中区域越亮代表压缩应变越小；相反，区域越黑代表压缩应变越大。从图中还可以看出应变的空间不均匀性。图 3.8（b）展示了图 3.8（a）中上圈和中圈区域对应的(220)衍射峰，可以明显观察到 q 值的变化。图 3.8（c）展示了应变、缺陷密度和载流子寿命之间的关系。随着压缩应变的增大，缺陷密度增加，相应的载流子寿命缩短。

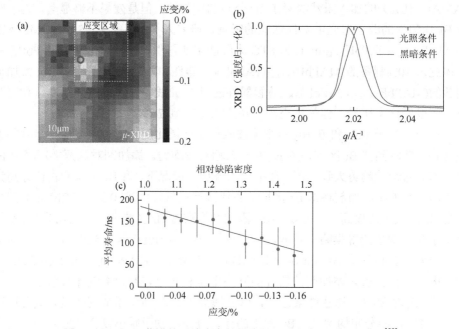

图 3.8　MAPbI$_3$ 薄膜的压缩应变的微米级同步辐射 XRD 的研究[58]

（a）MAPbI$_3$ 薄膜的压缩应变的空间变化；（b）图（a）中标记的两个位置的(220)衍射峰的 q 值；
（c）压缩应变与缺陷密度和载流子寿命之间的关系

3.4　钙钛矿太阳能电池器件的迟滞效应

钙钛矿太阳能电池的电流-电压迟滞效应也是亟待解决的问题之一。迟滞效应是指在器件经过正向电压扫描和负向电压扫描时，电流不重合的现象[59]，如图 3.9（a）和（c）所示。它使得人们无法准确评估太阳能电池器件的效率。同时，严重的迟滞效应会导致器件的不稳定性。因此，明确迟滞效应的起源并消除迟滞效应［图 3.9（b）］有利于推动钙钛矿太阳能电池的发展。

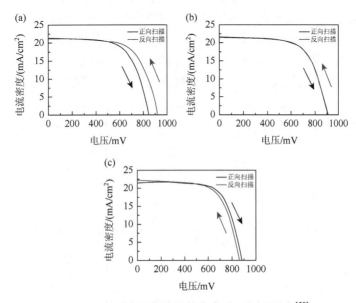

图 3.9　钙钛矿太阳能电池的电流-电压迟滞效应[59]

（a）正常迟滞效应的电流-电压曲线，其中反向扫描电压的性能好于正向扫描；（b）无迟滞效应的电流-电压曲线；（c）反常迟滞效应的电流-电压曲线，正向扫描电压的性能好于反向扫描

引起钙钛矿太阳能电池器件迟滞效应的原因有很多，包括器件的结构、材料的组分、测试条件等，详见综述论文[60]和[61]。铁电效应、载流子传输的不平衡、离子和空穴迁移及陷阱辅助复合是迟滞效应的潜在起源。一般认为钙钛矿材料中缺陷对电荷的俘获和释放过程与离子迁移起主导作用。

提升钙钛矿薄膜的结晶质量是降低缺陷和离子迁移的有效方法。高兴宇课题组通过优化退火条件提升一步法制备的 $MAPbI_{3-x}Cl_x$ 薄膜的质量[62]。图 3.10（a）～（c）展示了不同 X 射线入射角 α 测量的 GIXDR 图谱中薄膜(110)衍射峰。通过改变 X 射线的入射角，改变其探测深度。结果表明，对于一步法成膜 + 快速退火制备的 $MAPbI_{3-x}Cl_x$（r-钙钛矿）薄膜，随着 X 射线入射角的减小，探测深度的降低，衍射峰明显劈裂成两个峰［图 3.10（c）］。其中低 q 值的峰对应于四方相(110)面[63-65]，而

高 q 值的峰是由晶体扭曲导致的。这说明钙钛矿薄膜结晶相不纯,尤其是薄膜表面存在明显的多相结构。相应地,钙钛矿薄膜太阳能电池器件的 $J\text{-}V$ 曲线表现出明显的迟滞效应,如图 3.10(d)和(f)所示。

通过降低升温速率制备了 $MAPbI_{3-x}Cl_x$(g-钙钛矿)薄膜,其(110)衍射峰没有明显劈裂。这说明缓慢升温退火提高了 $MAPbI_{3-x}Cl_x$ 薄膜的结晶相纯度,消除了薄膜表面的多相结构[图 3.10(c)]。基于此薄膜的太阳能电池器件的 $J\text{-}V$ 曲线未表现明显迟滞效应,如图 3.10(e)和(g)所示。值得说明的是,器件迟滞效应的消除并不依赖于器件结构(正式 N-i-P 结构和反式 P-i-N 结构),揭示了钙钛矿结晶相纯度尤其是表面结晶对器件 $J\text{-}V$ 迟滞效应的影响。有机无机杂化钙钛矿薄膜表面结晶相纯度影响表面或者晶界处低配位的铅离子和碘离子,这些离子作为电荷陷阱导致迟滞效应。因此,提高钙钛矿薄膜的结晶性,尤其是表面的结晶相纯度,有利于开发高性能无迟滞有机无机杂化钙钛矿太阳能电池。

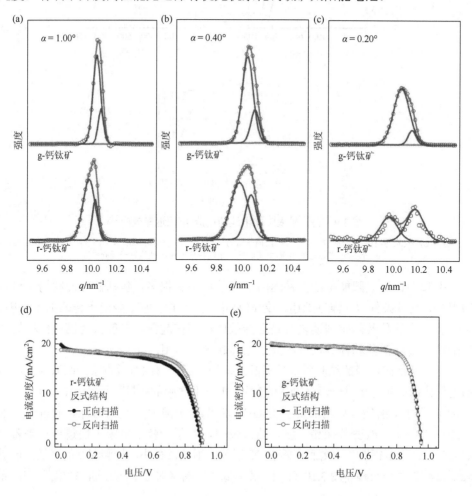

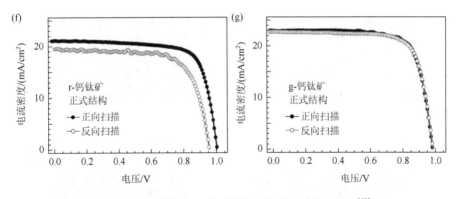

图 3.10　不同退火工艺对钙钛矿薄膜及器件的影响[62]

1.00°（a）、0.40°（b）和 0.20°（c）X 射线入射角测量的一步法成膜＋快速退火制备的 MAPbI$_{3-x}$Cl$_x$（r-钙钛矿）
薄膜和缓慢退火（g-钙钛矿）薄膜的 GIWAXS 图谱及相应的拟合曲线；基于 r-钙钛矿薄膜（d）和 g-钙钛矿薄膜（e）
的反式 P-i-N 结构器件的 J-V 曲线；基于 r-钙钛矿薄膜（f）和 g-钙钛矿薄膜（g）的正式 N-i-P 结构
器件的 J-V 曲线

3.5　钙钛矿材料的结晶取向和结晶动力学过程

3.5.1　钙钛矿薄膜的结晶取向

钙钛矿的结晶取向是影响器件性能和稳定性的重要性质。廖良生课题组利用基于同步辐射的 GIWAXS 技术对 MAPbI$_x$Cl$_{3-x}$、MAPb$_{0.90}$In$_{0.10}$I$_3$Cl$_{0.10}$、MAPb$_{0.85}$In$_{0.15}$I$_3$Cl$_{0.15}$ 和 MAPb$_{0.75}$In$_{0.25}$I$_3$Cl$_{0.25}$ 薄膜的结晶取向进行了研究[66]。图 3.11（a）～（d）展示了二维 GIWAXS 衍射图。对于 MAPbI$_x$Cl$_{3-x}$ 薄膜，如图 3.11（a）所示，衍射矢量 10nm^{-1}、20nm^{-1} 和 22.1nm^{-1} 处的衍射峰分别对应于钙钛矿晶体(110)、(220)和(310)晶面，形成了钙钛矿四方相结构。衍射峰取向集中在面外方向。这些衍射斑点表明晶面具有较好的面外择优取向，如图 3.11（f）所示。而随着组分中 In 和 Cl 元素的逐渐增多，衍射斑点增多，说明形成晶面的多种取向结构。直到 In 和 Cl 组分比例增大到 0.25 时，仅仅观察到衍射环结构。图 3.11（e）展示了 10nm^{-1} 处衍射峰强度随方位角的变化。在 4.5°、20°、26.5°、42.5°、52.5°、64.5°和 76.5°处观察到衍射峰强度的增强，说明 MAPb$_{0.90}$In$_{0.10}$I$_3$Cl$_{0.10}$ 和 MAPb$_{0.85}$In$_{0.15}$I$_3$Cl$_{0.15}$ 中不仅有面外择优取向的堆积结构 [图 3.11（f）]，还存在面内取向的堆积结构 [图 3.11（h）]，以及倾斜取向的堆积结构 [图 3.11（g）]。倾斜角度 α＝4.5°、20°、26.5°、42.5°、52.5°、64.5°和 76.5°。钙钛矿结晶取向的变化导致薄膜电输运性能的提升以及太阳能电池器件性能的提升[66]。因此，了解钙钛矿薄膜的结晶取向及其演变有助于理解器件性能调控的微观机制。

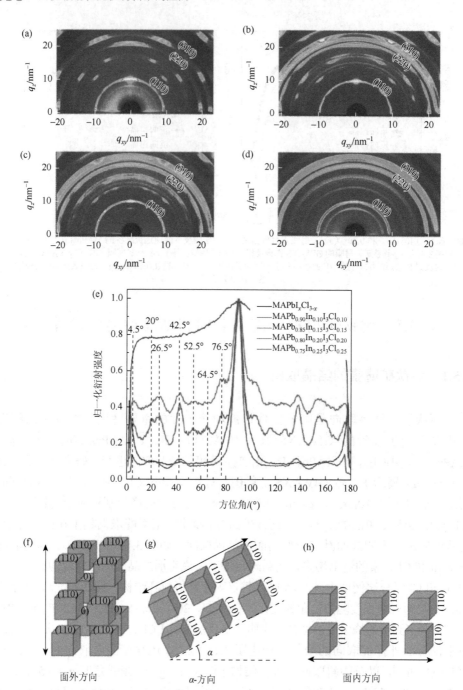

图 3.11　掺入不同比例 In 组分对 MAPbI$_x$Cl$_{3-x}$ 薄膜结晶取向的影响[66]

MAPbI$_x$Cl$_{3-x}$（a）、MAPb$_{0.90}$In$_{0.10}$I$_3$Cl$_{0.10}$（b）、MAPb$_{0.85}$In$_{0.15}$I$_3$Cl$_{0.15}$（c）和 MAPb$_{0.75}$In$_{0.25}$I$_3$Cl$_{0.25}$（d）薄膜的二维
GIWAXS 衍射图；（e）钙钛矿薄膜(110)衍射峰强度随方位角的变化；晶面面外择优取向（f）、倾斜取向（g）及
面内取向（h）的示意图

3.5.2　钙钛矿薄膜的结晶动力学

结晶动力学主要涉及结晶形成方式、路径，以及结晶速率对时间、温度和分子结构等因素的依赖性。成核过程和晶体生长影响相纯度、相稳定性和结晶性、薄膜表面形貌、晶粒尺寸和缺陷等。理解钙钛矿薄膜的结晶动力学过程对于薄膜质量的优化有重要意义。

得益于同步辐射的高亮度和高通量，GIWAXS 的采集时间通常在毫秒范围内。一方面，较短的数据采集时间利于实现对结构演变过程进行实时观测，对结晶动力学过程进行原位研究，如图 3.12 所示；另一方面，这些技术也可原位研究钙钛矿薄膜在水、氧气等环境中的成膜路径[67]。

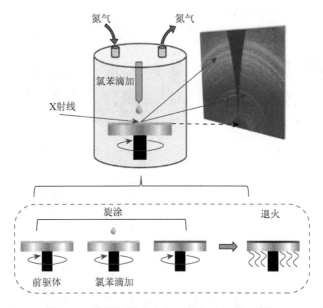

图 3.12　薄膜结晶动力学原位实验装置示意图

1. 三维钙钛矿成膜的原位 WAXS 研究

图 3.13（a）展示了 3∶1 比例 MAI/PbCl$_2$ 前驱体溶液旋涂制备 MAPbI$_{3-x}$Cl$_x$ 钙钛矿薄膜的原位 WAXS 随时间的演变[68]。1.4Å^{-1} 和 2.16Å^{-1} 处的散射峰为云母衬底的信号。MAPbI$_{3-x}$Cl$_x$ 和 FAPbI$_{3-x}$Cl$_x$ 结晶路径不同，导致器件性能不一样。一开始，0.4～1.2Å^{-1} 范围内的信号主要来自溶剂的散射信号[69]。随着溶剂的蒸发，其信号逐渐衰减。0.63Å^{-1}、1.40Å^{-1} 和 2.15Å^{-1} 处的散射峰主要来自过量的 MAI 前驱体[3]。在 210s 时，1.1Å^{-1} 处的散射峰出现，并逐渐增强。除此以外，还观察

到 1.19Å^{-1}、1.6Å^{-1}、1.7Å^{-1} 和 2.0Å^{-1} 处的散射峰。这些散射峰主要来自 MA$_2$PbI$_3$Cl 中间相[70, 71]。在经过退火之后，如图 3.13（b）所示，MA$_2$PbI$_3$Cl 中间相的散射峰消失，1.0Å^{-1} 和 2.0Å^{-1} 处 MAPbI$_3$ 的散射峰出现，分别对应于四方相(110)和(220)晶面。成膜过程与 Yu 等预想的两步反应过程一致，反应过程见方程（3.3）～方程（3.5）。首先，MAI 与 PbCl$_2$ 反应生成了 PbI$_2$ 和 MACl。随后，PbI$_2$、MAI 和 MACl 反应生成了 MA$_2$PbI$_3$Cl。退火之后，非晶的 MACl 挥发，MA$_2$PbI$_3$Cl 分解并最终生成了 MAPbI$_3$。这个结果也解释了终产物中只有碘离子，而没有氯离子[72]。

$$2MAI + PbCl_2 \longrightarrow PbI_2 + 2MACl \tag{3.3}$$

$$PbI_2 + MAI + 2MACl \longrightarrow MA_2PbI_3Cl + MACl(非晶) \tag{3.4}$$

$$MA_2PbI_3Cl + MACl(非晶) \xrightarrow{退火} MAPbI_3 + 2MACl(g) \tag{3.5}$$

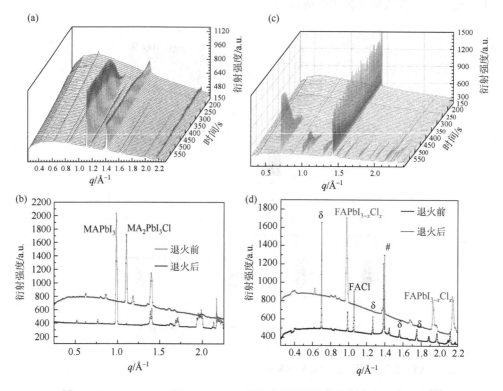

图 3.13 MAPbI$_{3-x}$Cl$_x$ 和 FAPbI$_{3-x}$Cl$_x$ 钙钛矿薄膜原位旋涂制备和退火研究[68]

（a）3∶1 比例 MAI/PbCl$_2$ 前驱体溶液旋涂制备 MAPbI$_{3-x}$Cl$_x$ 薄膜的原位 WAXS 随时间的演变；（b）退火前和 90℃ 退火 2h 之后的 WAXS；（c）3∶1 比例 FAI/PbCl$_2$ 前驱体溶液旋涂制备 FAPbI$_{3-x}$Cl$_x$ 薄膜的原位 WAXS 随时间的演变；（d）退火前和 190℃ 退火 1h 之后的 WAXS

当使用 FAI 作为前驱体制备 FAPbI$_{3-x}$Cl$_x$ 钙钛矿薄膜时，情况有所不同。如图 3.13（c）所示，随着溶剂的挥发，在长达 380s 后，0.7Å^{-1} 处的散射峰说明形成了六方相 FAPbI$_3$。1.3Å^{-1}、1.6Å^{-1}、1.8Å^{-1} 和 2.3Å^{-1} 处的散射峰也属于六方相 FAPbI$_3$[73, 74]。在 440s 时出现的 1.1Å^{-1} 处的散射峰来自中间产物 FACl。随着 FACl 的出现，FAPbI$_{3-x}$Cl$_x$ 相的散射峰出现在 1.0Å^{-1} 和 2.0Å^{-1} 处。退火之后，如图 3.13（d）所示，六方相 FAPbI$_3$ 及 FACl 的散射峰消失，FAPbI$_{3-x}$Cl$_x$ 相的散射峰增强，同时还能观察到 PbI$_2$ 特征散射峰（0.8~0.9Å^{-1}）和 PbCl$_2$ 的特征散射峰（1.4Å^{-1}）。其结晶过程可以总结为：溶剂蒸发之后，首先生成了六方相 FAPbI$_3$。随后，伴随 FAPbI$_3$ 的生成，同时生成 FAPbI$_{3-x}$Cl$_x$ 和 FACl，化学反应过程见方程（3.6）。退火导致了 FACl 的挥发，以及六方相 FAPbI$_3$ 到立方相 FAPbI$_3$ 并最终到 FAPbI$_{3-x}$Cl$_x$ 相的转变。

$$3FAI + PbCl_2 \longrightarrow FAPbI_{3-x}Cl_x + 2FACl \tag{3.6}$$

综上所述，MAPbI$_{3-x}$Cl$_x$ 和 FAPbI$_{3-x}$Cl$_x$ 钙钛矿薄膜结晶路径不同，进而导致器件性能不一样。退火过程制备 MAPbI$_{3-x}$Cl$_x$ 薄膜的原位 WAXS 研究见参考文献[75]。

2. 添加剂影响钙钛矿结晶动力学的 GISAXS 研究

添加剂的引入能有效提高钙钛矿器件的性能[76]。GIWAXS 可用于研究添加剂对成膜路径的影响[77]，本节不再赘述。本节将介绍添加剂对钙钛矿薄膜成核和生长的影响，进而为钙钛矿薄膜质量的提升提供可行的优化方案。由于晶核尺寸只有 100~1000 个原子大小[78]，对探测技术的分辨率是一个挑战。当 X 射线的散射角为 0.1°~10° 时，可以获得 1~1000nm 尺度的结构信息。因此，基于同步辐射的 SAXS 是一种理想的手段。图 3.14（a）为 MAPbI$_{3-x}$Cl$_x$ 成膜过程的 GISAXS 分析结果[79]。其强度 $I(q)$ 和散射矢量 q 的关系分别用式（3.7）和式（3.8）描述：

$$I(q) = \rho_0^2 v^2 \exp\left(-\frac{1}{3q^2 R_g^2}\right) \tag{3.7}$$

$$I(q) = A \times q^{-\alpha} + B \tag{3.8}$$

其中，ρ_0 为平均散射长度密度；v 为粒子体积；R_g 为回旋半径；A 和 B 为常数；α 为幂指数，其数值反映了颗粒的尺寸特征。例如，当颗粒具有不规则的表面时，α 在 2~3 之间。R_g 和 α 值的变化反映散射强度的变化趋势，可以用于理解成核过程颗粒尺寸的变化。图 3.14（d）展示了拟合的 R_g 和 α 值随时间的变化。未加入添加剂时其数值演变分三个阶段：第一阶段，25s 以内，R_g 和 α 数值缓慢增大，异相成核占主导，同时存在均相成核。第二阶段，25~30s，R_g 和 α 值快速增长达到极大值，这说明粒子聚集态的改变。第三阶段，R_g 和 α 值缓慢减小，直到 50s 数值趋于稳定，直到 90s 预示钙钛矿薄膜的形成。

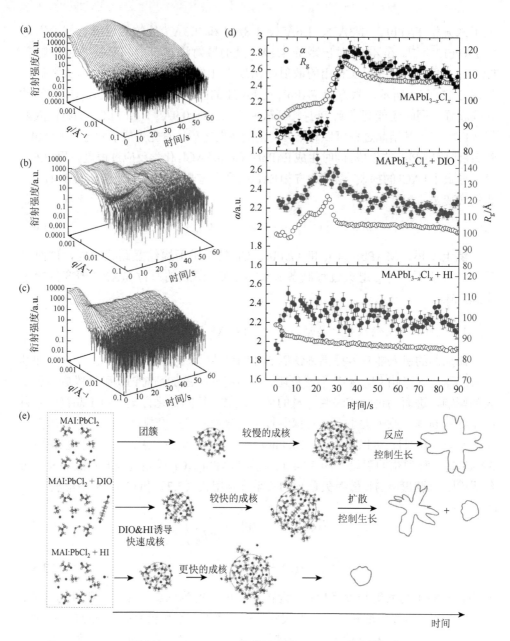

图 3.14　MAPbI$_{3-x}$Cl$_x$ 成膜过程的 GISAXS 研究[79]

MAPbI$_{3-x}$Cl$_x$薄膜（a）及引入 DIO 添加剂（b），HI 添加剂（c）情况下测量的 GISAXS 图谱；（d）回转半径（R_g）和幂指数 α 随时间的演变；（e）钙钛矿成核和生长过程示意图

　　添加剂的引入改变了结晶动力学，导致结晶过程的复杂化。图 3.14（b）为 1,8-二碘辛烷（DIO）添加剂引入之后测量的 GISAXS 结果。在 $q = 0.01\text{Å}^{-1}$ 处形

成新的散射峰。在 30s 之内，这个散射峰逐渐向低 q 值移动，在移动到 0.003Å^{-1} 之后消失。图 3.14（d）展示了 α 值随时间的演变。在 $5\sim17$s 范围内，α 值略有增大。在随后的几秒内，α 值几乎保持不变，随后继续增大，在约 25s 时达到极大值。之后 α 值再快速减小，在 30s 时保持稳定不变。R_g 的变化趋势与 α 相同。当 HI 作为添加剂时情况有所不同，散射信号强度在 10s 内急剧减小，随后保持不变，如图 3.14（d）所示。α 值从 2.0 增大到 2.17，之后减小并稳定在 2.0 左右。这说明 HI 添加剂加速了结晶过程和溶剂蒸发过程。图 3.14（e）展示了钙钛矿成核和生长过程示意图。添加剂的引入加快了前驱体分子的团聚过程。1,8-二碘辛烷或 HI 添加剂加快了成核速率，其中 HI 添加剂获得最快的成核速率。同时，添加剂还提升了成核的均匀性和数量，影响结晶形态。然而，结果表明添加剂可能不改变晶相和取向排列。

3. 反溶剂促使钙钛矿结构形成的原位 GIWAXS 研究

在一步法制备钙钛矿薄膜的过程中（3.1 节），常常会加入反溶剂。反溶剂一般是非极性溶剂，与钙钛矿前驱体溶液中的溶剂相溶，而与钙钛矿前驱体不相溶。反溶剂的引入可以去除前驱体溶液中的溶剂，从而诱导钙钛矿前驱体薄膜的快速过饱和。因此，反溶剂的引入对晶体成核和生长、钙钛矿薄膜的表面形态都有重要改善。常见的反溶剂有正己烷、二乙醚、三氟甲苯、碘苯、仲丁醇、苯甲醚、乙酸乙酯和乙酸甲酯等。

Szostak 等利用基于同步辐射的 GIWAXS 技术原位研究了 $Cs_{0.17}FA_{0.83}Pb(I_{0.83}Br_{0.17})_3$ 前驱体溶液旋涂过程。结果表明反溶剂加入以及加入时间影响了 $Cs_{0.17}FA_{0.83}Pb(I_{0.83}Br_{0.17})_3$ 钙钛矿薄膜结晶过程[80]。在 20% 相对湿度条件下，$Cs_{0.17}FA_{0.83}Pb(I_{0.83}Br_{0.17})_3$ 前驱体溶液结晶过程的原位 GIWAXS 结果表明，随着时间的推移和溶剂的挥发，前驱体溶液的溶胶散射信号（$3\sim6\text{nm}^{-1}$）消失[81-84]。同时，3.6nm^{-1}、5.3nm^{-1} 和 6.1nm^{-1} 处的三个散射峰对应于 $(CsI)\cdot(FAI)\cdot(PbBr_2)\cdot(PbI_2)\cdot(DMSO)$ 中间相。在 $8\sim10\text{nm}^{-1}$ 范围内存在一系列交叠的散射峰。对 120s 时采集的 GIWAXS 曲线的拟合发现，除了钙钛矿结构的散射峰（约 9.8nm^{-1}），还发现了六方 2H 和 4H 结构的衍射峰，结构如图 3.15 所示。

在 15s 时引入反溶剂，测量了 GIWAXS 随时间的演变。结果表明，前驱体溶液的溶胶散射信号消失之后，并未观察到 $(CsI)\cdot(FAI)\cdot(PbBr_2)\cdot(PbI_2)\cdot(DMSO)$ 中间相对应的散射峰（3.6nm^{-1}、5.3nm^{-1} 和 6.1nm^{-1}），但是在 8.2nm^{-1} 和 9.8nm^{-1} 处观察到明显的散射峰。同样，研究人员对反溶剂添加之后 5s 的 GIWAXS 曲线进行了拟合，结果表明钙钛矿结构的散射峰强度较没有反溶剂时明显增强，而 9.4nm^{-1} 处的散射峰明显减弱。这说明反溶剂的加入抑制了中间相的形成，前驱体溶胶转变成 2H 和 4H 六方相之后，快速转变成钙钛矿结构。为了说明反溶剂对中间相的

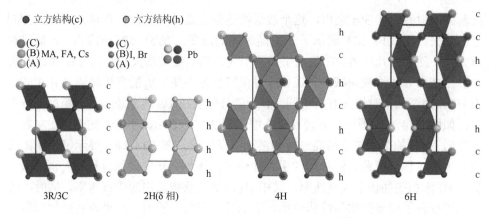

图 3.15　六方 2H、4H 和 6H 结构示意图[85]

影响，研究人员推迟加入反溶剂时间。在 60s 时加入反溶剂测量的 GIWAXS 结果显示，在加入反溶剂之前，已经观察到 8～10nm^{-1} 处的散射峰以及低 q 值的散射峰。这说明前驱体溶胶已经转换成中间相 2H 和 4H 结构。130s 时获得 GIWAXS 的拟合结果与未加反溶剂 120s 时获得的结果相近。这说明当前驱体胶体结构崩塌之后，反溶剂的引入对结晶过程的影响几乎可以忽略不计。

4. 准二维钙钛矿成膜的原位 GIWAXS 研究

对于准二维钙钛矿材料，其结晶取向及分布对电荷的传输及器件的性能有很大影响[86, 87]。孙保全课题组利用 GIWAXS 对准二维 BA$_2$MA$_3$Pb$_4$I$_{13}$ 的结晶动力学进行了研究。图 3.16（c）～（g）是没有 K$^+$ 添加剂的原位 GIWAXS 结果。在 12s 后，观察到尖锐的准二维钙钛矿 $(\overline{1}1\overline{1})$ 和 $(\overline{2}2\overline{2})$ 面对应的衍射斑点，说明准二维钙钛矿的结晶主要发生在这个时间范围内。20s 后，在 6.7nm^{-1} 处出现中间相的衍射信号（红色箭头所示）。随着时间的延长，同时观察到衍射斑点和衍射环，说明无序的结晶取向，如图 3.16（a）所示。

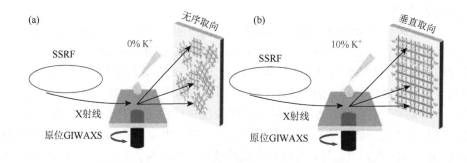

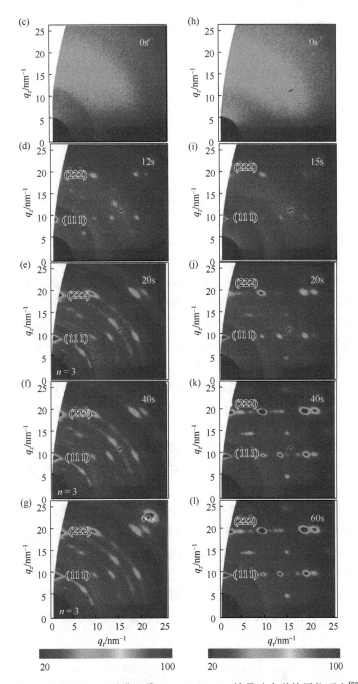

图 3.16　GIWAXS 对准二维 BA$_2$MA$_3$Pb$_4$I$_{13}$ 结晶动力学的原位研究[88]

（a）和（b）原位 GIWAXS 表征结构示意图；（c）～（g）旋转涂覆制备准二维薄膜过程的原位 GIWAXS 图，红色箭头指示的衍射信号来自中间相；n 表示钙钛矿中无机层的厚度（即八面体层数）；（h）～（l）10% K$^+$掺杂，旋转涂覆制备准二维薄膜过程的原位 GIWAXS 图

然而 10% K$^+$添加剂的加入影响了 BA$_2$MA$_3$Pb$_4$I$_{13}$ 的结晶动力学。从图 3.16（h）～（l）可以看出，在 15s 之后，观察到准二维钙钛矿 ($\overline{1}1\overline{1}$) 和 ($\overline{2}2\overline{2}$) 面对应的衍射斑点。随着时间的延长，衍射斑点变强，并且没有观察到衍射环的信号。这说明结晶是垂直取向的，如图 3.16（b）所示。同时，也没有观察到中间相的衍射信号。这说明 10% K$^+$添加剂不仅能有效抑制中间相的产生，还能提高二维结晶的取向性。相应地，10% K$^+$添加剂制备准二维钙钛矿太阳能电池器件的性能和稳定性也有所提升[88, 89]。

3.6 前驱体溶液胶体性质及成膜过程的同步辐射研究

截至 2021 年，液相制备仍是钙钛矿薄膜制备的常用技术。溶剂与前驱体相互作用，形成溶胶-凝胶前驱体相。常见钙钛矿前驱体溶液中的溶剂有 N, N-二甲基甲酰胺（DMF）、二甲基亚砜（DMSO）、N, N-二甲基乙酰胺（DMA）和 G-丁内酯（GBL）。在制备钙钛矿薄膜的过程中，退火能有效去除这些溶剂。溶剂的挥发导致钙钛矿材料过饱和，进而促使其成核和晶体生长。因此，理解前驱体溶液中的现象，从而控制晶体成核和生长，将为调控钙钛矿薄膜表面形貌、晶粒尺寸、缺陷钝化、晶体相纯度和相稳定性，提高钙钛矿太阳能电池的性能提供重要的理论指导。溶剂工程是制备高效且可重复生产的钙钛矿太阳能电池的关键技术[90]。本小节主要介绍用于前驱体溶液胶体性质及成膜过程的同步辐射研究。

在一步法旋涂过程中，钙钛矿的一般成膜机制分两个阶段：钙钛矿前驱体与溶剂相互作用形成溶胶-凝胶前驱体相，前驱体相到三维钙钛矿的转变，示意图见图 3.17（a）。前驱体分子与溶剂分子 X 作用，形成[PbI$_m$X$_n$]$^{2-m}$配合物[91]。因此，前驱体溶液的胶体性质对结晶有重要影响。基于同步辐射的小角 X 射线散射（SAXS）技术在纳米尺度粒径测量、粒子距离和排列等方面有重要应用。Flatken 等利用 SAXS 技术对不同浓度前驱体溶液进行研究。如图 3.17（b）所示，随着前驱体浓度的增大，SAXS 散射截面的强度明显增强。这说明浓度越大，胶体颗粒的量越多。同时，浓度的增大导致散射矢量的增大，说明胶体颗粒之间的平均空间距离减小了。胶体性质随前驱体浓度的变化示意图见图 3.17（c）中插图。

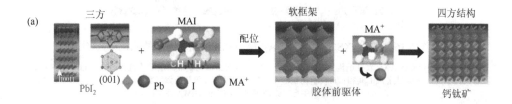

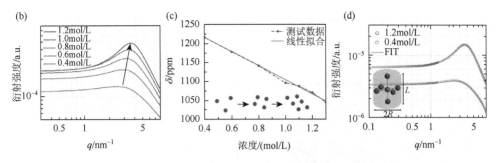

图 3.17　一步法旋涂钙钛矿薄膜成膜研究[92]

（a）钙钛矿前驱体中的胶体过渡相以及钙钛矿的结构示意图[8]；（b）不同浓度前驱体溶液的 SAXS 曲线；
（c）[207]Pb NMR 获得的化学位移与前驱体浓度之间的线性关系，插图为胶体颗粒数量和距离随浓度的变化示意图；
（d）不同前驱体浓度（0.4mol/L 和 1.2mol/L）下的 SAXS 曲线拟合结果

　　为了获得结构信息，对 SAXS 曲线进行拟合，结果如图 3.17（d）所示。对于前驱体溶液中的八面体胶体颗粒，如图 3.17（d）中插图所示，在圆柱形近似条件下获得回旋半径 R 和长度 L 的数值。在低浓度（0.4mol/L）情况下，$R=2.5\text{Å}$，$L=6.5\text{Å}$；在高浓度（1.2mol/L）情况下，$R=2.5\text{Å}$，$L=7.5\text{Å}$。这些结果说明前驱体浓度的增大导致了胶体颗粒的粒径增大。

　　基于同步辐射的 STXM 可以研究前驱体到钙钛矿薄膜的演变。Chen 等通过旋涂苯乙基碘化胺（PEAI）添加剂和 PbI_2 前驱体溶液，制备了前驱体薄膜，再通过与 MAI 蒸气反应，制备了二维/三维混合杂化钙钛矿薄膜[93]。通过改变 PEAI 与 PbI_2 的比例，利用基于同步辐射的 STXM 技术研究薄膜中有机离子的分布，如图 3.18（a）～（d）所示。颜色越黄，代表该区域的有机离子较多。图 3.18（a）为当 PEAI：PbI_2 = 2：1 时制备的前驱体薄膜的 STXM 碳元素图，图像衬度较低，说明 PEA^+ 有机离子的量较少。相较而言，在以 PEAI：PbI_2 = 4：1 比例制备的前驱体薄膜的 STXM 图［图 3.18（c）］中，PEA^+ 有机离子的数量较多且分布较均匀。这两个样品经过 MAI 蒸气处理之后，STXM 图的对比度明显增强，如图 3.18（b）和（d）所示。这说明 PEA 挥发，MA^+ 与 PbI_6 反应生成钙钛矿材料。

　　为了准确说明 STXM 对比度变化的起源，图 3.18（e）和（f）展示了 NEXAFS 谱的演变。这些 NEXAFS 谱是从 STXM 图中提取出来的。图 3.18（e）中黑线是以 PEAI：PbI_2 = 2：1 比例制备的前驱体薄膜的 NEXAFS 谱。同时，也展示了 MAI 蒸气反应后，从图 3.18（b）中 A 和 B 点获得的 NEXAFS 谱。这两个 NEXAFS 谱的形状明显不同。B 点提取的 NEXAFS 谱与 $MAPbI_3$ 薄膜的 NEXAFS 谱相近［图 3.18（e）］。这说明生成了具有较大 n 值的层状 $PEA_2MA_{n-1}Pb_nI_{3n+1}$，甚至三维 $MAPbI_3$ 钙钛矿。相反，A 点提取的 NEXAFS 谱可能由大 n 值和小 n 值的两种层状 $PEA_2MA_{n-1}Pb_nI_{3n+1}$ 材料贡献。这一结果说明，当 PEAI：PbI_2 = 2：1 时，气相

MAI 渗透到体相前驱体薄膜中，反应生成了较大 n 值的层状 $PEA_2MA_{n-1}Pb_nI_{3n+1}$ 甚至三维 $MAPbI_3$ 钙钛矿。

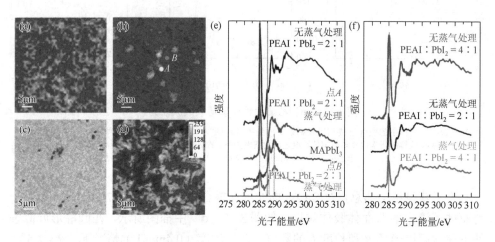

图 3.18 利用 STXM 研究前驱体到钙钛矿薄膜[93]

前驱体溶液比例 PEAI：PbI_2 = 2：1（a）及 PEAI：PbI_2 = 4：1（c）条件下制备的前驱体薄膜的 STXM 图；（b）和（d）分别为相应 MAI 蒸气反应后的 STXM 图；PEAI：PbI_2 = 2：1（e）及 PEAI：PbI_2 = 4：1（f）条件下制备的前驱体薄膜及反应之后的薄膜的碳元素 K 边 NEXAFS 谱，NEXAFS 谱分别从相应的 STXM 图中提取出来

图 3.18（f）中蓝线是以 PEAI：PbI_2 = 4：1 比例制备的前驱体薄膜的 NEXAFS 谱。该谱与 PEAI：PbI_2 = 2：1 比例制备的前驱体薄膜的 NEXAFS 谱（黑线）轮廓相近，都观察到 PEA 有机离子特有的 C＝C π^*（285eV）、C—H σ^*（288.5eV）、C—N σ^*（290eV）及 C—C σ^*（301.5eV）共振峰[94]。两者的区别在于信噪比不同。也就是说，当 PEAI：PbI_2 = 4：1 比例较大时，前驱体薄膜中 PEAI 的浓度较大，在与 MAI 反应之后，NEXAFS 谱的外形轮廓几乎不变［图 3.18（f）中绿线］，仍能观察到 PEA 有机离子对应的共振峰。因此，当 PEAI：PbI_2 = 4：1 比例较大时，生成的产物是小 n 值（$n<4$）的层状 $PEA_2MA_{n-1}Pb_nI_{3n+1}$ 材料。这说明 STXM 对比度变化［图 3.18（c）和（d）］主要来源于表面形貌和 PEA 有机离子浓度的变化。对比结果充分说明，溶液中 PEAI：PbI_2 比例影响反应过程，进而影响杂化钙钛矿薄膜中二维/三维结构混合比例。

综上所述，SAXS 在研究前驱体溶液中胶体颗粒形状和纳米尺度尺寸的量化方面具有重要应用。STXM 可以追踪前驱体到钙钛矿结构的演变。明确这些信息、研究添加剂的引入及比例对钙钛矿薄膜的影响，将有助于理解钙钛矿薄膜的早期结晶过程和结晶机制。

参 考 文 献

[1] STRANKS S D，NAYAK P K，ZHANG W，et al. Formation of thin films of organic-inorganic perovskites for high-efficiency solar cells[J]. Angewandte Chemie International Edition，2015，54（11）：3240-3248.

[2] TONUI P，OSENI S O，SHARMA G，et al. Perovskites photovoltaic solar cells：an overview of current status[J]. Renewable and Sustainable Energy Reviews，2018，91：1025-1044.

[3] JEON N J，NOH J H，KIM Y C，et al. Solvent engineering for high-performance inorganic-organic hybrid perovskite solar cells[J]. Nature Materials，2014，13（9）：897-903.

[4] JUNG M，JI S G，KIM G，et al. Perovskite precursor solution chemistry：from fundamentals to photovoltaic applications[J]. Chemical Society Reviews，2019，48（7）：2011-2038.

[5] BURSCHKA J，PELLET N，MOON S J，et al. Sequential deposition as a route to high-performance perovskite-sensitized solar cells[J]. Nature，2013，499（7458）：316-319.

[6] LIU M，JOHNSTON M B，SNAITH H J. Efficient planar heterojunction perovskite solar cells by vapour deposition[J]. Nature，2013，501（7467）：395-398.

[7] CHEN Q，ZHOU H，HONG Z，et al. Planar heterojunction perovskite solar cells via vapor-assisted solution process[J]. Journal of the American Chemical Society，2014，136（2）：622-625.

[8] YAN K，LONG M，ZHANG T，et al. Hybrid halide perovskite solar cell precursors：colloidal chemistry and coordination engineering behind device processing for high efficiency[J]. Journal of the American Chemical Society，2015，137（13）：4460-4468.

[9] STOUMPOS C C，MALLIAKAS C D，KANATZIDIS M G. Semiconducting tin and lead iodide perovskites with organic cations：phase transitions，high mobilities，and near-infrared photoluminescent properties[J]. Inorganic Chemistry，2013，52（15）：9019-9038.

[10] NAN Z A，CHEN L，LIU Q，et al. Revealing phase evolution mechanism for stabilizing formamidinium-based lead halide perovskites by a key intermediate phase[J]. Chem，2021，7（9）：2513-2526.

[11] BECKMANN P A. A review of polytypism in lead iodide[J]. Crystal Research and Technology，2010，45（5）：455-460.

[12] SZOSTAK R，DE SOUZA GONÇALVES A，DE FREITAS J N，et al. *In situ* and *operando* characterizations of metal halide perovskite and solar cells：insights from lab-sized devices to upscaling processes[J]. Chemical Reviews，2023，123（6）：3160-3236.

[13] CAO J，JING X，YAN J，et al. Identifying the molecular structures of intermediates for optimizing the fabrication of high-quality perovskite films[J]. Journal of the American Chemical Society，2016，138（31）：9919-9926.

[14] PETROV A A，SOKOLOVA I P，BELICH N A，et al. Crystal structure of DMF-intermediate phases uncovers the link between $CH_3NH_3PbI_3$ morphology and precursor stoichiometry[J]. The Journal of Physical Chemistry C，2017，121（38）：20739-20743.

[15] RONG Y，TANG Z，ZHAO Y，et al. Solvent engineering towards controlled grain growth in perovskite planar heterojunction solar cells[J]. Nanoscale，2015，7（24）：10595-10599.

[16] LEGUY A M A，HU Y，CAMPOY-QUILES M，et al. Reversible hydration of $CH_3NH_3PbI_3$ in films，single crystals，and solar cells[J]. Chemistry of Materials，2015，27（9）：3397-3407.

[17] XU W，LIU L，YANG L，et al. Dissociation of methylammonium cations in hybrid organic-inorganic perovskite solar cells[J]. Nano Letters，2016，16（7）：4720-4725.

[18] KIM N K，MIN Y H，NOH S，et al. Investigation of thermally induced degradation in $CH_3NH_3PbI_3$ perovskite

solar cells using *in-situ* synchrotron radiation analysis[J]. Scientific Reports, 2017, 7（1）: 4645.

[19] OKU T, ZUSHI M, IMANISHI Y, et al. Microstructures and photovoltaic properties of perovskite-type CH3NH3PbI3 compounds[J]. Applied Physics Express, 2014, 7（12）: 121601.

[20] ONG K P, GOH T W, XU Q, et al. Structural evolution in methylammonium lead iodide CH3NH3PbI3[J]. The Journal of Physical Chemistry A, 2015, 119（44）: 11033-11038.

[21] TURREN-CRUZ S H, HAGFELDT A, SALIBA M. Methylammonium-free, high-performance, and stable perovskite solar cells on a planar architecture[J]. Science, 2018, 362（6413）: 449-453.

[22] YANG J, SIEMPELKAMP B D, LIU D, et al. Investigation of CH3NH3PbI3 degradation rates and mechanisms in controlled humidity environments using *in situ* techniques[J]. ACS Nano, 2015, 9（2）: 1955-1963.

[23] ZHAO J, CAI B, LUO Z, et al. Investigation of the hydrolysis of perovskite organometallic halide CH3NH3PbI3 in humidity environment[J]. Scientific Reports, 2016, 6（1）: 21976.

[24] CHRISTIANS J A, MIRANDA HERRERA P A, KAMAT P V. Transformation of the excited state and photovoltaic efficiency of CH3NH3PbI3 perovskite upon controlled exposure to humidified air[J]. Journal of the American Chemical Society, 2015, 137（4）: 1530-1538.

[25] LEE J W, TAN S, SEOK S I, et al. Rethinking the A cation in halide perovskites[J]. Science, 375(6583): eabj1186.

[26] CHRISTIANS J A, HABISREUTINGER S N, BERRY J J, et al. Stability in perovskite photovoltaics: a paradigm for newfangled technologies[J]. ACS Energy Letters, 2018, 3（9）: 2136-2143.

[27] LUO P, XIA W, ZHOU S, et al. Solvent engineering for ambient-air-processed, phase-stable CsPbI3 in perovskite solar cells[J]. The Journal of Physical Chemistry Letters, 2016, 7（18）: 3603-3608.

[28] DASTIDAR S, HAWLEY C J, DILLON A D, et al. Quantitative phase-change thermodynamics and metastability of perovskite-phase cesium lead iodide[J]. The Journal of Physical Chemistry Letters, 2017, 8（6）: 1278-1282.

[29] FROLOVA L A, ANOKHIN D V, PIRYAZEV A A, et al. Highly efficient all-inorganic planar heterojunction perovskite solar cells produced by thermal coevaporation of CsI and PbI2[J]. The Journal of Physical Chemistry Letters, 2017, 8（1）: 67-72.

[30] ZHANG D, YU Y, BEKENSTEIN Y, et al. Ultrathin colloidal cesium lead halide perovskite nanowires[J]. Journal of the American Chemical Society, 2016, 138（40）: 13155-13158.

[31] WANG Y, LI X, SONG J, et al. All-inorganic colloidal perovskite quantum dots: a new class of lasing materials with favorable characteristics[J]. Advanced Materials, 2015, 27（44）: 7101-7108.

[32] SWARNKAR A, MARSHALL A R, SANEHIRA E M, et al. Quantum dot-induced phase stabilization of α-CsPbI3 perovskite for high-efficiency photovoltaics[J]. Science, 2016, 354（6308）: 92-95.

[33] ZHAO B, JIN S F, HUANG S, et al. Thermodynamically stable orthorhombic γ-CsPbI3 thin films for high-performance photovoltaics[J]. Journal of the American Chemical Society, 2018, 140（37）: 11716-11725.

[34] FU Y, WU T, WANG J, et al. Stabilization of the metastable lead iodide perovskite phase via surface functionalization[J]. Nano Letters, 2017, 17（7）: 4405-4414.

[35] LU M, ZHANG X, BAI X, et al. Spontaneous silver doping and surface passivation of CsPbI3 perovskite active layer enable light-emitting devices with an external quantum efficiency of 11.2%[J]. ACS Energy Letters, 2018, 3（7）: 1571-1577.

[36] HU Y, BAI F, LIU X, et al. Bismuth incorporation stabilized α-CsPbI3 for fully inorganic perovskite solar cells[J]. ACS Energy Letters, 2017, 2（10）: 2219-2227.

[37] LI Z, YANG M, PARK J S, et al. Stabilizing perovskite structures by tuning tolerance factor: formation of formamidinium and cesium lead iodide solid-state alloys[J]. Chemistry of Materials, 2016, 28（1）: 284-292.

[38] ZHAO J，DENG Y，WEI H，et al. Strained hybrid perovskite thin films and their impact on the intrinsic stability of perovskite solar cells[J]. Science Advances，2017，3（11）：eaao5616.

[39] STEELE J A，JIN H，DOVGALIUK I，et al. Thermal unequilibrium of strained black CsPbI$_3$ thin films[J]. Science，2019，365（6454）：679-684.

[40] CAO Y，QI G，LIU C，et al. Pressure-tailored band gap engineering and structure evolution of cubic cesium lead iodide perovskite nanocrystals[J]. The Journal of Physical Chemistry C，2018，122（17）：9332-9338.

[41] JEON N J，NOH J H，YANG W S，et al. Compositional engineering of perovskite materials for high-performance solar cells[J]. Nature，2015，517（7535）：476-480.

[42] JACOBSSON T J，CORREA-BAENA J P，HALVANI ANARAKI E，et al. Unreacted PbI$_2$ as a double-edged sword for enhancing the performance of perovskite solar cells[J]. Journal of the American Chemical Society，2016，138（32）：10331-10343.

[43] LEE J W，KIM D H，KIM H S，et al. Formamidinium and cesium hybridization for photo- and moisture-stable perovskite solar cell[J]. Advanced Energy Materials，2015，5（20）：1501310.

[44] YI C，LUO J，MELONI S，et al. Entropic stabilization of mixed A-cation ABX$_3$ metal halide perovskites for high performance perovskite solar cells[J]. Energy & Environmental Science，2016，9（2）：656-662.

[45] SALIBA M，MATSUI T，SEO J Y，et al. Cesium-containing triple cation perovskite solar cells：improved stability, reproducibility and high efficiency[J]. Energy & Environmental Science，2016，9（6）：1989-1997.

[46] PELLET N，GAO P，GREGORI G，et al. Mixed-organic-cation perovskite photovoltaics for enhanced solar-light harvesting[J]. Angewandte Chemie International Edition，2014，53（12）：3151-3157.

[47] PENG L，LAN C Q，ZHANG Z. Evolution，detrimental effects，and removal of oxygen in microalga cultures：a review[J]. Environmental Progress & Sustainable Energy，2013，32（4）：982-988.

[48] CORREA-BAENA J P，LUO Y，BRENNER T M，et al. Homogenized halides and alkali cation segregation in alloyed organic-inorganic perovskites[J]. Science，2019，363（6427）：627-631.

[49] SALIBA M，MATSUI T，DOMANSKI K，et al. Incorporation of rubidium cations into perovskite solar cells improves photovoltaic performance[J]. Science，2016，354（6309）：206-209.

[50] ZHANG M，YUN J S，MA Q，et al. High-efficiency rubidium-incorporated perovskite solar cells by gas quenching[J]. ACS Energy Letters，2017，2（2）：438-444.

[51] TURREN-CRUZ S H，SALIBA M，MAYER M T，et al. Enhanced charge carrier mobility and lifetime suppress hysteresis and improve efficiency in planar perovskite solar cells[J]. Energy & Environmental Science，2018，11（1）：78-86.

[52] DUONG T，WU Y，SHEN H，et al. Rubidium multication perovskite with optimized bandgap for perovskite-silicon tandem with over 26% efficiency[J]. Advanced Energy Materials，2017，7（14）：1700228.

[53] KIM G，MIN H，LEE K S，et al. Impact of strain relaxation on performance of α-formamidinium lead iodide perovskite solar cells[J]. Science，2020，370（6512）：108-112.

[54] KAPIL G，BESSHO T，NG C H，et al. Strain relaxation and light management in tin-lead perovskite solar cells to achieve high efficiencies[J]. ACS Energy Letters，2019，4（8）：1991-1998.

[55] LIU D，LUO D，IQBAL A N，et al. Strain analysis and engineering in halide perovskite photovoltaics[J]. Nature Materials，2021，20（10）：1337-1346.

[56] JIN B，CAO J，YUAN R，et al. Strain relaxation for perovskite lattice reconfiguration[J]. Advanced Energy and Sustainability Research，2023，4（4）：2200143.

[57] WU J，LIU S C，LI Z，et al. Strain in perovskite solar cells：origins，impacts and regulation[J]. National Science

Review, 2021, 8 (8): nwab047.

[58] JONES T W, OSHEROV A, ALSARI M, et al. Lattice strain causes non-radiative losses in halide perovskites[J]. Energy & Environmental Science, 2019, 12 (2): 596-606.

[59] RONG Y, HU Y, RAVISHANKAR S, et al. Tunable hysteresis effect for perovskite solar cells[J]. Energy & Environmental Science, 2017, 10 (11): 2383-2391.

[60] LIU P, WANG W, LIU S, et al. Fundamental understanding of photocurrent hysteresis in perovskite solar cells[J]. Advanced Energy Materials, 2019, 9 (13): 1803017.

[61] KANG D H, PARK N G. On the current-voltage hysteresis in perovskite solar cells: dependence on perovskite composition and methods to remove hysteresis[J]. Advanced Materials, 2019, 31 (34): 1805214.

[62] YANG Y, FENG S, XU W, et al. Enhanced crystalline phase purity of $CH_3NH_3PbI_{3-x}Cl_x$ film for high-efficiency hysteresis-free perovskite solar cells[J]. ACS Applied Materials & Interfaces, 2017, 9 (27): 23141-23151.

[63] BAIKIE T, FANG Y, KADRO J M, et al. Synthesis and crystal chemistry of the hybrid perovskite(CH_3NH_3)PbI_3 for solid-state sensitised solar cell applications[J]. Journal of Materials Chemistry A, 2013, 1 (18): 5628-5641.

[64] SONG Z, WATTHAGE S C, PHILLIPS A B, et al. Impact of processing temperature and composition on the formation of methylammonium lead iodide perovskites[J]. Chemistry of Materials, 2015, 27 (13): 4612-4619.

[65] BRENNER T M, RAKITA Y, ORR Y, et al. Conversion of single crystalline PbI_2 to $CH_3NH_3PbI_3$: structural relations and transformation dynamics[J]. Chemistry of Materials, 2016, 28 (18): 6501-6510.

[66] WANG Z K, LI M, YANG Y G, et al. High efficiency Pb-In binary metal perovskite solar cells[J]. Advanced Materials, 2016, 28 (31): 6695-6703.

[67] KE W, XIAO C, WANG C, et al. Employing lead thiocyanate additive to reduce the hysteresis and boost the fill factor of planar perovskite solar cells[J]. Advanced Materials, 2016, 28 (26): 5214-5221.

[68] ALHAZMI N, PINEDA E, RAWLE J, et al. Perovskite crystallization dynamics during spin-casting: an *in situ* wide-angle X-ray scattering study[J]. ACS Applied Energy Materials, 2020, 3 (7): 6155-6164.

[69] MOORE D T, SAI H, TAN K W, et al. Crystallization kinetics of organic-inorganic trihalide perovskites and the role of the lead anion in crystal growth[J]. Journal of the American Chemical Society, 2015, 137 (6): 2350-2358.

[70] ZHOU H, CHEN Q, LI G, et al. Interface engineering of highly efficient perovskite solar cells[J]. Science, 2014, 345 (6196): 542-546.

[71] LIU J, GAO C, HE X, et al. Improved crystallization of perovskite films by optimized solvent annealing for high efficiency solar cell[J]. ACS Applied Materials & Interfaces, 2015, 7 (43): 24008-24015.

[72] POOL V L, GOLD-PARKER A, MCGEHEE M D, et al. Chlorine in $PbCl_2$-derived hybrid-perovskite solar absorbers[J]. Chemistry of Materials, 2015, 27 (21): 7240-7243.

[73] AGUIAR J A, WOZNY S, HOLESINGER T G, et al. *In situ* investigation of the formation and metastability of formamidinium lead tri-iodide perovskite solar cells[J]. Energy & Environmental Science, 2016, 9(7): 2372-2382.

[74] NUMATA Y, SANEHIRA Y, MIYASAKA T. Impacts of heterogeneous TiO_2 and Al_2O_3 composite mesoporous scaffold on formamidinium lead trihalide perovskite solar cells[J]. ACS Applied Materials & Interfaces, 2016, 8 (7): 4608-4615.

[75] BARROWS A T, LILLIU S, PEARSON A J, et al. Monitoring the formation of a $CH_3NH_3PbI_{3-x}Cl_x$ perovskite during thermal annealing using X-ray scattering[J]. Advanced Functional Materials, 2016, 26 (27): 4934-4942.

[76] TAILOR N K, ABDI-JALEBI M, GUPTA V, et al. Recent progress in morphology optimization in perovskite solar cell[J]. Journal of Materials Chemistry A, 2020, 8 (41): 21356-21386.

[77] MASI S, RIZZO A, MUNIR R, et al. Organic gelators as growth control agents for stable and reproducible hybrid

perovskite-based solar cells[J]. Advanced Energy Materials，2017，7（14）：1602600.

[78] LOVETTE M A, BROWNING A R, GRIFFIN D W, et al. Crystal shape engineering[J]. Industrial & Engineering Chemistry Research，2008，47（24）：9812-9833.

[79] PINEDA DE LA O E, ALHAZMI N, EBBENS S J, et al. Influence of additives on the *in situ* crystallization dynamics of methyl ammonium lead halide perovskites[J]. ACS Applied Energy Materials，2021，4（2）：1398-1409.

[80] SZOSTAK R, MARCHEZI P E, MARQUES A D S, et al. Exploring the formation of formamidinium-based hybrid perovskites by antisolvent methods：*in situ* GIWAXS measurements during spin coating[J]. Sustainable Energy & Fuels，2019，3（9）：2287-2297.

[81] MUNIR R, SHEIKH A D, ABDELSAMIE M, et al. Hybrid perovskite thin-film photovoltaics：*in situ* diagnostics and importance of the precursor solvate phases[J]. Advanced Materials，2017，29（2）：1604113.

[82] ZHANG X, REN X, LIU B, et al. Stable high efficiency two-dimensional perovskite solar cells via cesium doping[J]. Energy & Environmental Science，2017，10（10）：2095-2102.

[83] ZHONG Y, MUNIR R, LI J, et al. Blade-coated hybrid perovskite solar cells with efficiency ＞17%：an *in situ* investigation[J]. ACS Energy Letters，2018，3（5）：1078-1085.

[84] ZHANG X, MUNIR R, XU Z, et al. Phase transition control for high performance ruddlesden-popper perovskite solar cells[J]. Advanced Materials，2018，30（21）：1707166.

[85] GRATIA P, ZIMMERMANN I, SCHOUWINK P, et al. The many faces of mixed ion perovskites：unraveling and understanding the crystallization process[J]. ACS Energy Letters，2017，2（12）：2686-2693.

[86] CHEN A Z, SHIU M, MA J H, et al. Origin of vertical orientation in two-dimensional metal halide perovskites and its effect on photovoltaic performance[J]. Nature Communications，2018，9（1）：1336.

[87] LIU T, ZHANG J, QIN M, et al. Modifying surface termination of $CsPbI_3$ grain boundaries by 2D perovskite layer for efficient and stable photovoltaics[J]. Advanced Functional Materials，2021，31（15）：2009515.

[88] KUAI L, LI J, LI Y, et al. Revealing crystallization dynamics and the compositional control mechanism of 2D perovskite film growth by *in situ* synchrotron-based GIXRD[J]. ACS Energy Letters，2020，5（1）：8-16.

[89] KOVARICEK P, NADAZDY P, PLUHAROVA E, et al. Crystallization of 2D hybrid organic-inorganic perovskites templated by conductive substrates[J]. Advanced Functional Materials，2021，31（13）：2009007.

[90] CHAO L, NIU T, GAO W, et al. Solvent engineering of the precursor solution toward large-area production of perovskite solar cells[J]. Advanced Materials，2021，33（14）：2005410.

[91] RADICCHI E, MOSCONI E, ELISEI F, et al. Understanding the solution chemistry of lead halide perovskites precursors[J]. ACS Applied Energy Materials，2019，2（5）：3400-3409.

[92] FLATKEN M A, HOELL A, WENDT R, et al. Small-angle scattering to reveal the colloidal nature of halide perovskite precursor solutions[J]. Journal of Materials Chemistry A，2021，9（23）：13477-13482.

[93] CHEN Y A, SHIU H W, HSU Y J, et al. Effect of the large-size A-site cation on the crystal growth and phase distribution of 2D/3D mixed perovskite films via a low-pressure vapor-assisted solution process[J]. The Journal of Physical Chemistry C，2021，125（48）：26601-26612.

[94] LI M H, YEH H H, CHIANG Y H, et al. Highly efficient 2D/3D hybrid perovskite solar cells via low-pressure vapor-assisted solution process[J]. Advanced Materials，2018，30（30）：1801401.

第 4 章　异质界面电子结构的同步辐射研究

　　太阳能电池商业应用的三个基本要素是高转换效率、高环境稳定性和低成本。硅材料具有高的光电转换效率和良好的稳定性。因此，硅基太阳能电池一直是主要的光电转换设备。由于高效单晶硅的制作成本较高，研究人员一直试图找到低成本、高光电转换效率和优良稳定性的替代光伏材料。多元化合物半导体［如 CdSe、Cu（In，Ga）Se$_2$（CIGS）薄膜等］的制备成本较低，但是相应器件的光电转换效率和稳定性都不如单晶硅太阳能电池。有机太阳能电池和染料敏化太阳能电池的制作成本也很低[1]。同时，该类材料具有柔性特性，在可穿戴设备上具有潜在应用。然而，器件的效率和稳定性制约其商业应用[2]。近十年，钙钛矿薄膜太阳能电池异军突起，不仅获得了媲美于单晶硅太阳能电池的光电转换效率，而且制备成本也很低，使其成为硅基太阳能电池的重要替代品。然而，卤素钙钛矿太阳能电池要想获得商业应用，提高其稳定性刻不容缓。

　　光伏材料的发展主要基于其在光电器件中的重要应用前景。图 4.1（a）为有机（钙钛矿）太阳能电池器件示意图。为了实现高效的电荷分离和传输，器件由多层功能薄膜组成，主要包括透明阴极、电子传输层、光吸收层/活性层、空穴传输层和阳极。其中，透明电极一般是透明且导电性良好的氧化物，如 Sn^{4+} 掺杂的 In$_2$O$_3$（ITO）、F$^-$掺杂的 SnO$_2$（FTO）、掺杂 ZnO 等。有机太阳能电池和钙钛矿太阳能电池的主要差别在于光吸收层/活性层。有机半导体的激子（电子-空穴对）束缚能相对较大，需要借助有机半导体给体（P 型）和受体（N 型）复合光吸收层/活性层，实现激子的分离。而钙钛矿薄膜的激子束缚能很小，可直接作为光吸收层。图 4.1（b）和（c）分别为这两种器件的工作原理示意图。在光照条件下，太阳能电池中的光吸收层吸收太阳光，价带电子受激跃迁到导带，形成激子。有机太阳能电池中激发出的激子扩散到 P-N 结界面，解离为电子和空穴，电子（空穴）通过电子传输层（空穴传输层）传输至阴极（阳极）。在钙钛矿太阳能电池中，激子扩散到电荷传输层界面，电子和空穴分别注入电子传输层和空穴传输层，导致激子分离，在接通外电路时，电子和空穴的移动产生电流。

　　虽然每种太阳能电池器件中功能薄膜的种类不同，制备工艺也略有差别，但是在这些器件中，异质界面是普遍存在的。界面处电子结构和电荷转移动力学对太阳能的转换起到决定性作用。研究异质界面电子结构，结合器件的光电性能，

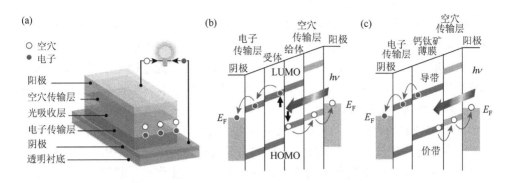

图 4.1　有机（钙钛矿）太阳能电池器件及其工作原理

（a）有机（钙钛矿）太阳能电池器件结构示意图；有机太阳能电池（b）和钙钛矿太阳能电池（c）
工作原理示意图

建立器件构效关系，对于太阳能电池器件的设计和性能优化有重要意义。然而，由于界面通常是被掩埋的，且许多界面现象发生在飞秒时间范畴，如异质界面飞秒电子转移时间，对探测技术的空间探测敏感性、时间分辨率都是巨大的挑战。同步辐射具有高亮度、高偏振性和能量连续可调等优点，基于同步辐射的（软）X 射线谱学技术具有元素、轨道和自旋分辨性，以及表面敏感性，在界面电子结构和界面电子转移时间的定量表征方面具有独特的能力和优势。

太阳能电池器件中主要涉及有机/无机半导体异质界面、有机/有机半导体异质界面及有机半导体/金属电极三类异质界面。由于有机半导体/金属电极异质界面电子结构及同步辐射谱学研究相对较早，相关综述[3, 4]和文献资料较多，本章不再赘述。本章主要涉及近年来关于有机/无机半导体和有机/有机半导体异质界面电子结构及同步辐射研究。4.1 节将主要介绍有机/无机材料异质界面能级结构和基本概念，以及界面电荷转移动力学的重要性，简要说明研究需要使用的同步辐射谱学技术及优势。4.2 节以有机半导体/氧化物异质界面为例，介绍基于同步辐射的光电子能谱、近边吸收精细结构谱和两者联用的芯能级空穴时钟谱在界面电子结构研究和界面超快电子转移动力学时间的定量研究方面的应用。4.3 节介绍（同步辐射）谱学技术在钙钛矿薄膜/电荷传输层界面电子结构调控研究中的应用，明确界面现象对界面电子结构的调制作用，理解器件性能优化背后的微观机制，有助于建立界面电子结构和器件性能之间的构效关系，实现优异性能的光电器件的合理设计和制备。

4.1　有机/无机半导体异质界面

在太阳能电池器件中，异质界面的能级结构和电荷转移动力学时间分别从能量尺度和时间尺度决定界面处电荷传输，进而决定器件的光电转换效率。匹配的能级排列能有效降低电荷注入势垒，减小电荷界面传输时的能量损失，提高电荷注入和提取效率，进而提高太阳能电池转换效率。界面处超快电子转移能有效提高激子解离概率，减小复合损失，进而提高光电转换效率。本节以有机/无机半导体异质界面为例，介绍界面能级结构和基本概念。相关概念和效应一般适用于有机/有机半导体异质界面。同时，说明界面电子转移动力学研究面临的技术挑战。简述同步辐射谱学技术在界面能级结构和电荷转移动力学研究中的应用。研究表界面效应对界面电子结构和界面电子转移动力学的调控作用，精确建立界面电子结构和器件性能之间的构效关系，对于太阳能电池器件的设计和性能优化具有重要的指导意义。

4.1.1 界面能级结构

1. 界面能级排列的基本概念

如图 4.2（a）所示，有机分子有深芯能级、浅芯能级、最高占据分子轨道（HOMO）和最低未占分子轨道（LUMO）。对于有机分子薄膜，分子的无序排列导致了芯能级以及 HOMO、LUMO 的高斯展宽。对于有机分子单晶，分子间轨道的交叠导致电子离域化，甚至形成色散的能带[5]。无机半导体元素的电子态之间的杂化导致了色散能带宽度普遍比有机分子单晶宽。有机半导体薄膜决定电荷传输的能级分别是 HOMO 和 LUMO，而无机半导体是价带顶（VBM）和导带底（CBM）。将一个电子从 HOMO 或 VBM 移到无限远处所需的能量称为电离能（IP）。电子从无限远处移到 LUMO 或者 CBM 放出的能量称为电子亲和势（EA）。对于固体，IP 和 EA 分别对应于 HOMO 或 VBM 能级和 LUMO 或 CBM 能级到真空能级（E_{vac}）的能量值。功函数（WF）是指使电子从固体表面逸出所需的最小能量，对应于费米能级（E_F）到 E_{vac} 的能量值。

对于太阳能电池器件，如图 4.2（b）所示，光吸收层/有机空穴传输层异质界面处 HOMO 和 VBM 之间的能级差是空穴注入势垒（$\Delta E_{i,h}$），LUMO 和 CBM 之间的能级差是电子阻挡势垒（$\Delta E_{b,e}$）。相应地，光吸收层/有机电子传输层界面处，CBM 和 LUMO 之间的能级差是电子注入势垒（$\Delta E_{i,e}$），VBM 和 HOMO 之间的能级差是空穴阻挡势垒（$\Delta E_{b,h}$）。如图 4.2（c）所示，VBM 和 HOMO 之间的能级差为空穴提取势垒。相应地，LUMO 和 CBM 之间的能级差为电子提取势垒。界面处匹配的能级结构，即注入或提取势垒较小且阻挡势垒较大时，有利于电荷的分离和传输。

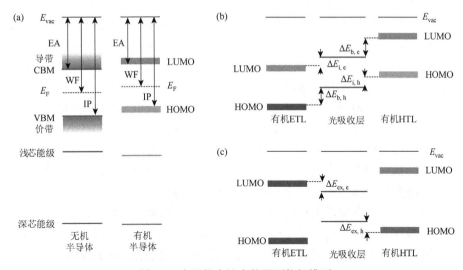

图 4.2 太阳能电池中的界面能级排列

（a）真空能级对齐情况下，有机半导体和无机半导体异质界面能级排列示意图；光吸收层/电荷传输层界面处的
电荷注入势垒和阻挡势垒（b）及电荷提取势垒（c）

2. 表界面效应对界面能级结构的影响

如果忽略表界面效应，将两种材料真空能级对齐 [图 4.2（a）] 就能获得界面
处的能级排列及相应的势垒值。然而，实际情况并非如此。图 4.3 为表界面效应
及其对能级结构的影响。

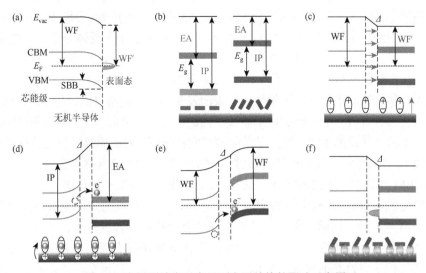

图 4.3 表界面效应对表界面电子结构的影响示意图

（a）表面能带弯曲（SBB）；（b）分子取向；（c）极性分子导致的界面偶极；（d）电荷转移掺杂及界面偶极；
（e）界面电荷转移及能带弯曲；（f）界面化学相互作用

（1）无机半导体表面能带弯曲。无机半导体的表面结构与体相不同，导致表面态的产生。带隙中的表面态会导致表面能带弯曲。图 4.3（a）为电子给体类型的表面态导致向下的能带弯曲，这导致表面的功函数比体相小。相反，电子受体类型的表面态会导致半导体表面的功函数比体相大。

（2）有机分子薄膜的电子结构具有取向依赖性。有机半导体薄膜存在分子内和分子间的电荷密度分布差异，导致静电势的差异。因此，有机分子薄膜电离能、电子亲和势和功函数强烈依赖于分子的取向[6]。以共轭苯环为例，面外方向离域的 π 电子导致大的电子密度。如图 4.3（b）所示，当苯环在衬底表面平铺排列时，面外方向静电势较大，相应的电离能和电子亲和势较大；而当苯环分子站立在衬底表面时，面外方向的静电势较小，相应的电离能和电子亲和势较小。

（3）极性分子界面处有序排列及界面偶极。对于有机分子而言，不对称的化学键或者分子结构导致电偶极的产生。在薄膜中，这些分子是无序的，偶极相互抵消。然而，在界面处，分子电偶极的有序排列导致界面偶极 Δ，进而影响界面处电荷传输。如图 4.3（c）所示，本征的分子偶极在界面处的有序排列导致界面偶极。偶极的方向由界面指向有机分子层一边，导致界面处功函数的降低及电荷注入势垒的变化。因此，可以通过引入带有偶极的自组装分子薄膜，调控氧化物电荷传输层的功函数，提高电荷收集效率。借助光电子能谱技术，比对氧化物功函数的变化可以定量获得偶极的大小。相应的结果请参考近期综述[7]。

（4）界面电荷转移导致能带弯曲及界面偶极。在不发生化学相互作用的情况下，当本征的无机半导体与电子给体（或受体）分子接触时，能级的不匹配导致表面电荷转移掺杂。图 4.3（d）为本征无机半导体/电子受体分子异质界面 P 型表面电荷转移掺杂能级示意图。在接触之前，无机半导体的电离能小于受体分子电子亲和势。假设真空能级对齐，LUMO 在 VBM 之下。形成界面之后，能量差会导致电子从无机半导体转移到有机分子，直到建立新的热力学平衡，如图 4.3（d）所示。空穴在无机半导体一侧的堆积导致无机半导体表面发生向上的能带弯曲。无机半导体表面堆积的空穴和有机分子一侧的电子导致了内建电场——界面偶极。界面偶极将空穴限制在无机半导体的表面，导致了表面的空穴传导层。界面偶极导致受体分子的功函数减小，阻止进一步的电子转移。类似地，N 型表面电荷转移掺杂通过无机半导体的 CBM 和给体分子的 HOMO 形成无机半导体表面的电子传导层。

在无机半导体/有机半导体薄膜异质界面，能级不匹配同样导致界面电荷转移。如图 4.3（e）所示，电子从无机半导体到有机半导体的转移，直到建立热力学平衡。无机半导体表面电子耗尽层导致界面处能带向上弯曲。相反，电子在有机薄膜的积累导致界面处发生类似于"能带向下弯曲"的现象。不能称之为能带弯曲是因为有机半导体薄膜中并不是能带，而是孤立的分子轨道。界面偶极阻止电子从无机半导体到有机半导体的继续转移。

（5）界面化学相互作用影响界面电子结构。除了上述电耦合或者电荷转移导致的界面偶极对界面电子结构的调制作用，界面处轨道杂化也会影响界面电子结构。一方面，如图 4.3（f）所示，化学相互作用不仅会导致新的化学键及相应的杂化态，同时也会导致分子内电子云的重新分布（电极化）。两者都会导致界面偶极[3]，且界面偶极的方向具有不确定性。另一方面，界面轨道杂化会钝化无机半导体的表面态，减小无机半导体表面能带弯曲。相应的例子见 4.3.2 节。

表界面效应，如表面能带弯曲、电荷转移、界面偶极及轨道杂化等[8]，影响表界面处能级排列。尤其是界面偶极使得真空能级排列不适用于有机半导体相关异质界面能级排列的预测，从而增大了预测界面电子结构的难度。虽然费米能级钉扎在有机半导体薄膜的带隙态[9]，要想明确界面电子结构仍需开展实验研究。

4.1.2　同步辐射谱学技术在界面电子结构和电子转移动力学研究中的应用

1. 同步辐射光电子能谱技术研究界面能级结构

基于同步辐射的光电子能谱技术可以用于界面电子结构的研究。光电子能谱技术主要获得表界面占据态信息，其基本原理见 1.4 节。原位同步辐射光电子能谱技术研究表面电荷转移掺杂、界面电荷转移过程及界面化学相互作用。通过有机分子薄膜的真空沉积及光电子能谱的原位表征，得出能级随着有机薄膜厚度变化的规律，推导界面电子结构的演变。

同步辐射光电子能谱和普通光电子能谱的差异来自激发光源的不同。同步辐射光源是能量连续可调、高亮度、高偏振度和高能量分辨率的光源。基于能量可调和高能量分辨率优势，该技术的优势表现为以下三个方面。

1）表面敏感性

图 4.4（a）为电子非弹性平均自由程随电子动能变化的普适曲线[10]。当电子动能为 50～100eV 时，探测深度约为 1nm。光电子能谱技术的表面灵敏度高，非常适合表界面电子结构相关的研究工作。

随着电子动能的增大，其探测深度也逐渐加深，因此不同的入射光能量会导致探测深度的不同。当光子能量足够高时，可以获得材料体相的电子结构信息。通过改变光子能量，研究钙钛矿材料表面到体相的元素分布差异的实例请见 4.3.1 节中"1. 化学成分对钙钛矿薄膜电子结构的影响"。

值得说明的是，随着光子能量的增大，元素芯能级电子的电离截面会迅速衰减［图 4.4（b）］。这要求激发光源具有极高的亮度，以便获得清晰的体相的谱峰信号。衍射极限环作为第四代光源，满足高亮度的要求，详见 6.2 节。

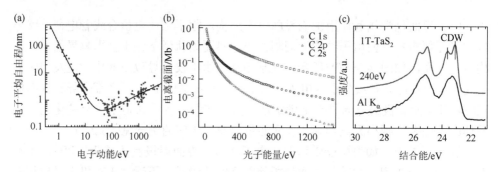

图 4.4　同步辐射光电子能谱优势[10, 11]

（a）电子平均自由程与电子动能之间的普适关系曲线；（b）碳原子壳层电离截面与光子能量的关系（1Mb = 10^{-18}cm^2）；（c）国家同步辐射实验室（合肥光源）及常规单色化光源测量的 1T-TaS$_2$ 单晶室温 Ta 4f 浅芯能级谱

2）价电子态共振增强效应

以元素吸收边能量的同步辐射作为光源，激发获得光电子能谱，称为共振光电子能谱。该谱图中特征谱峰的强度会增强，是一种多电子效应，基本原理见 1.4 节。然而，这种共振增强效应是具有光子能量选择性的，与价电子态的轨道空间分布有关：具有一定能量的光子恰好可以激发芯能级电子跃迁到与价电子态轨道空间重叠的未占据态时，价电子态共振增强效应最强。因此，该方法可以用于研究费米面附近价电子态的元素起源。应用实例见 4.3.1 节中"1. 化学成分对钙钛矿薄膜电子结构的影响"。

3）高能量分辨率

采集的光电子能谱的谱峰强度强烈依赖于电离截面。如图 4.4（b）所示，芯能级的电离截面具有光子能量依赖性。当光子能量接近芯能级结合能时，可以将电离截面提高几个数量级。当光子能量高于结合能 30～50eV 时，同时获得最优电离截面和表面敏感性，适合研究超薄界面性质。同时，同步辐射光源的能量分辨率也优于实验室用常规单色化 X 射线源。同步辐射光源和 Al 靶 X 射线源采集的 1T-TaS$_2$ 单晶室温 Ta 4f 浅芯能级谱如图 4.4（c）所示。在 240eV 下，电荷密度波（CDW）导致的谱峰劈裂清晰可见。这种高能量分辨率可以获得精细界面化学相互作用和电子结构信息。

同步辐射光电子能谱的优势使其成为研究界面电子结构的重要工具。

（1）如图 4.3（e）所示，对于界面弱相互作用，电荷转移会导致电子或空穴在无机半导体表面的堆积，进而导致费米能级的移动。从光电子能谱上，价带和芯能级都会向高或低结合能移动同样的数值；而有机半导体一侧，HOMO 和芯能级也会向高或低结合能移动同样的数值（注：异质材料移动的数值不一定一致）。

（2）对于界面化学相互作用，如图 4.3（f）所示，光电子能谱费米能级附近出现杂化态。相应地，参与反应的元素的化学环境发生变化，导致界面处芯能级光电子能谱中出现新的物种峰。通过新峰的出现及结合能位置，可以判断参与化学反应的元素及得失电子情况。

（3）界面偶极的引入，如图 4.3（c）～（f）所示，会导致材料功函数的急剧变化，反映在价带光电子能谱上二次电子截止边的变化。

2. 吸收谱研究界面电子结构和有机分子取向

光电子能谱研究芯能级、价带或者分子前线轨道等占据态信息，而基于同步辐射的 X 射线吸收谱（XAS）测量电子从芯能级到导带或者 LUMO 的跃迁，可以获得未占据态分子轨道或者导带的信息。其基本原理见 1.4 节。

同步辐射 XAS 技术的优势及应用如下。

1）成键环境敏感性

相较于光电子能谱，XAS 可以直接获得费米面附近的轨道杂化导致的未占据态信息，对成键环境更敏感。因此，XAS 通常被用作原子局部环境的"指纹"结构表征手段，通过探测空态密度，研究分子与衬底的化学反应，或是有效识别有机分子中的官能团，如 C—C、C＝O 和 C≡N 等[12]。

2）极化依赖性

XAS 的衍生技术 NEXAFS 用于探测有机分子中特定元素（如 C、O、N 等）芯能级电子到未占据态分子轨道（π^*或者σ^*轨道）的共振吸收跃迁。相应的共振峰的强度随入射同步光电场方向的变化可以用于定量计算有机分子的取向角。理论上讲，对于具有线偏振性的光源，当电场矢量 **E** 平行于分子轨道（如π^*或者σ^*轨道）方向时，所激发的芯能级电子到相应π^*或者σ^*轨道的吸收跃迁就会产生强烈的共振效应；相反，当电场矢量 **E** 的方向垂直于分子轨道方向时，对应的吸收跃迁就被禁阻，吸收峰就会大幅度减弱，甚至消失。如图 4.5 所示，苯分子平铺在 Ag(110)衬底表面，当掠入射时，π^*共振峰的强度增强，而σ^*共振峰的强度相对较弱；当垂直入射时，σ^*共振峰的强度增强，而π^*共振峰的强度几乎消失。这就是所谓的极化依赖性（polarization dependence）。同步辐射在辐射平面内具有高度线偏振性，而且具有能量连续可调的特性，因此非常适合采用 NEXAFS 方法进行共轭平面型有机分子的取向性研究。对于平面分子，π^*轨道方向垂直于分子平面，σ^*轨道方向平行于分子平面。利用线偏振的同步光测定一系列入射角（极化角）的 NEXAFS 谱，通过 NEXAFS 谱中π^*共振和σ^*共振吸收强度随极化角的相对变化可以判断薄膜内分子的有序性，进而通过共振强度与极化角的关系可以比较精确地计算有机分子平面与衬底表面的平均倾斜角。NEXAFS 信号既受到共振态特定背景的影响，同时也受衬底散射共振、Rydberg 跃迁及多电子跃迁的影响，因此其精确度通常在 5°～15°之间[13]。

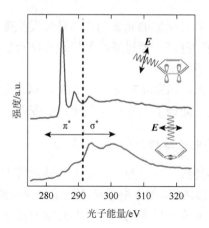

图 4.5 苯分子/Ag(110)界面碳 K 边 NEXAFS 谱及极化依赖性[14]

通过定量分析，可以估算出有机分子的平均倾斜角。对于三重以上对称，方位角 φ 的影响可以忽略，不同极化角（θ）对应的 π^* 共振吸收峰的积分强度（I_{π^*}）与轨道矢量相对于表面法线的夹角（α）的关系如下[12]：

$$I_{\pi^*} = CP(\sin^2\alpha \sin^2\theta + 2\cos^2\alpha \cos^2\theta) + C(1-P)\sin^2\alpha \qquad (4.1)$$

其中，C 为角度积分截面；P 为同步辐射的线偏振度；α 为估算的分子 π^* 轨道矢量相对于表面法线的夹角。对于平面分子，π^* 轨道的方向垂直于分子平面，所以，α 等同于分子平面相对于样品表面的夹角。

值得说明的是，在魔角 $\alpha = 54.7°$ 时，共振峰强度不具有角度依赖性。这意味着角分辨 NEXAFS 不能分辨 54.7° 倾斜和无序排列的分子取向。这时就需要使用其他方法，如 STM 或角分辨的光电子能谱等，来判断分子的取向。

3）元素分辨性

在基本原理中已经提到，当光子能量与元素芯能级到未占据态的能级差相同时，电子才会跃迁。而各元素芯能级能量具有差异性，所以，NEXAFS 具有元素分辨性。例如，280～320eV 用于测量 C 原子 1s 电子到未占据态轨道的跃迁；390～430eV 用于测量 N 原子 1s 电子到未占据态轨道的跃迁；520～560eV 用于测量 O 原子 1s 电子到未占据态轨道的跃迁等。不同吸收边获得的分子取向结果，可以用于预测有机分子的构型畸变。

3. 芯能级空穴时钟谱研究界面超快电荷转移动力学

衡量界面性质的另一个重要参数是界面电荷转移时间。超快电荷转移有利于克服诸如界面电荷重新分布及分子间热激发引起的能量损失，从而提高光电器件的转换效率。然而，有机分子/电极界面电子转移时间在飞秒（$1fs = 10^{-15}s$）甚至亚飞秒量级，对探测技术的时间分辨率是一个巨大的挑战。基于泵浦探测（pump and probe）

技术的时间分辨激光光谱是研究分子尺度电荷转移动力学最常用的方法之一。该方法通过使用超短脉冲激光将电子"泵"到较高能级的激发态，再用另一个脉冲激光探测该激发态，通过时间延时获得激发态寿命。受限于脉冲激光的时间分辨率，该方法只能测量长于 20fs 的动力学时间[15-17]。这与界面处飞秒量级的时间尺度还有一定差距。截止到 2023 年，随着飞秒自由电子激光装置的发展，基于飞秒自由电子激光的泵浦探测技术可以获得较高的时间分辨率。然而，装置少、与探测光同步难等问题暂时性地限制了其在界面超快电子转移动力学研究领域的广泛应用。

基于同步辐射的芯能级空穴时钟谱（core-hole clock spectroscopy）可以研究原子或分子与电极界面处电荷转移动力学[18]。其基本原理见 1.4 节。与传统的激光泵浦技术不同，芯能级空穴时钟谱技术以能量为探针，利用激发态芯能级空穴的飞秒量级寿命作为时间参考，可获得亚飞秒[19]甚至阿秒量级[20]的时间分辨率。

除了时间分辨率方面的优势，芯能级空穴时钟谱还具有元素分辨性、分子轨道分辨性[21]及自旋分辨性[22]。这些特性为有机半导体/无机半导体界面电荷转移动力学研究提供了便利。有机分子主要由碳、氮、氧、氢元素或金属配位原子组成，因此具有化学活性位和分子轨道多样性。元素分辨性可用于了解化学环境对界面电荷转移动力学过程的影响；而分子轨道分辨性可用于研究分子中不同未占据态分子轨道对电子转移动力学过程的贡献。这有助于理解影响电子转移动力学过程的微观机制。

4.2　有机半导体/氧化物传输层异质界面

氧化物材料，尤其是 TiO_2、SnO_2 和 ZnO 材料，是有机太阳能电池及钙钛矿太阳能电池常用的电子传输层材料。本节以有机半导体/TiO_2 单晶为例，说明同步辐射谱学技术在界面电子结构、有机分子取向和界面超快电子转移动力学方面的应用。

4.2.1　有机半导体/金红石型 TiO_2(110)界面反应及界面能级结构

1. 界面化学反应

除了具有元素分辨性，基于同步辐射的光电子能谱技术还具有高分辨率、高表面敏感性和可调的电离截面等优势，适合研究界面化学相互作用及其诱导的钝化效应和掺杂效应，明确反应活性位，对于电荷传输层材料的选择和设计及性能优化有指导意义。

图 4.6 为苝四甲酸二酐（PTCDA）薄膜/金红石型 TiO_2(110)界面的同步辐射光

电子能谱结果。图 4.6（a）为 TiO$_2$(110)衬底表面沉积 PTCDA 分子后的 Ti 2p$_{3/2}$ 芯能级谱。其中，最上面的谱线为清洁 TiO$_2$(110)衬底 Ti 2p$_{3/2}$ 能级的拟合谱。Ti^{4+} 主峰主要来自衬底体相 Ti^{4+} 以及表面五重配位钛原子（Ti^{5f}）[23]。低结合能处 Ti^{3+} 肩峰来自表面 Ti^{3+}[24]，主要是由表面氧缺陷导致的。谱峰结合能的位置以及 Ti^{3+}/Ti^{4+} 强度比均不随 PTCDA 薄膜厚度的增加而变化，这说明 PTCDA 分子并没 有与 TiO$_2$(110)衬底表面的氧空穴反应。在 O 1s 谱［图 4.6（b）］中，衬底 O$_{sub}$ 峰 结合能位置不随 PTCDA 的生长而变化，进一步证明了 PTCDA 分子并没有与氧空 穴反应，否则缺陷态的钝化会导致表面能带弯曲的减小[25]。分子沉积之后出现两 个新的高结合能峰 O1 和 O2。从结合能位置判断，O1 峰主要来源于吸附分子的 羰基（C═O）氧原子，而 O2 峰主要来源于分子桥位（—O—）氧原子。界面处 两峰的强度比 O1/O2 明显偏离多层膜对应的比值，说明酸酐官能团（O═C—O— C═O）与 TiO$_2$ 衬底表面反应，甚至有可能发生分子化学键的断裂，如图 4.6（d） 所示。多层膜 C 1s 谱［图 4.6（c）］由 6 个峰组成：C1 峰和 C2 峰分别对应于苝环 C═C—C 键和 C—H 键中 C 原子；C3 峰对应于酸酐官能团中与 O 原子相连的 C 原 子；S^{C3} 和 S2^{C3} 为 C3 峰的振激峰；S^{C1} 为 C1 峰的振激峰[26, 27]。对于 π 共轭分子，

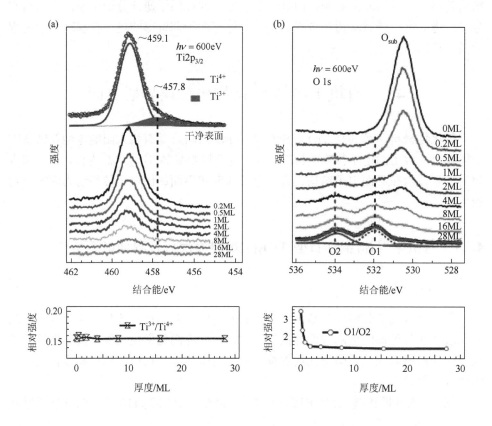

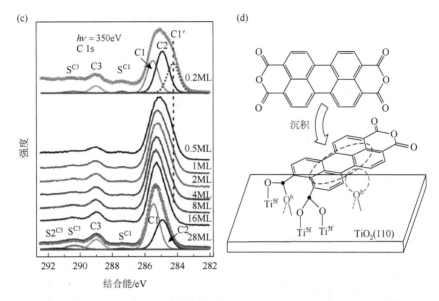

图 4.6　PTCDA 分子薄膜/TiO$_2$(110)界面软 X 射线光电子能谱研究[29]

（a）Ti 2p$_{3/2}$ 芯能级谱和 Ti^{3+}/Ti^{4+}强度比，ML 表示单层；（b）O 1s 芯能级谱和 O1 组分与 O2 组分的强度比；（c）C 1s 芯能级谱随 PTCDA 薄膜厚度的变化；（d）PTCDA 分子与 TiO$_2$(110)衬底反应示意图

C 1s 振激峰的结合能及强度分布请参考文献[26]和[28]。通常情况下，振激峰的强度取决于初态芯能级空穴态和最终激发电离态的交叠。因此，对于极性分子或者具有极性结构的分子而言，相应振激峰的强度会增强。这是由于分子的一部分具有电子给体的特征，可以提供电子以屏蔽芯能级空穴。对应酸酐 C 原子的 C3 峰以及对应的 C=C—C 键 C 原子的 C1 峰就具有上述特征，因为苝环具有很强的电子给体特征。对于亚单层，在低结合能处观察到一个新 C1′峰，同时 C1 峰的强度相对减弱。这说明除了酸酐官能团参与与 TiO$_2$ 的反应，PTCDA 分子中的苝环也参与了与衬底的反应。最可能的反应机制是苝环 C 原子与 TiO$_2$ 衬底表面的桥位 O^b 原子成键。此反应可能会导致电子从 TiO$_2$ 表面到苝环 C 原子的转移，因此 C1′峰的结合能较低。

2. 界面能级排列

图 4.7（a）～（c）为同步辐射测量的低动能二次电子截止边和价带谱。由图 4.7(a)得出，清洁 TiO$_2$(110)衬底的功函数为(5.1±0.1)eV。随着 0.2ML PTCDA 分子的沉积，功函数降至(4.8±0.1)eV，并保持这个数值直到 1ML。继续沉积 PTCDA 分子至 16ML，功函数缓慢降至(4.6±0.1)eV，并保持不变。价带谱［图4.7（b）］展现了 TiO$_2$ 衬底价带特征峰到 PTCDA 分子特征轨道的演变。价带谱靠近费米能级

附近的精细谱［图4.7（c）］中，TiO$_2$的VBM位于约3.1eV结合能处，氧空位缺陷导致的带隙态位于约0.9eV。随着PTCDA的沉积，带隙态没有明显的衰减，再一次证明PTCDA没有与氧空位反应。PTCDA与衬底的化学反应还导致了一个新的位于约2.1eV的带隙态，这个新带隙态导致界面处的HOMO峰不对称。这个新的带隙态进一步证明了PTCDA和TiO$_2$之间的化学相互作用。

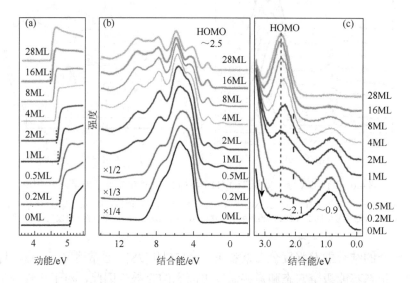

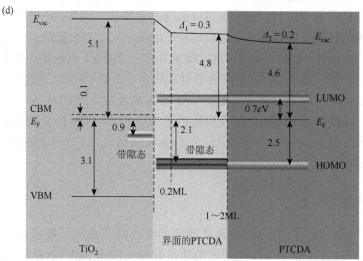

图4.7　PTCDA分子薄膜/TiO$_2$(110)同步辐射真空紫外光电子能谱研究[29]

（a）TiO$_2$(110)表面不同PTCDA薄膜厚度低动能二次电子截止边；（b）价带谱；（c）费米能级附近价带精细谱（$h\nu$ = 60eV，电子垂直出射），图中的箭头指示TiO$_2$衬底VBM位置；（d）PTCDA分子薄膜/TiO$_2$(110)界面能级排列示意图，图中数值单位均为eV

根据光电子能谱结果，可以绘制出界面能级排列，如图 4.7（d）所示。TiO₂ 衬底的 VBM 位于费米能级以下 3.1eV 处。TiO₂ 的带隙为 3.2eV[16]，那么 CBM 位于费米能级以上 0.1eV 处。氧空位缺陷导致的带隙态使得费米能级向导带移动，导致 N 型掺杂。界面化学相互作用，尤其是偶极键（C—O—Ti）的形成以及 PTCDA 和 TiO₂ 之间的电荷重新分布导致新的带隙态和界面偶极。从功函数的变化得出界面偶极为 0.3eV。远离界面到 16 层膜时功函数的变化主要是由分子取向变化导致的。

4.2.2　有机半导体分子取向

接下来，将介绍如何利用同步辐射谱学技术量化有机分子的取向角。角分辨 NEXAFS 谱可以研究 PTCDA 分子在 TiO₂ 衬底表面的分子取向，详细原理参见 1.4 节。图 4.8（a）为 TiO₂(110)表面亚单层（0.5ML）、单层（1ML）及多层（28ML）PTCDA 薄膜的角分辨碳 K 边 NEXAFS 谱。光子能量小于 291eV 的四个尖锐的共振峰对应于 C 1s 芯能级电子到 π^* 轨道的跃迁。能量最低的峰 C_{p1}（光子能量约为 284.1eV）对应于苝环中 C 原子到 PTCDA 分子 LUMO 的跃迁。强度最强的共振峰 C_{p2}（光子能量约为 285.6eV）对应于苝环中 C 原子到三个更高的未占据态分子轨道 LUMO + 1～LUMO + 3 的跃迁。共振峰 C_{a1} 和 C_{a2} 的能量分别约为 287.8eV 和 288.4eV，它们分别对应于酸酐官能团中 C 原子到 LUMO 和 LUMO + 1～LUMO + 3 的跃迁[30]。高光子能量的共振峰对应于 C 1s⟶σ^* 的跃迁[31, 32]。

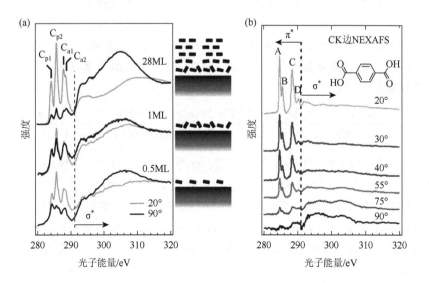

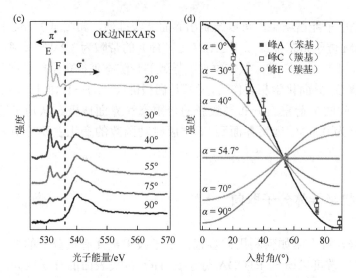

图 4.8　角分辨 NEXAFS 谱量化有机分子在衬底表面的分子取向[33]

（a）TiO₂(110)表面亚单层、单层和多层 PTCDA 薄膜的角分辨 NEXAFS 谱，入射角定义为 X 射线与样品衬底平面之间的夹角，右图为 TiO₂ 表面 PTCDA 分子取向示意图[29]；TPA 分子生长在石墨烯/Ni(111)表面的角分辨 C K 边（b）和 O K 边（c）NEXAFS 谱；（d）共振峰强度随入射角的变化，以及不同平均取向角时 π* 共振峰强度随入射角变化的理论曲线

当垂直入射（$\theta = 90°$）时，亚单层薄膜 NEXAFS 谱低能量处的两个共振峰 C_{p1} 和 C_{p2} 的相对强度与单层膜和多层膜的 NEXAFS 谱不同，峰结构也整体变宽。这些差异进一步证明 PTCDA 与 TiO₂ 之间的化学相互作用使得 LUMO 扭曲或者变形，与光电子能谱结果一致。

对于不同 PTCDA 厚度的 NEXAFS 谱，掠入射（$\theta = 20°$）时，π^* 共振峰的强度增强；垂直入射（$\theta = 90°$）时，强度减弱。σ^* 共振峰的角度依赖性刚好相反。这说明分子均倾向于平铺在衬底表面。通过两个极端 X 射线入射角（如 $\theta = 20°$ 和 $\theta = 90°$）下的共振峰强度比，利用式（4.2）可以定量地计算有机分子在衬底表面的平均倾斜角[34]：

$$\frac{I_{\pi*}(\alpha, 90°)}{I_{\pi*}(\alpha, \theta)} = \frac{P(\sin^2 \alpha \sin^2 90° + 2\cos^2 \alpha \cos^2 90°) + (1-P)\sin^2 \alpha}{P(\sin^2 \alpha \sin^2 \theta + 2\cos^2 \alpha \cos^2 \theta) + (1-P)\sin^2 \alpha} \quad (4.2)$$

其中，$P = 0.90$ 为入射同步光的线偏振度；α 为 PTCDA 分子平面相对于衬底表面的平均倾斜角。将最强共振峰 C_{p2} 的强度代入式（4.2），得到亚单层、单层和多层膜时 PTCDA 分子的平均倾斜角分别为 40°±10°、51°±10° 和 27°±10°。对于亚单层膜，界面化学反应会导致分子平面的扭曲与弯曲，从而增大分子的平均倾斜角，分子仍倾向于平躺在衬底表面，如图 4.8（a）所示。对于单层膜，分子的平均倾斜角增大，这说明随后沉积的 0.5ML PTCDA 分子在衬底表面的倾斜角增大。

继续沉积分子后，由于界面化学相互作用的减弱以及分子间氢键相互作用，PTCDA 平铺在衬底表面。

综合不同元素的 NEXAFS 结果，可以研究分子是否扭曲。图 4.8（b）和（c）分别为对苯二甲酸（TPA）分子生长在石墨烯/Ni(111)表面的 C K 边和 O K 边角分辨 NEXAFS 谱[33]。在 C K 边 NEXAFS 谱中，A、B 和 C 共振峰对应于苯基 C 1s 能级电子到 LUMO 的跃迁，而 D 共振峰对应于羧酸官能团 C 1s 能级电子到 LUMO 的跃迁。在 O K 边 NEXAFS 谱中，E 和 F 来源于羧酸 O 1s 能级电子到 LUMO 的跃迁。两谱中高能共振峰则为 C 1s→σ* 或者 O 1s→σ* 的跃迁。π* 共振峰在 $\theta = 20°$ 时强度最强，在 $\theta = 90°$ 时强度最弱；而 σ* 共振峰随入射角变化而变化的趋势与 π* 共振峰的变化趋势相反。这说明 TPA 分子也是平铺在衬底表面。共振峰 A、C 和 E 的强度随入射角的变化如图 4.8（d）所示。图中实线为式（4.1）计算的 π* 共振峰强度随入射角变化的理论曲线。数据集中分布在 $\alpha = 0°$ 曲线附近，说明 TPA 分子完美地平铺在石墨烯表面，分子平面没有扭曲和变形。

4.2.3　界面电荷转移动力学

1. 激发态的界面能级排列

在激发态情况下，有机半导体/功能衬底异质界面电子转移动力学研究的一个必要条件是有机半导体的未占据态分子轨道波函数与金属或者半导体衬底的导带电子态有交叠，即在能量上界面电子转移是允许的。图 4.9（a）为有机半导体/金属衬底基态界面能级排列示意图。芯能级的结合能对应于芯能级到费米能级的能量差，可以从光电子能谱中获得。图 4.9（b）为光吸收之后，芯能级电子跃迁到 LUMO 之后的激发态界面能级排列示意图。将 NEXAFS 谱光子能量 $h\nu$ 减去芯能级的结合能（BE），可以把 NEXAFS 谱与费米能级对应起来，获得 LUMO 相对于费米能级的能量差，即 $\Delta E = \text{BE} - h\nu$。这就是激发态的能级排列。由于芯能级空穴和光生电子的库仑相互作用，或者激子效应，NEXAFS 所测量的未占据态分子轨道的能量通常向费米能级移动，有时甚至低于费米能级[35, 36]。如图 4.9（b）所示，当 LUMO 低于费米能级（$\Delta E < 0$）时，由于衬底价带是填满的，光生电子到金属衬底导带的转移在能量上是禁止的。相反，电子从金属衬底价带到有机分子 LUMO 的转移在能量上是允许的[37, 38]。如图 4.9（c）所示，当 LUMO 在半导体衬底的带隙中时，光生电子的转移在能量上也是禁止的。因此，在能量上，光生电子只有从那些在金属费米能级或者半导体导带底以上的 LUMO + n（简称 L + n）轨道转移到衬底的导带（$\Delta E > 0$），且能否转移还取决于界面电耦合强度。值得说明的是，对于实际的有机太阳能电池器件，不存在芯能级空穴。因此，LUMO 一般在金属费米能级或者半导体导带底之上。

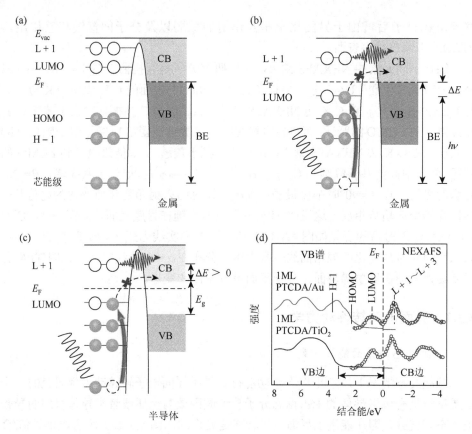

图 4.9　光电子能谱结合 NEXAFS 研究有机半导体/功能衬底异质界面电子转移动力学[39]

有机半导体/金属衬底异质界面基态（a）和激发态（b）能级排列示意图，H–1 是 HOMO–1 的简写，依次类推；（c）有机分子/无机半导体异质界面激发态能级排列示意图；（d）单层 PTCDA/Au(111)和单层 PTCDA/TiO₂(110)异质界面价带谱和 NEXAFS 谱，其中 NEXAFS 谱能量通过 C 1s 结合能校准到费米能级零点

图 4.9（d）为单层 PTCDA 膜/Au(111)和单层 PTCDA 膜/金红石型 TiO₂(110)异质界面价带谱和 NEXAFS 谱。其中，价带谱提供界面占据态信息，而碳 K 边 NEXAFS 谱提供未占据态信息。费米能级为结合能零点。NEXAFS 是通过扫描光子能量测量的，通过减去 PTCDA 薄膜 C 1s 峰的结合能，进行能量的校准。从 NEXAFS 谱中可以分辨出 PTCDA 分子的 LUMO 和 LUMO＋1～LUMO＋3。在 PTCDA/Au(111)界面，分子的 LUMO 在 Au 费米能级以下。在 PTCDA/TiO₂(110)界面，LUMO 在 TiO₂ 的带隙中。因此，光生电子从 LUMO 到 Au 或者 TiO₂ 导带的转移在能量上是禁止的，电子只能从高能量的未占据态分子轨道，如 LUMO＋1～LUMO＋3，转移到 Au 或者 TiO₂ 导带。基于同步辐射的芯能级空穴时钟谱可以定量计算光生电子从高能量轨道到功能衬底导带的转移时间。

2. 界面电子转移时间

界面处电荷的提取过程决定太阳能电池的光电转换效率。例如，光生电子从有机分子 LUMO 到电子传输层导带的超快转移能有效降低电子-空穴复合，从而提高激子的解离。界面效应同样影响界面的物性。有机薄膜的分子取向是一个重要的自由度，影响薄膜的迁移率、缺陷态以及异质界面能级排列，如图 4.3（b）所示[32, 40]。界面的化学作用可以钝化缺陷态，以及影响界面能级排列。通过化学合成在有机半导体中引入特殊功能的官能团，可以对有机分子的光、电、磁性能进行调控。实验结果证明，分子取向和化学相互作用同样影响界面电子转移时间。

前面已经介绍过，NEXAFS 结果证明，亚单层的 PTCDA 分子薄膜在 $TiO_2(110)$ 表面是近似平铺排列［图 4.8（a）］。这种取向结构是由分子两个酸酐官能团以及苝环与 TiO_2 衬底的化学相互作用所导致。随后吸附的 PTCDA 分子则是倾斜排列在 TiO_2 表面，如图 4.8（a）所示。PTCDA 分子的一个酸酐官能团及苝环与衬底反应，另一个官能团远离 TiO_2 衬底。这种分子的取向差异以及化学反应位点的差异，使得 PTCDA/TiO_2 界面成为研究分子取向和原子位点影响界面电子转移动力学的理想体系。

图 4.10（a）和（b）分别展示了 C 1s→π^* 对应光子能量为激发光源，测量的亚单层和单层 PTCDA 薄膜在 $TiO_2(110)$ 表面的二维共振光电子能谱（RPES）。对于多层膜的 RPES，共振光子能量与 NEXAFS 谱中四个吸收峰的位置一致，四条虚线分别对应于分子 HOMO、HOMO−1、HOMO−2、HOMO−3 的共振增强。而高结合能（>8eV）的共振增强信号主要来自俄歇共振和常规俄歇信号。

值得说明的是，分子轨道的共振增强具有不同的光子能量依赖性：

（1）在 283.4～286.6eV 能量范围内，对应于苝环 $C_{perylene}$ 1s→LUMO 跃迁，主要观察到 HOMO 和 HOMO−1 的共振信号。而在酸酐 $C_{anhydride}$ 1s→LUMO 跃迁能量范围内（286.8～290.0eV），这两个轨道的共振信号几乎消失。

（2）HOMO−1 在 $C_{perylene}$ 1s→LUMO＋1～LUMO＋3 跃迁能量范围内，即 285～286.6eV，共振强度最强。

（3）HOMO−2 共振信号在 C K 边 NEXAFS 谱中所有四个 π^* 吸收峰能量范围内均能观察到。

这些分子轨道共振增强的光子能量依赖性主要是由分子轨道（HOMO～HOMO−3）的波函数特征及对称性引起[41]。只有电子受激跃迁的 LUMO 的波函数在空间上与 HOMO 有交叠时，才能发生相应 HOMO 的共振退激发。

在亚单层和单层 PTCDA 薄膜的二维 RPES 中，3～9eV 结合能处的信号主要来自 TiO_2 衬底价带，分子 HOMO 的共振信号较弱，与多层膜的情况完全不同。这说明激发到分子 LUMO 的电子到衬底导带的转移发生在飞秒时间范畴。

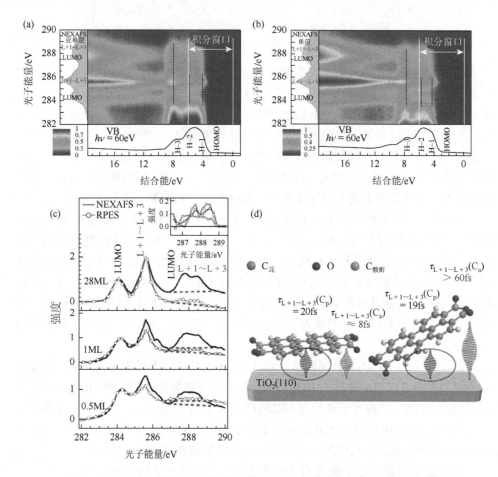

图 4.10　PTCDA 薄膜/TiO₂ 界面电子转移动力学的共振光电子能谱研究[39]

（a）亚单层 PTCDA 薄膜/TiO₂，（b）单层 PTCDA 薄膜/TiO₂，最下面的谱为 60eV 测量的价带谱，左边的谱为 NEXAFS 谱；（c）积分 RPES 和相应的 C K 边 NEXAFS 谱，插图为酸酐官能团碳原子的 1s 到 LUMO 和 LUMO + 1～LUMO + 3 的积分 RPES 扣除线性本底信号的差谱；（d）不同取向的分子各个部分到衬底的电子转移示意图

从 PTCDA/TiO₂ 界面价带谱和 NEXAFS 结果［图 4.9（d）］可知，PTCDA 分子的 LUMO 在 TiO₂(110)的带隙中。因此，从苝环和酸酐官能团中的 C 1s 能级激发到 LUMO（共振能量分别为 284.3eV 和 288.5eV）的电子到衬底导带的转移是能量禁止的，只有激发到高能量 LUMO + 1～LUMO + 3（共振能量分别为 285.6eV 和 288.5eV）的电子可以转移到 TiO₂。

在芯能级空穴存在的时间内（τ_{CH}），电子从 LUMO 到衬底导带的电荷转移时间（τ_{CT}）可用式（4.3）进行估算。C 1s 和 N 1s 芯能级空穴的寿命均为 6fs[42, 43]。关于芯能级空穴时钟谱以及推算该方程的细节在 1.4 节已有叙述，详尽细节见文献[18]。

$$\tau_{CT} = \tau_{CH} \frac{\dfrac{I_{RPES}^{coup}}{I_{NEXAFS}^{coup}}}{\dfrac{I_{RPES}^{iso}}{I_{NEXAFS}^{iso}} - \dfrac{I_{RPES}^{coup}}{I_{NEXAFS}^{coup}}} \qquad (4.3)$$

其中，I_{RPES} 和 I_{NEXAFS} 分别为积分 RPES 和 NEXAFS 谱中各个 LUMO 峰的强度；I^{coup} 和 I^{iso} 分别为分子-衬底耦合体系和孤立体系时谱图强度。亚单层和单层膜属于耦合体系，多层膜为孤立体系。不同厚度情况下对 0～6eV 结合能范围共振信号进行积分，将俄歇信号排除在积分区域以外，积分 RPES 如图 4.10（c）所示。图中同时给出了相应的 NEXAFS 谱，并将各个谱图的峰 C_{p1}（LUMO）的强度进行归一化处理。NEXAFS 谱代表电子跃迁的全电离截面，而对于积分 RPES，激发态下峰 C_{p1} 处没有电荷转移，因此两谱峰强度相同。

在苝环位置，$I_{L+1\sim L+3}^{multi}(C_p) = I_{RPES}^{multi}(C_p)/I_{NEXAFS}^{multi}(C_p) = 1.00\pm0.02$；$I_{L+1\sim L+3}^{mono}(C_p) = 0.76\pm0.02$；$I_{L+1\sim L+3}^{sub-mono}(C_p) = 0.77\pm0.02$。在酸酐位置，$I_{L+1\sim L+3}^{multi}(C_a) = 0.27\pm0.04$；$I_{L+1\sim L+3}^{mono}(C_a) = 0.25\pm0.05$；$I_{L+1\sim L+3}^{sub-mono}(C_a) = 0.15\pm0.05$。将这些值代入式（4.3）中，可以定量估算界面电子转移时间。对于苝环位置，亚单层膜的电荷转移时间 $\tau_{L+1\sim L+3}^{sub-mono}(C_p) = (20\pm7)fs$，单层膜的电荷转移时间 $\tau_{L+1\sim L+3}^{mono}(C_p) = (19\pm4)fs$。如图 4.10（d）所示，虽然单层膜内分子的取向有一定差异，但是电荷转移时间相近。而对于酸酐位置，亚单层 $\tau_{L+1\sim L+3}^{sub-mono}(C_a)$ 约为 8fs，比单层 $\tau_{L+1\sim L+3}^{mono}(C_a) > 60fs$ 小很多，因此分子取向对酸酐官能团中的电子传输影响很大。很明显，分子取向对酸酐官能团电子转移时间的影响比对苝环的影响大。这主要是由分子和衬底的相互作用差异导致的。在亚单层膜内，PTCDA 分子几乎平铺在 TiO₂(110) 衬底表面，酸酐官能团和苝环都与衬底反应形成共价键，导致了界面处较短的电子转移时间。而当膜厚增大到一个单层时，由于相邻分子间空间位阻的增大，分子倾斜地排列在衬底表面，酸酐官能团与衬底的反应位点相应减少。远离衬底的酸酐官能团的芯能级空穴使得电子局域在 LUMO，妨碍了电子通过与衬底反应的酸酐官能团到衬底导带的有效转移。而在两种取向情况下，苝环都与 TiO₂(110) 衬底表面的桥位氧反应，因此，电子转移动力学时间不具有取向依赖性。这些结果说明基于同步辐射的芯能级空穴时钟谱可以用于研究有机半导体/功能衬底异质界面电子转移时间的原子位点、配体及分子堆积依赖性。

4.3　钙钛矿薄膜/电荷传输层异质界面

虽然钙钛矿薄膜太阳能电池具有较高的光电转换效率和较低的制作成本，但是器件的稳定性限制其商业应用。成分工程、（反）溶剂工程、添加剂工程、钝化工程、界面工程等多种策略用于提升器件的稳定性，同时保持器件的高效率。这些策略一方面改善钙钛矿薄膜的结晶性，此部分说明在第 3 章已有论述；另一方面也对钙钛矿薄膜/电荷传输层异质界面的能级结构有重要调制作用。本节将从异质界面电子结构方面理解这些策略提升器件性能和稳定性的微观机制，并举例说明如何利用基于同步辐射的谱学技术对其进行研究。

4.3.1　钙钛矿薄膜表面电子结构

首先，对钙钛矿薄膜表面的电子结构进行介绍，以便更好地理解表界面现象对异质界面电子结构的影响，明确材料光电性能以及器件效率提升的微观物理机制。

1. 化学成分对钙钛矿薄膜电子结构的影响

常见的有机无机杂化钙钛矿薄膜是 $MAPbI_3$，其传输带隙约为 1.70eV。其中，I 元素可以被 Cl、Br 元素完全或者部分取代；而有机离子 MA^+ 可以被其他有机离子和无机元素完全或部分取代；Pb 可以被 Sn 取代。钙钛矿材料化学组分的变化导致薄膜材料的带隙、功函数、电离能和电子亲和势的变化，如图 4.11（a）和（b）所示。

光电子能谱技术可以测量材料占据态的电子结构。基于同步辐射的共振光电子能谱（RPES）技术可以研究材料特征价带的起源，揭示化学组分的变化对钙钛矿薄膜占据态的影响。RPES 的基本原理在 1.4 节进行了简要说明（图 1.42）。由于退激发过程增大了电离截面，测量的价带谱中相应价电子态的强度有所增强，被称为共振增强效应。研究人员测量了 $MAPbI_3$ 薄膜的 N 原子 K 边 NEXAFS 谱，在 398.6eV、399.8eV、401.6eV 及 406.3eV 处的四个特征峰分别对应于 MA^+ 中 N 1s 芯能级到导带的跃迁。从 N 元素吸收边能量激发获得的价电子态和浅芯能级谱中可以获得轨道杂化信息。在非共振能量 392eV 下，价带主要由 I 5p 电子贡献，结合能约为 3.6eV。在共振能量 398.6eV 下，I 5p 的强度增强了 5.7%。这种共振增强效应说明了 N 2p 和 I 5p 杂化相互作用。同时，Pb 6s（约 9.6eV）和 I 5s（约 13.2eV）浅芯能级强度也有所增强，说明 N-Pb-I 的杂化相互作用。价电子态的共振增强效应是具有光子能量选择性的，与价电子态的轨道空间分布有关：具有一定能量的光子恰好可以激发芯能级电子跃迁到与价电子态轨道空间重叠的未占据态时，价电子态共振增强效应最强。价电子态和浅芯能级强度随光子能量变化的初态谱可以给出更直观的信息。I 5p（约 3.6eV）、Pb 6s（约 9.6eV）和 I 5s（约 13.2eV）的增强效应主要发生在 398.6eV 和 399.8eV 的共振能量，而 Pb 5d（19.6eV）的共振增强在四个共振能量都能观察到。这些结果说明 Pb 6p 对导带起主要贡献，而 I 5p、I 5s 和 N 2p 的杂化对价带起主要贡献，如图 4.12 所示。这些实验结果说明，有机离子不仅仅影响有机无机杂化钙钛矿薄膜的结构，还对薄膜价带有重要贡献。这也有助于理解取代有机离子调控电子结构的起源。

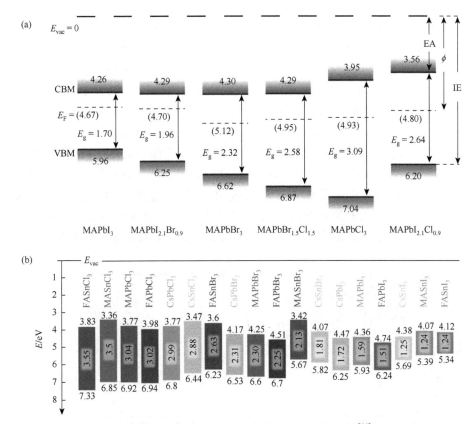

图 4.11 化学成分对钙钛矿薄膜电子结构的影响[44]

（a）不同化学成分的卤素钙钛矿的电离能、电子亲和势、功函数及传输带隙，图中数值单位均为 eV[45]；（b）电离能、电子亲和势及光学带隙，需要注意，光学带隙通过真空紫外吸收谱测量，与电离能和电子亲和势相减获得的传输带隙有差异

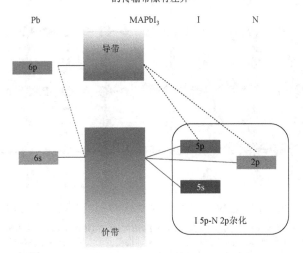

图 4.12 MAPbI$_3$ 价带和导带电子态的起源示意图

　　基于同步辐射的吸收谱技术可以测量未占据态的电子结构。原子配位结构改变导致原子间轨道杂化差异，进而导致占据态的变化。吸收峰的位移和强度变化可以揭示化学组分的变化对未占据态的影响[46, 47]。图 4.13（a）为 MAPbI$_3$ 和 MAPbBr$_3$ 的 Pb L$_3$ 边 XAS 及 DFT 曲线。对于 MAPbBr$_3$，13040.8eV 处的峰对应于 Pb 2p 到 Pb d$_{xz}$ 和 Br d$_{xz}$ 杂化轨道以及 Pb d$_{yz}$ 和 Br d$_{yz}$ 杂化轨道的跃迁，13046.3eV 处的峰对应于 Pb 2p 到 Pb d$_{z^2}$ 和 Br d$_{z^2}$ 杂化轨道的跃迁。I 取代 Br 之后，配位场效应导致 d$_{xz}$/d$_{yz}$、d$_{z^2}$ 轨道能量的降低，而 I 和 Br 电负性差异导致 Pb 2p 芯能级结合能的移动。这两者共同导致 XAS 中的吸收峰向低能量分别移动了 0.9eV 和 1.5eV。图 4.13（b）为部分 Br 被 I 取代的 MAPbI$_{0.4}$Br$_{0.6}$ 的 Pb L$_3$ 边 XAS 及 DFT 曲线，两个共振峰的能量介于 MAPbI$_3$ 和 MAPbBr$_3$ 的共振峰能量之间。基于八面体倾斜和卤素原子随机分布结构［图 4.13（c）］的 DFT 曲线与实验曲线一致，而

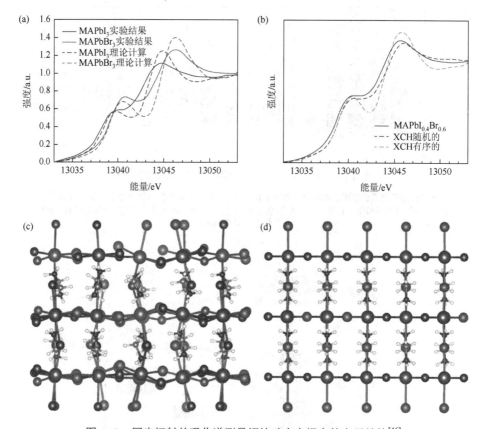

图 4.13　同步辐射的吸收谱测量钙钛矿未占据态的电子结构[46]

MAPbI$_3$ 和 MAPbBr$_3$（a）及 MAPbI$_{0.4}$Br$_{0.6}$（b）薄膜的 Pb L$_3$ 边 XAS 及 DFT 曲线，XCH 表示激发电子和核心空穴；理论计算使用的卤素随机分布（c）和有序排列（d）结构球棍模型示意图，其中暗灰色球为 Pb 原子、绿色球为 I 原子、棕色球为 Br 原子、浅灰色球为 C 原子、蓝色球为 N 原子、白色球为 H 原子

有序结构［图 4.13（d）］的理论曲线明显偏离实验结果。八面体倾斜导致了钙钛矿材料带隙的增大。卤素不仅影响钙钛矿材料的电子结构，N K 边 NEXAFS 谱结果证明卤素取代也会导致有机离子中 N—C 和 N—H 键的键长变化，进而调制杂化钙钛矿材料带隙[47]。因此，同步辐射吸收谱可以研究化学成分变化导致的 Pb-卤素原子键长、八面体倾斜、N—C 和 N—H 键键长等结构变化，揭示电子结构的调制机制。

除了化学成分，钙钛矿薄膜中未反应的前驱体及其空间分布也影响薄膜的光电性能。光电子能谱技术具有元素分辨性，可以定量估算各个元素的比例。配合能量可调的同步辐射光源，改变出射电子的动能和深度［图 4.4（a）］，可以实现薄膜不同深度的探测[48]。图 4.14（a）和（b）分别为 4000eV 和 758eV 测量的 $FA_{0.85}MA_{0.15}PbBr_{0.45}I_{2.55}$ 薄膜的光电子能谱，在该能量下相应的探测深度分别约为 18nm 和 5nm。0%标记的样品对应于前驱体中 FAI 和 PbI_2 的比例为 1∶1；+10% 对应于 0.9∶1，−10%对应于 1.1∶1。从图 4.14（a）可以看出，在不同的光子能

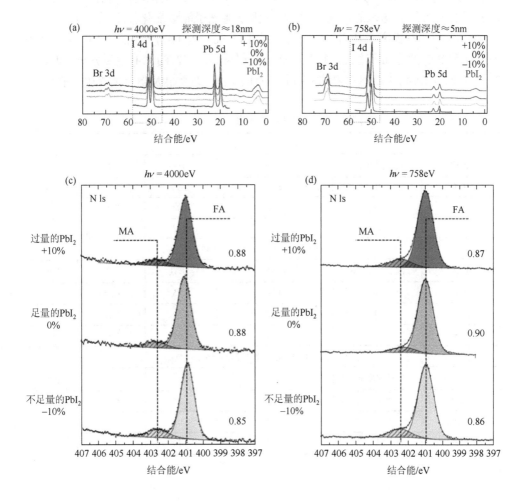

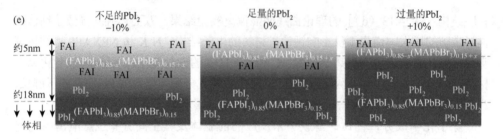

图 4.14 能量可调的同步辐射光电子能谱探测钙钛矿薄膜不同深度

4000eV（a）和 758eV（b）测量的不同前驱体比例制备的 $FA_{0.85}MA_{0.15}PbBr_{0.45}I_{2.55}$ 薄膜的光电子能谱，以及 PbI_2 对比样品的光电子能谱；4000eV（c）和 758eV（d）测量的 N 1s 芯能级谱；（e）$FA_{0.85}MA_{0.15}PbBr_{0.45}I_{2.55}$ 薄膜中 FAI 和 PbI_2 的空间分布示意图

量下，三个样品的 I 4d 峰、Br 3d 峰和 Pb 5d 峰的强度比不相同。不同光子能量下的 I：Pb、Br：Pb 和 I：Br 峰强比如表 4.1 所示，结果说明三种元素在表面和近表面的分布是不均匀的。而 N 1s 峰的强度随光子能量变化很小 ［图 4.14（c）和（d）］，说明有机离子是均匀分布的。图 4.14（e）为 $FA_{0.85}MA_{0.15}PbBr_{0.45}I_{2.55}$ 薄膜中 FAI 和 PbI_2 的分布示意图，可见 FAI 分布在表面，残留的 PbI_2 主要分布于近表面的晶界处。明确物质在薄膜内的空间分布有助于深入理解相应器件的光电性能[49]。

表 4.1 不同光子能量下测量的卤素：Pb 和 I：Br 峰强比[49]

（a）I：Pb 峰强比					
hv/eV	测试深度/nm	−10%	0%	+ 10%	PbI_2
4000	18	2.49	2.36	2.28	1.96
2100	11	3.35	3.08	2.90	—
758	5	4.36	4.22	3.82	2.03

（b）Br：Pb 峰强比（理论 0.45）					
hv/eV	测试深度/nm	−10%	0%	+ 10%	PbI_2
4000	18	0.39	0.45	0.45	—
2100	11	0.50	0.51	0.53	—
758	5	0.83	1.00	0.80	—

（c）I：Br 峰强比（理论 5.66）					
hv/eV	测试深度/nm	−10%	0%	+ 10%	PbI_2
4000	18	6.38	5.25	5.08	—
2100	11	6.74	6.06	5.51	—
758	5	5.24	4.19	4.77	—

2. 表面态及表面能带弯曲

除了残留的 PbI_2 等前驱体，钙钛矿薄膜的表面可能存在多种缺陷，如有机离子空位、Pb 空位、I 空位、有机离子填隙、Pb 填隙、I 填隙、有机离子-Pb 反位缺陷、有机离子-I 反位缺陷、Pb-I 反位缺陷、金属 Pb 团簇等[50]，导致表面态的产生。缺陷表面态的存在增大了表面与水、氧气反应的概率，与器件的空气稳定性有重要联系。缺陷表面态可以散射或俘获电荷，降低电荷传输效率，提高空穴-电子复合，进而降低太阳能电池的效率[51, 52]。另一方面，表面态可以作为电子给体或者电子受体，导致薄膜表面电荷的重新分布，进而导致空间荷电层及相应表面能带弯曲。在钙钛矿薄膜表面，金属 Pb 团簇导致电子给体型表面态[53, 54]。图 4.15（a）和（b）为电子给体型表面态导致的钙钛矿薄膜向下的表面能带弯曲示意图。表面处电子掺杂导致表面和体相的费米能级位置不一致。为了达到热力学平衡——费米能级对齐，表面处的电子重新分布，导致所有的能级，包括真空能级（E_{vac}）、导带底（E_C）、价带顶（E_V）、芯能级等，向下弯曲。虽然材料的电离能和电子亲和势保持不变，但是表面处的功函数减小。界面处相应的电荷注入势垒随之变化，这妨碍激子的分离，降低了器件的性能。如果忽略钙钛矿薄膜表面与体相的电子结构差异，以体相的电子结构进行分析，可能会导致器件构效关系偏离实际。

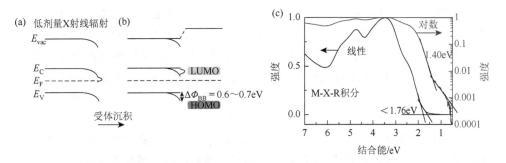

图 4.15　钙钛矿薄膜的表面电子结构研究[55]

（a）和（b）钙钛矿薄膜表面给体型表面态导致的表面能带弯曲示意图；（c）多晶 $MAPbI_3$ 薄膜的价带光电子能谱，谱线对最高强度进行归一化处理

光电子能谱可直接获得薄膜表面占据态信息。通过这些信息获得薄膜电子结构的关键参数，如功函数、价带顶、电离能、电子亲和能等，以确定界面处的能级排列结构。然而，钙钛矿薄膜价带的能带色散较强[56]，导致价带顶处态密度低。因此，通常采用的通过将最高占据态线性延伸至本底与谱线交点来确定价带顶的方法，往往会高估价带顶的位置 [图 4.15（c）]，不适用于钙钛矿薄膜。对于这种价带态密度较小的材料，指数数据线性延伸与本底的交界处的位置更接近价

带顶的数值［图 4.15（c）］。因此，对于钙钛矿薄膜材料，推荐使用这种方法获得更接近真实的价带顶[57]。

在钙钛矿太阳能电池中，存在两类界面：一类是钙钛矿薄膜/衬底异质界面，通过在衬底表面制备钙钛矿薄膜形成，通常钙钛矿薄膜通过溶液法制备；另一类是功能薄膜/钙钛矿薄膜界面，这类界面是在钙钛矿薄膜上制备电荷传输层，电荷传输层可以通过真空沉积技术逐步生长。这两类界面的形成机制是不一样的，必然会导致电子结构的差异。甚至在不同类型的传输层表面，用同样方法制备的钙钛矿薄膜的电子结构也不同。例如，在 TiO$_2$ 电子传输层和 NiO$_x$ 空穴传输层表面，用同样方法制备的 MAPbI$_3$ 薄膜，在 TiO$_2$ 表面为电子掺杂（N 型）的薄膜；而在 NiO$_x$ 表面为空穴掺杂（P 型）的薄膜。下面分类讨论如何利用谱学技术对异质界面进行研究。通过界面工程调控器件性能，请参考综述[58]～[61]。

4.3.2　钙钛矿薄膜/电子传输层异质界面

1. 钙钛矿薄膜/TiO$_2$ 界面电子结构

TiO$_2$ 是目前钙钛矿太阳能电池材料常用的电子传输层材料之一。钙钛矿薄膜/TiO$_2$ 异质界面的性质影响电子的传输、太阳能电池器件的性能。一般通过旋涂的方法在 TiO$_2$ 表面旋涂钙钛矿薄膜，因此很难通过逐层生长的方法对界面形成过程进行原位同步辐射光电子能谱研究。PEEM 技术具有空间分辨性，基于钙钛矿薄膜的不均匀性，可以分辨不同厚度钙钛矿薄膜，进而研究异质界面电子结构。Hartmann 等利用 PEEM 对沉积在 TiO$_2$ 薄膜表面的 300nm 厚 MAPbI$_{3-x}$Cl$_x$ 薄膜进行了表征。PEEM 图像中识别出三个对比度显著不同的区域，分别代表了不同的薄膜厚度。通过对这三个区域的 Ti L$_{2,3}$ 边 X 射线吸收谱分析发现，不同区域的钙钛矿厚度存在显著差异。较黑的区域钙钛矿薄膜厚度最薄，定义为 TiO$_2$ 暴露区域，可以获得钙钛矿薄膜/TiO$_2$ 界面性质信息。而较亮的区域钙钛矿薄膜最厚，代表钙钛矿体相信息。对比三个区域的 PEEM-I 4d 谱发现，TiO$_2$ 暴露区域观察到两组峰，其中低结合能的峰 I 对应于钙钛矿薄膜中的碘元素。随着钙钛矿薄膜厚度增大，峰 I 向低结合能方向移动，说明存在能带弯曲。其来源有两个：一个是钙钛矿表面缺陷态导致能带弯曲［图 4.3（a）］；另一个是界面电荷转移导致能带弯曲［图 4.3（e）］。而高结合能的峰 II 则来源于氧化 IO$_x$ 成分。在三个区域的 PEEM-Pb 4f 谱中发现，TiO$_2$ 暴露区域只观察到一组峰，该峰说明 Pb 没有与 O 发生反应。而在中间区域，观察到两组峰。其中，高结合能的峰 I 来源于钙钛矿薄膜的 Pb^{2+}，而低结合能的峰 II 来源于金属 Pb。同样观察到峰 I 的移动，证实存在能带弯曲，但是仍不能确定其起源。通过 PEEM-Ti 3p 谱及价带谱发现 Ti 3p 结合能几乎不变，结合 Ti $L_{2,3}$ 边吸收峰固定的能量位置，说明在 TiO_2 一侧并未发生电荷转移导致的能带弯曲 [图 4.3（e）]。因此，认为表面能带弯曲主要是缺陷态导致的 [图 4.3（a）]。由于价带信号较差的分辨率，很难对其价带顶位置进行精确分析。基于衍射极限环的第四代光源的 PEEM 技术具有更高的分辨率，详见 6.2 节。在薄膜较薄的区域存在 IO_x 物种及相应的缺陷电子态，而在中间厚度区域，则存在金属 Pb 缺陷。这些缺陷可用于解释钙钛矿薄膜厚度不均匀现象。

2. 插层钝化钙钛矿薄膜表面态和氧化物电子传输层缺陷态

TiO_2 和 SnO_2 材料是目前钙钛矿太阳能电池常用的电子传输层材料。ZnO 材料也是电子传输层材料，但是其光化学不稳定性妨碍了在商业器件中的应用。对于钙钛矿薄膜/氧化物电子传输层异质界面，插入缓冲层，钝化界面缺陷电子态是提升器件效率和稳定性的有效途径之一。缓冲层材料的种类、策略及器件性能调控结果详见综述文章[50]和[62]。然而钝化过程会改变材料的光电性质。本节将从异质界面电子结构的角度说明缓冲层调控器件性能的微观机制。

TiO_2 和 SnO_2 表面会存在一些氧空位和缺陷，这些缺陷态与光生电子复合，导致器件性能降低。钙钛矿表面的缺陷态同样导致非辐射复合，降低器件的光电转换效率。缺陷的存在不仅增加了与水反应的概率，导致钙钛矿薄膜分解，还可能诱发离子迁移。因此，通过钙钛矿薄膜/氧化物异质界面插层钝化缺陷态和表面态是一种提高太阳能电池器件性能和热稳定的有效方法。

研究人员利用光电子能谱对富勒烯衍生物、富勒烯衍生物/$(FAPbI_3)_x(MAPbBr_3)_{1-x}$ 异质界面、$(FAPbI_3)_x(MAPbBr_3)_{1-x}$ 薄膜、SnO_2 薄膜及富勒烯衍生物/SnO_2 薄膜异质界面电子结构进行表征。通过对比界面处谱峰的结合能位置，可以判断界面处是否发生化学相互作用，以及参与化学相互作用的元素。图 4.16 展示了富勒烯衍生物分子结构示意图。光电子能谱结果证实，NMBF-Cl 二聚体分子中的 Cl 原子分别与钙钛矿薄膜和 SnO_2 反应。在 NMBF-Cl 二聚体分子/$(FAPbI_3)_x(MAPbBr_3)_{1-x}$ 异质界面，全部 Cl 原子与缺陷反应，钝化杂化钙钛矿薄膜表面态。分子失电子导致 Cl 2p 能级向高结合能移动，钙钛矿薄膜表面态的钝化导致表面能带弯曲变小，因此钙钛矿薄膜所有元素的能级向低结合能移动相同的量级。在 NMBF-Cl 二聚体分子/SnO_2 界面，分子中的部分 Cl 原子与 Sn 反应，导致分子获得电子，从而在 Cl 2p 谱中出现了低结合能的新峰结构。SnO_2 表面缺陷的钝化，同样导致 SnO_2 表面能带弯曲变小，Sn $3d_{7/2}$ 向低结合能移动。NMBF-Cl 分子仅与 SnO_2 发生化学相互作用，导致 Sn $3d_{7/2}$ 结合能的移动以及 Cl 2p 谱的展宽。该分子在 $(FAPbI_3)_x(MAPbBr_3)_{1-x}$ 表面为物理吸附，因此相应芯能级的结合能位置几乎不变。NMBF-H 二聚体分子中的 C=O 官能团与 $(FAPbI_3)_x(MAPbBr_3)_{1-x}$ 表面的 I 发生化学相互作用，I 得电子，I 3d 能级向低结合能移动；而 C=O 官能团失电子，向高结合能移动。NMBF-H

二聚体分子不与 SnO_2 发生化学相互作用。从界面构型理论计算结果，也可以看到 C=O 官能团分布在钙钛矿表面一侧。在 NMBF-H 分子中，不含有 Cl 和 C=O 官能团，因此其与 $(FAPbI_3)_x(MAPbBr_3)_{1-x}$ 和 SnO_2 表面都不发生化学相互作用，相应谱图中芯能级的结合能几乎不变。NMBF-Cl 二聚体分子插层同时钝化 $(FAPbI_3)_x(MAPbBr_3)_{1-x}$ 薄膜和 SnO_2 电子传输层表面态，相较于其他分子插层以及不插层的太阳能电池器件，效率和稳定性均有所提升[63]。因此，化学合成具有特定官能团的分子钝化钙钛矿表面态，是提升太阳能电池器件的方法之一。

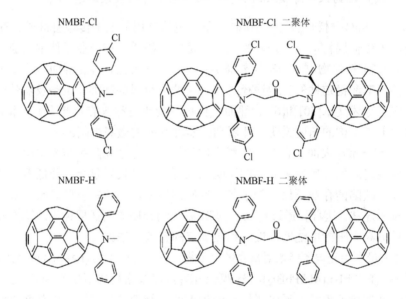

NMBF-Cl   NMBF-Cl 二聚体

NMBF-H   NMBF-H 二聚体

图 4.16　NMBF-Cl 分子、NMBF-H 分子、NMBF-Cl 二聚体和 NMBF-H 二聚体分子结构示意

3. 有机电子传输层

氧化物光化学的不稳定性，不利于器件的长效稳定性。研究人员一直致力于电子传输层材料的开发研究，其中苝及其衍生物小分子具有优良的热稳定和光化学稳定性[64]。本小节以苝的衍生物 PTCDI-C5 电子传输层材料/杂化钙钛矿薄膜异质界面为例说明表面钝化及其对界面电子结构的影响[65]。研究方法及观察到的现象同样适用于空穴传输层/钙钛矿薄膜异质界面。图 4.17（a）为 PTCDI-C5 分子结构示意图。图 4.17（c）和（d）分别为在 $MAPbI_3$ 衬底表面沉积 PTCDI-C5 薄膜的 N 1s 和 C 1s 芯能级谱。除了衬底 MA^+ 以及物理吸附分子贡献的峰，观察到了界面化学相互作用导致的 N_{chm} 和 C_{chm} 峰。在衬底的 $Pb\ 4f_{7/2}$ 和 $I\ 3d_{5/2}$ 信号中 [图 4.17（e）和（f）]，观察到界面化学相互作用导致的低结合能 Pb_{chm} 和 I_{chm} 峰。从结合能的变化可以得到化学环境的变化，化学反应导致电子云从分子到衬底

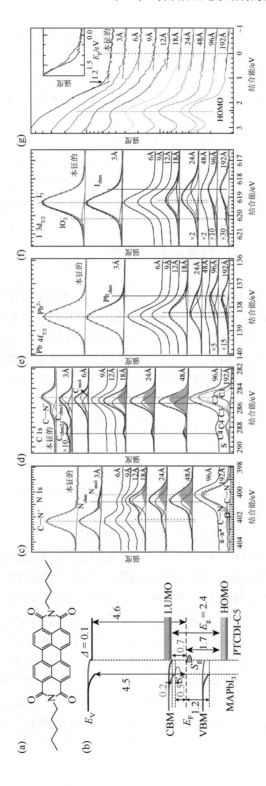

图 4.17 PTCDI-C5 电子传输层材料/杂化钙钛矿薄膜界面电子结构研究[65]

(a) PTCDI 分子示意图；(b) PTCDI/MAPbI₃ 界面能级排列结构示意图，图中数值单位均为 eV；PTCDI/MAPbI₃ 界面 N 1s 芯能级（c）、C 1s 芯能级（d）、Pb 4f₇/₂ 芯能级（e）和 I 3d₅/₂ 芯能级（f）；（g）费米面附近价电子态随 PTCDI 厚度的变化

的偏移，表面态钝化，落到费米能级以下，导致了价带谱中费米能级附近的带隙态。化学相互作用导致界面偶极（Δ）的产生，以及功函数的降低。除了化学反应导致的新峰，还观察到衬底 Pb^{2+}、I_3^- 和 $C—N^+$ 信号的低结合能移动。表面态的钝化、能级的整体位移说明杂化钙钛矿表面向下的能带弯曲减小 0.2eV。图 4.17（b）为界面电子结构示意图。从图中可以看到，分子的 LUMO 和钙钛矿的 CBM 排列在一起，电子注入势垒为 0eV；空穴阻碍势垒为 0.7eV。虽然 PTCDI-C5/杂化钙钛矿异质界面的电子注入势垒很小，有利于电子传输，但是空穴阻碍势垒不能有效阻止空穴传输，因此 PTCDI-C5 不能单独作为电子传输层。然而界面性质证明 PCTDI-C5 分子或可作为插入层，钝化钙钛矿薄膜的表面态，利于电子传输。

4.3.3　钙钛矿薄膜/空穴传输层异质界面

有机小分子 Spiro-OMeTAD 是太阳能电池中常用的空穴传输层材料[66]。光电子能谱和反光电子能谱结果证明，Spiro-OMeTAD/MAPbI$_3$ 界面处电子注入势垒超过 2eV，能有效阻止电子的注入，而空穴注入势垒为 0.4eV，导致能量损失及 V_{OC} 的减小[67]。同时，由于有机小分子的导电性较差，一般通过掺杂来提高其电荷迁移率。然而，掺杂改性会改变材料的电子结构[68]，以及界面处能级结构的变化。因此，在选择合适的空穴传输层材料或者改性空穴传输层材料时，明确界面电子结构及其演变有助于理解其性能改变的微观机制。

1. 传输层改性

对于有机小分子薄膜，缺陷导致的带隙态不仅降低材料载流子的迁移率，还对费米能级钉扎位置起到决定性的作用[69-71]。本小节以 X55 分子为例，说明掺杂对有机薄膜带隙态及界面能级结构的调制机制。图 4.18（a）为 X55 有机小分子结构示意图。图 4.18（b）和（c）为光电子能谱直接测量的 MAPbI$_3$ 和 X55 分子异质界面芯能级、功函数、HOMO 起始值随 X55 薄膜厚度的变化。从图 4.18（b）中可以看出，MAPbI$_3$ 衬底芯能级向高结合能移动约 0.1eV；从图 4.18（c）中可以看出，X55 薄膜的芯能级、HOMO 起始值和界面功函数向高结合能移动了 0.4eV。这说明在钙钛矿和有机薄膜界面处分别发生了 0.1eV 和 0.4eV 的能带弯曲，如图 4.18（d）所示。MAPbI$_3$ 衬底的功函数为 4.7eV，价带顶到费米能级的能级差为 1.2eV。由于 MAPbI$_3$ 薄膜的带隙为 1.7eV，导带底到费米能级的能量差为 0.5eV。排除分子取向变化导致的 0.2eV 功函数的变化，X55 薄膜的有效功函数为 4.1eV。在真空能级对齐情况下，费米能级高于钙钛矿薄膜的导带底，电子从 X55 薄膜表面转移到 MAPbI$_3$ 衬底。电子在 MAPbI$_3$ 衬底表面的堆积导致能带向下弯曲；而在

X55 薄膜界面处形成的空穴空间层导致其类似于"向下能带弯曲"的现象，形成 0.1eV 的界面偶极（Δ），以便阻止进一步电荷转移。在热动力学平衡情况下，空穴注入势垒为 0.2eV。假设 X55 的传输带隙为 2.9eV[72]，电子注入势垒为 1.4eV。虽然较小的空穴注入势垒和较大的电子注入势垒有利于空穴的提取，不利于电子的注入，但是器件的光电转换效率不高。因此，进行了 LiTFSI/t-BP 掺杂改性以及界面暴露空气研究。如图 4.18（e）和（f）所示，LiTFSI/t-BP 掺杂 X55 薄膜的功函数为 4.1eV，HOMO 起始值为 1.2eV，电离能为 5.3eV，暴露空气之后，电离能没变，空穴掺杂导致费米能级向 HOMO 起始值移动了 0.1eV。对于有机薄膜材料，缺陷导致的带隙态对费米能级的位置起到决定性作用[70]。图 4.18（g）为 HOMO 起始值为零点的价带谱，LiTFSI/t-BP 的加入导致带隙态的部分钝化，带隙态的边缘向 HOMO 移动，而费米能级相应地远离 HOMO。暴露空气之后，带隙态的边缘向低结合能移动，导致费米能级向 HOMO 移动，类似于空穴掺杂效应。从图 4.18（h）所示的 C 1s 芯能级谱中观察到分子 C＝C（285.5eV）和 C—O/C—N（287.1eV）官能团对应的峰。在 O 1s 谱［图 4.18（i）］中，LiTFSI 的 S＝O 官能团导致低结合能的峰。C 1s 和 O 1s 芯能级谱中未观察到新的峰，说明 LiTFSI/t-BP 与 X55 分子间无化学相互作用。在暴露空气之后，X55 分子相关谱峰向低结合能移动，这是由 X55 分子空穴掺杂效应（0.1eV）以及 TFSI 的芯能级空穴屏蔽效应（0.2eV）共同导致的。图 4.18（g）和（k）分别为掺杂和暴露空气之后的能级结构示意图。由于有机薄膜和钙钛矿薄膜的功函数差，为了达到热动力学平衡，界面处仍然会发生电荷转移导致的能带弯曲效应，但没有发生化学反应。LiTFSI/t-BP 的加入钝化了带隙态，使得费米能级远离 HOMO 起始值，相应的空穴注入势垒减小。而暴露空气之后，电子态向真空能级延伸，导致费米能级向 HOMO 起始值移动，以及空穴注入势垒的增大。

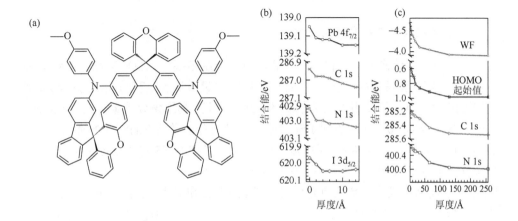

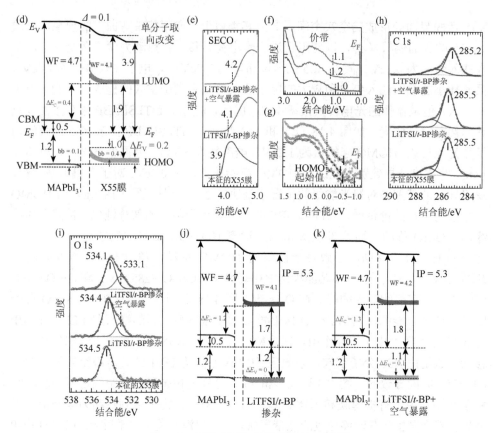

图 4.18　钙钛矿层与传输层的能级图[73]

（a）X55 分子结构示意图；（b）MAPbI₃ 衬底芯能级；（c）X55 薄膜功函数、HOMO 起始值以及芯能级位置随 X55 薄膜厚度的变化；（d）X55/MAPbI₃ 界面能级排列示意图，bb 表示能带弯曲；LiTFSI/t-BP 掺杂及暴露空气之后，功函数（e）和 HOMO 起始值（f）的变化，SECO 表示二次电子截止；（g）HOMO 起始值为零点，观察费米能级的变化；C 1s 芯能级谱（h）和 O 1s 芯能级谱（i）掺杂和暴露空气之后的变化；LiTFSI/t-BP 掺杂（j）和空气暴露（k）导致的界面能级结构的变化，图中数值单位均为 eV

2. 有机空穴传输层的取向调控

以有机半导体作为空穴传输层衬底，在其上制备杂化钙钛矿薄膜。有机半导体分子或其官能团的取向结构对钙钛矿薄膜的成膜质量有重要影响，进而影响器件的性能。S. Chae 等使用不同溶剂制备 P3HT 薄膜，利用角分辨碳 K 边 NEXAFS 谱研究分子取向。θ 为入射的同步辐射电场矢量相对于样品表面法线的夹角，等同于同步辐射入射方向与样品表面的夹角。碳 K 边 NEXAFS 谱中 285.5eV、287eV 和 295eV 的共振峰分别对应于 C 1s 电子到 $\pi^*_{C=C}$ 轨道、σ^*_{C-H} 轨道和 σ^*_{C-C} 轨道的跃迁。π^* 和 σ^* 共振吸收峰均具有角度相关性。由于 π^* 和 σ^* 轨道矢量方向垂直，$\pi^*_{C=C}$ 共振峰随入射角而变化的趋势与 σ^*_{C-C} 共振峰的变化趋势相反。共振峰强度的角度依赖性说明 P3HT 薄膜中，噻吩官能团是有序排列。谱学结果显示，不同溶剂制备的薄膜的 π^* 共振吸收峰强度的角度依赖性不一样。氯仿（CF）作为溶剂，π^* 共振峰在 $\theta = 30°$ 时强度最强，在 $\theta = 75°$ 时强度最弱；而其他溶剂，变化趋势相反，在 $\theta = 75°$ 时 π^* 共振峰强度最强。这种依赖性说明，噻吩官能团是有序排列。研究人员利用公式（4.1）衍化公式（4.4）对 π^* 共振峰强度随入射角变化的趋势进行拟合，拟合结果可以定量获得噻吩官能团在薄膜中的平均取向角。当 CF 作为溶剂时，噻吩官能团更倾向于平躺在衬底表面，平均取向角 $\alpha = 49.43°$。而其他溶剂制备的薄膜，噻吩官能团倾向于站立在衬底表面。1, 2, 4-三氯苯（TCB）溶剂制备的薄膜中噻吩官能团的平均取向角最大，$\alpha = 64.94°$。根据密度泛函理论计算结果，两种不同的噻吩取向结构会导致 P3HT 薄膜中疏水性烷基链取向的差异。当 CF 作为溶剂时，烷基链平躺在衬底表面；而当 TCB 作为溶剂时，烷基链站立于衬底表面。理论结果与 σ^*_{C-H} 共振峰的角度依赖性契合。如何利用 σ^*_{C-H} 共振峰的角度依赖性来定量估算分子的平均取向角，详见参考文献[12]。P3HT 薄膜中分子构型差异导致表面疏水性质的差异，进而影响了在其上制备的钙钛矿薄膜的结晶质量和相应原型太阳能电池器件的性能[74]。

$$I_{\pi^*} = \frac{1}{3}\left[1 + \frac{1}{2}\left(3\cos^2\theta - 1\right)\left(3\cos^2\alpha - 1\right)\right] \tag{4.4}$$

太阳能电池器件中，异质界面的能级结构和电荷转移动力学时间分别从能量尺度和时间尺度决定界面处电荷传输，进而决定器件的性能。表界面现象，如表面能带弯曲、有机分子取向、界面电荷转移、分子偶极、界面化学相互作用等影响异质界面的能级结构和电子转移动力学时间，进而影响材料的光电性能和太阳能电池器件的光电转换效率。

同步辐射具有能量分辨率高、亮度强、偏振性高和能量连续可调等优势。基于同步辐射的谱学技术是研究界面电子结构和量化界面电子转移动力学时间的有效工具。本章举例介绍了基于同步辐射的光电子能谱、共振光电子能谱、近边 X 射线吸收精细结构谱和 RPES-NEXAFS 两者联合的芯能级空穴时钟谱在界面电荷转移、分子取向、界面化学相互作用和界面电子转移动力学时间量化计算中的应用，揭示了界面相互作用对界面能级结构和电子转移时间的调控作用，理解界面性质影响太阳能电池器件性能的微观机制，明确缺陷钝化、匹配界面能级排列结构、超快界面电子转移动力学时间在提升太阳能电池器件性能中的关键作用。

然而，需要说明的是，同步辐射的亮度高是一把双刃剑，在提升测试分辨率的同时容易引起材料的损伤，因此测量时要尽可能避免材料损伤导致的电子结构变化，以免误导实验结论。

参 考 文 献

[1]   MENG L，ZHANG Y，WAN X，et al. Organic and solution-processed tandem solar cells with 17.3% efficiency[J]. Science，2018，361（6407）：1094.

[2]   ZHU L，ZHANG M，XU J，et al. Single-junction organic solar cells with over 19% efficiency enabled by a refined double-fibril network morphology[J]. Nature Materials，2022，21（6）：656-663.

[3]   MüLLER T J J. First synthesis and electronic properties of ring-alkynylated phenothiazines[J]. Tetrahedron Letters，1999，40（36）：6563-6566.

[4]   KAHN A，KOCH N，GAO W. Electronic structure and electrical properties of interfaces between metals and π-conjugated molecular films[J]. Journal of Polymer Science Part B：Polymer Physics，2003，41（21）：2529-2548.

[5]   NAKAYAMA Y，KERA S，UENO N. Photoelectron spectroscopy on single crystals of organic semiconductors：experimental electronic band structure for optoelectronic properties[J]. Journal of Materials Chemistry C，2020，8（27）：9090-9132.

[6]   WITTE G，LUKAS S，BAGUS P S，et al. Vacuum level alignment at organic/metal junctions："cushion" effect and the interface dipole[J]. Applied Physics Letters，2005，87（26）：263502.

[7]   CHEN Q，WANG C，LI Y，et al. Interfacial dipole in organic and perovskite solar cells[J]. Journal of the American Chemical Society，2020，142（43）：18281-18292.

[8]   ISHII H，SUGIYAMA K，ITO E，et al. Energy level alignment and interfacial electronic structures at organic/metal and organic/organic interfaces[J]. Advanced Materials，1999，11（8）：605-625.

[9]   KRISHNAN V，LAKSHMIVARAHAN S. Probability and Random processes[J]. IIE Transactions，2007，40（2）：160.

[10]   SEAH M P，DENCH W A. Quantitative electron spectroscopy of surfaces：a standard data base for electron inelastic mean free paths in solids[J]. Surface and Interface Analysis，1979，1（1）：2-11.

[11]   YEH J J，LINDAU I. Atomic subshell photoionization cross sections and asymmetry parameters：$1 \leqslant Z \leqslant 103$[J]. Atomic Data and Nuclear Data Tables，1985，32（1）：1-155.

[12]   STÖHR J. NEXAFS Spectroscopy[M]. Berlin：Springer，1992.

[13]   SING M，MEYER J，HOINKIS M，et al. Structural *vs* electronic origin of renormalized band widths in TTF-TCNQ：an angular dependent NEXAFS study[J]. Physical Review B，2007，76（24）：245119.

[14]   SOLOMON J L，MADIX R J，STÖHR J. Orientation and absolute coverage of benzene，aniline，and phenol on Ag(110) determined by NEXAFS and XPS[J]. Surface Science，1991，255（1）：12-30.

[15]   ZHU X Y. Charge transport at metal-molecule interfaces：a spectroscopic view[J]. The Journal of Physical Chemistry B，2004，108（26）：8778-8793.

[16]   DIEBOLD U. The surface science of titanium dioxide[J]. Surface Science Reports，2003，48（5-8）：53-229.

[17]   CABANILLAS-GONZALEZ J，GRANCINI G，LANZANI G. Pump-probe spectroscopy in organic semiconductors：monitoring fundamental processes of relevance in optoelectronics[J]. Advanced Materials，2011，23（46）：5468-5485.

[18]   BRüHWILER P，KARIS O，MÅRTENSSON N. Charge-transfer dynamics studied using resonant core spectroscopies[J]. Reviews of Modern Physics，2002，74（3）：703.

[19]   JACKSON R B，BANNER J L，JOBBáGY E G，et al. Ecosystem carbon loss with woody plant invasion of grasslands[J]. Nature，2002，418（6898）：623-626.

[20]   FÖHLISCH A，FEULNER P，HENNIES F，et al. Direct observation of electron dynamics in the attosecond

domain[J]. Nature，2005，436（7049）：373-376.

[21] HAMOUDI H，NEPPL S，KAO P，et al. Orbital-dependent charge transfer dynamics in conjugated self-assembled monolayers[J]. Physical Review Letters，2011，107（2）：027801.

[22] BLOBNER F，HAN R，KIM A，et al. Spin-dependent electron transfer dynamics probed by resonant photoemission spectroscopy[J]. Physical Review Letters，2014，112（8）：086801.

[23] THOMAS A，FLAVELL W，MALLICK A，et al. Comparison of the electronic structure of anatase and rutile TiO_2 single-crystal surfaces using resonant photoemission and X-ray absorption spectroscopy[J]. Physical Review B，2007，75（3）：035105.

[24] MAYER J，DIEBOLD U，MADEY T，et al. Titanium and reduced titania overlayers on titanium dioxide(110)[J]. Journal of Electron Spectroscopy and Related Phenomena，1995，73（1）：1-11.

[25] YU S，AHMADI S，SUN C，et al. 4-Tert-butyl pyridine bond site and band bending on TiO_2(110)[J]. The Journal of Physical Chemistry C，2010，114（5）：2315-2320.

[26] SCHÖLL A，ZOU Y，JUNG M，et al. Line shapes and satellites in high-resolution X-ray photoelectron spectra of large π-conjugated organic molecules[J]. The Journal of Chemical Physics，2004，121（20）：10260-10267.

[27] GUSTAFSSON J，MOONS E，WIDSTRAND S，et al. Thin PTCDA films on Si(001)：2. Electronic structure[J]. Surface Science，2004，572（1）：32-42.

[28] ROCCO M，HAEMING M，BATCHELOR D，et al. Electronic relaxation effects in condensed polyacenes：a high-resolution photoemission study[J]. The Journal of Chemical Physics，2008，129（7）：074702.

[29] CAO L，WANG Y，ZHONG J，et al. Electronic structure，chemical interactions and molecular orientations of 3，4，9，10-perylene-tetracarboxylic-dianhydride on TiO_2(110)[J]. The Journal of Physical Chemistry C，2011，115（50）：24880-24887.

[30] TABORSKI J，VäTERLEIN P，DIETZ H，et al. NEXAFS investigations on ordered adsorbate layers of large aromatic molecules[J]. Journal of Electron Spectroscopy and Related Phenomena，1995，75：129-147.

[31] LE MOAL E，MüLLER M，BAUER O，et al. Stable and metastable phases of PTCDA on epitaxial NaCl films on Ag(100)[J]. Physical Review B，2010，82（4）：045301.

[32] CHEN W，QI D C，HUANG Y L，et al. Molecular orientation dependent energy level alignment at organic-organic heterojunction interfaces[J]. The Journal of Physical Chemistry C，2009，113（29）：12832-12839.

[33] ZHANG W，NEFEDOV A，NABOKA M，et al. Molecular orientation of terephthalic acid assembly on epitaxial graphene：NEXAFS and XPS study[J]. Physical Chemistry Chemical Physics，2012，14（29）：10125-10131.

[34] LI Y，CAO Y. The molecular mechanisms underlying mussel adhesion[J]. Nanoscale Advances，2019，1（11）：4246-4257.

[35] SCHNADT J，SCHIESSLING J，BRüHWILER P A. Comparison of the size of excitonic effects in molecular π systems as measured by core and valence spectroscopies[J]. Chemical Physics，2005，312（1）：39-45.

[36] BRITTON A J，WESTON M，TAYLOR J B，et al. Charge transfer interactions of a Ru(Ⅱ) dye complex and related ligand molecules adsorbed on Au(111)[J]. The Journal of Chemical Physics，2011，135（16）：164702.

[37] BEN TAYLOR J，MAYOR L C，SWARBRICK J C，et al. Adsorption and charge transfer dynamics of bi-isonicotinic acid on Au(111)[J]. The Journal of Chemical Physics，2007，127（13）：134707.

[38] BRITTON A J，RIENZO A，O'SHEA J N，et al. Charge transfer between the Au(111) surface and adsorbed C_{60}：resonant photoemission and new core-hole decay channels[J]. The Journal of Chemical Physics，2010，133（9）：094705.

[39] CAO L，GAO X Y，WEE A T S，et al. Quantitative femtosecond charge transfer dynamics at organic/electrode

interfaces studied by core-hole clock spectroscopy[M]//FAN C, ZHAO Z. Synchrotron Radiation in Materials Science. Weinheim: Wiley-VCH Verlag GmbH&Co. KGaA, 2018: 137-178.

[40] COROPCEANU V, CORNIL J, DA SILVA FILHO D A, et al. Charge transport in organic semiconductors[J]. Chemical Reviews, 2007, 107 (4): 926-952.

[41] KIKUMA J, TONNER B. Photon energy dependence of valence band photoemission and resonant photoemission of polystyrene[J]. Journal of Electron Spectroscopy and Related Phenomena, 1996, 82 (1-2): 41-52.

[42] COVILLE M, THOMAS T D. Molecular effects on inner-shell lifetimes: possible test of the one-center model of Auger decay[J]. Physical Review A, 1991, 43 (11): 6053.

[43] KEMPGENS B, KIVIMäKI A, NEEB M, et al. A high-resolution N 1s photoionization study of the molecule in the near-threshold region[J]. Journal of Physics B: Atomic, Molecular and Optical Physics, 1996, 29 (22): 5389.

[44] TAO S, SCHMIDT I, BROCKS G, et al. Absolute energy level positions in tin- and lead-based halide perovskites[J]. Nature Communications, 2019, 10 (1): 2560.

[45] LI C, WEI J, SATO M, et al. Halide-substituted electronic properties of organometal halide perovskite films: direct and inverse photoemission studies[J]. ACS Applied Materials & Interfaces, 2016, 8 (18): 11526-11531.

[46] DRISDELL W S, LEPPERT L, SUTTER-FELLA C M, et al. Determining atomic-scale structure and composition of organo-lead halide perovskites by combining high-resolution X-ray absorption spectroscopy and first-principles calculations[J]. ACS Energy Letters, 2017, 2 (5): 1183-1189.

[47] STERLING C M, KAMAL C, MAN G J, et al. Sensitivity of nitrogen K-edge X-ray absorption to halide substitution and thermal fluctuations in methylammonium lead-halide perovskites[J]. The Journal of Physical Chemistry C, 2021, 125 (15): 8360-8368.

[48] PHILIPPE B, SALIBA M, CORREA-BAENA J P, et al. Chemical distribution of multiple cation (Rb$^+$, Cs$^+$, MA$^+$, and FA$^+$) perovskite materials by photoelectron spectroscopy[J]. Chemistry of Materials, 2017, 29 (8): 3589-3596.

[49] JACOBSSON T J, CORREA-BAENA J P, HALVANI ANARAKI E, et al. Unreacted PbI$_2$ as a double-edged sword for enhancing the performance of perovskite solar cells[J]. Journal of the American Chemical Society, 2016, 138 (32): 10331-10343.

[50] CAO Y, GAO F, XIANG L, et al. Defects passivation strategy for efficient and stable perovskite solar cells[J]. Advanced Materials Interfaces, 2022, 9 (21): 2200179.

[51] QIAN C, FU X, SIDIROPOULOS N D, et al. Tensor-based channel estimation for dual-polarized massive MIMO systems[J]. IEEE Transactions on Signal Processing, 2018, 66 (24): 6390-6403.

[52] EDRI E, KIRMAYER S, MUKHOPADHYAY S, et al. Elucidating the charge carrier separation and working mechanism of CH$_3$NH$_3$PbI$_{3-x}$Cl$_x$ perovskite solar cells[J]. Nature Communications, 2014, 5 (1): 3461.

[53] ZU F S, AMSALEM P, SALZMANN I, et al. Impact of white light illumination on the electronic and chemical structures of mixed halide and single crystal perovskites[J]. Advanced Optical Materials, 2017, 5 (9): 1700139.

[54] ZU F, WOLFF C M, RALAIARISOA M, et al. Unraveling the electronic properties of lead halide perovskites with surface photovoltage in photoemission studies[J]. ACS Applied Materials & Interfaces, 2019, 11 (24): 21578-21583.

[55] ZU F, AMSALEM P, EGGER D A, et al. Constructing the electronic structure of CH$_3$NH$_3$PbI$_3$ and CH$_3$NH$_3$PbBr$_3$ perovskite thin films from single-crystal band structure measurements[J]. The Journal of Physical Chemistry Letters, 2019, 10 (3): 601-609.

[56] ZHANG F, ULLRICH F, SILVER S, et al. Complexities of contact potential difference measurements on metal

halide perovskite surfaces[J]. The Journal of Physical Chemistry Letters，2019，10（4）：890-896.

[57]　ENDRES J，EGGER D A，KULBAK M，et al. Valence and conduction band densities of states of metal halide perovskites：a combined experimental-theoretical study[J]. The Journal of Physical Chemistry Letters，2016，7（14）：2722-2729.

[58]　GUO Z，WU Z，CHEN Y，et al. Recent advances in the interfacial engineering of organic-inorganic hybrid perovskite solar cells：a materials perspective[J]. Journal of Materials Chemistry C，2022，10（37）：13611-13645.

[59]　HAN T H，TAN S，XUE J，et al. Interface and defect engineering for metal halide perovskite optoelectronic devices[J]. Advanced Materials，2019，31（47）：1803515.

[60]　LI Y，XIE H，LIM E L，et al. Recent progress of critical interface engineering for highly efficient and stable perovskite solar cells[J]. Advanced Energy Materials，2022，12（5）：2102730.

[61]　YU W，SUN X，XIAO M，et al. Recent advances on interface engineering of perovskite solar cells[J]. Nano Research，2022，15（1）：85-103.

[62]　SU H，WU T，CUI D，et al. The application of graphene derivatives in perovskite solar cells[J]. Small Methods，2020，4（10）：2000507.

[63]　WANG H，LI F，WANG P，et al. Chlorinated fullerene dimers for interfacial engineering toward stable planar perovskite solar cells with 22.3% efficiency[J]. Advanced Energy Materials，2020，10（21）：2000615.

[64]　WINGET P，SCHIRRA L K，CORNIL D，et al. Defect-driven interfacial electronic structures at an organic/metal-oxide semiconductor heterojunction[J]. Advanced Materials，2014，26（27）：4711-4716.

[65]　ZHANG X N，SU Z H，ZHAO B，et al. Chemical interaction dictated energy level alignment at the N, N'-dipentyl-3, 4, 9, 10-perylenedicarboximide/$CH_3NH_3PbI_3$ interface[J]. Applied Physics Letters，2018，113（11）：113901.

[66]　PARK N G，ZHU K. Scalable fabrication and coating methods for perovskite solar cells and solar modules[J]. Nature Reviews Materials，2020，5（5）：333-350.

[67]　SCHULZ P，EDRI E，KIRMAYER S，et al. Interface energetics in organo-metal halide perovskite-based photovoltaic cells[J]. Energy & Environmental Science，2014，7（4）：1377-1381.

[68]　FAHLMAN M，FABIANO S，GUESKINE V，et al. Interfaces in organic electronics[J]. Nature Reviews Materials，2019，4（10）：627-650.

[69]　OEHZELT M，KOCH N，HEIMEL G. Organic semiconductor density of states controls the energy level alignment at electrode interfaces[J]. Nature Communications，2014，5（1）：4174.

[70]　YANG J P，BUSSOLOTTI F，KERA S，et al. Origin and role of gap states in organic semiconductor studied by UPS：as the nature of organic molecular crystals[J]. Journal of Physics D：Applied Physics，2017，50（42）：423002.

[71]　SALZMANN I，HEIMEL G. Toward a comprehensive understanding of molecular doping organic semiconductors（review）[J]. Journal of Electron Spectroscopy and Related Phenomena，2015，204：208-222.

[72]　XU B，ZHANG J，HUA Y，et al. Tailor-making low-cost spiro[fluorene-9, 9'-xanthene]-based 3D oligomers for perovskite solar cells[J]. Chem，2017，2（5）：676-687.

[73]　SU Z，HUI W，DONG Y，et al. Decisive role of elevated mobility in X55 and X60 hole transport layers for high-performance perovskite solar cells[J]. ACS Applied Energy Materials，2021，4（8）：7681-7690.

[74]　SUN J，LIN Y，SUN Z，et al. Materials today energy[J]. Materials Today，2019，14：100342.

第5章 原位表征技术和实验装置

5.1 液相成膜原位表征技术及其实验装置

由于全球对于能源需求的不断增加和对环保意识的不断加深，对太阳能能源的开发与利用逐渐成为学者们的研究热潮。光伏电池因可以把太阳能直接转换为电能，是研究的热点之一。除现阶段大规模应用的硅基太阳能电池外，有机太阳能电池（OSCs）因为柔性、灵活的器件特点和独特的液相成膜过程减少了对超高真空的需求，目前也被广泛研究。随着非富勒烯受体（NFAs）和体异质结（BHJ）光活性层的兴起，有机太阳能电池的 PCE 已经超过 19%。然而，这些高 PCE 的结果基本都是应用旋涂工艺制备的小面积器件而获得的。为了实现 OSCs 的商业应用，对刮刀涂布、狭缝涂布和印刷等大面积制备工艺的研究也正在逐步深入，其中探究活性层液相成膜的动态变化是实现高性能和高稳定性器件制备的关键之一[1]。

在目前大多数研究中，活性层结构主要是由给体:受体（D:A）混合膜形成的 BHJ 结构，通常需要具有合适的纳米级相分离互穿网络，以此来实现高效的激子解离和传输。这也就是说活性层的形貌、纳米晶体的大小和形状及其空间排列的不同，是造成 OSCs 器件性能差异的主要原因之一。形貌及结晶信息表征的主要技术方法有：透射电子显微镜（TEM）和掠入射小角 X 射线散射（GISAXS）是评价薄膜相分离形态的主要方法；原子力显微镜（AFM）是表征薄膜表面形貌的主要技术；掠入射广角 X 射线散射（GIWAXS）是观察 D:A 共混膜晶体空间排列的最重要手段。同时，紫外-可见吸收光谱也是分析分子行为和分子间作用力的重要方法。

液相成膜是一个动态变化的过程，涉及溶液的挥发，分子的运动与聚集等动态变化。同时，不同的成膜工艺又受到温度、溶液、剪切作用等许多因素的共同影响[2]。原位表征可以实时地研究薄膜从初始状态到最终状态的演变过程，而非原位实验只能比较初始状态和最终状态。随着共混膜动力学性能的提高，人们对共混膜动力学性能的研究也越来越多。然而，薄膜形成过程中结晶行为演化的原位表征仍然具有挑战性，这是由于结晶和相分离的过程非常快速（数十秒），对数据采集的频率要求非常高，因此需要特殊的设备和方法原位监测成膜过程，进一步探究活性层的成膜动力学。

5.1.1　旋涂成膜

旋涂是前驱体溶液在旋转平台上利用旋转的离心力流动延展形成薄膜的工艺，这是一种成熟和通用的成膜方法。其制备的小面积薄膜具有优秀的均匀度和器件性能，常用于实验室内的基础研究。OSCs 活性层旋涂的一个主要目的是实现最佳性能的薄膜形态，包括结晶度、域尺寸和组分间混合等。通常情况下只能采用试错法来优化器件性能，然而路径、参数繁多，需要大量的时间，原位实时测量是探究成膜机制的不二选择。

Li 等自制了一种时间分辨紫外-可见反射光谱测量装置［图 5.1（a）］，分析了邻位-二甲苯（XY）和 1-苯基萘（PN）组成的溶剂对三元系统成膜形态的影响。他们发现非晶聚合物受体可以在薄膜中保留更多的 PN 添加剂［图 5.1（b）］，导致其形态形成的演化路线与传统的溶剂体系［氯苯（CB）+DIO］有较大差别[3]。

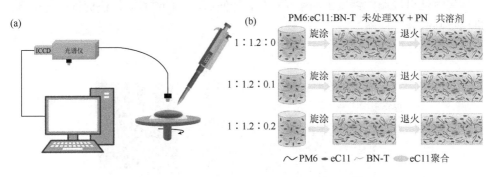

图 5.1　旋涂用原位紫外-可见反射光谱研究[3]

（a）旋涂用原位紫外-可见反射光谱测量装置示意图；（b）旋涂制备的不同比例下 PM6:eC11:BN-T 的共混膜形貌示意图

Manley 等为了研究溶剂和添加剂对活性层薄膜形态演变过程的影响，制造了基于 GIWAXS 的原位旋涂设备[4]。他们将旋涂平台放在可透过 X 射线的密封罩中，并通入氦气进行气氛保护。通过特制注射器滴入溶液，在旋涂过程中应用 Pilatus 1M 探测器进行散射信号的实时采集。该实验完成于 APS 的 8-ID-E 线站，研究发现添加剂 DIO 可以延长成膜时间，并改变聚合物分子排列。此外，Manley 等还用该设备进一步研究了添加剂种类对 PTB7、P3HT 聚合物体系，以及 DTS 小分子体系原位成膜过程的影响，发现不同的添加剂与给体材料的相互作用有着明显的差异。原位 GIWAXS 结果表明：①对于没有添加剂的纯溶剂薄膜，结晶发生快速，从而得到多种晶体结构或晶体取向；②对于溶剂+添加剂加工的薄膜，形貌演变时间跨度从秒到小时不等，取决于添加剂/给体分子的相互作用。当添加剂与 π-π 堆积晶面相互作用强时，完成结晶的时间在 1～5min；当添加剂和给体侧链分子相互作用强时，结晶时间最长可达 9h。Wu 等使用原位 GIWAXS 和 GISAXS 技术追踪了旋涂过程中的纳米级相分离和结晶机制，结合时间分辨光学反射谱的互补结果，揭示了旋涂从流动主导阶段过渡到蒸发主导阶段期间液膜的瞬态分层特性，以及富勒烯聚集和聚合物结晶同时发生现象[5]。

上海光源 14B 线站的高兴宇课题组为了实现钙钛矿薄膜结晶过程的原位表征，设计了用于 GIWAXS 表征的原位旋涂加热的手套箱，如图 5.2 所示[6]。该线站通常采用的能量为 10keV（对应波长为 0.124nm），探测器到样品的距离可调。利用该设备可以完全复现旋涂法制备钙钛矿薄膜的过程，包括旋涂前驱体溶剂，滴加反溶剂和加热退火等过程。通过该设备的原位 GIWAXS 揭示了各种钙钛矿的结晶过程，并总结了不同钙钛矿系统的成膜机制，包括有机-无机铅基钙钛矿、锡基钙钛矿和全无机钙钛矿等[7-9]。通过有机聚合物或者离子液体掺杂和钙钛矿组分调控等方法可以调控钙钛矿的结晶过程，降低钙钛矿的缺陷，加快钙钛矿的结晶，进而提高其光电性能。

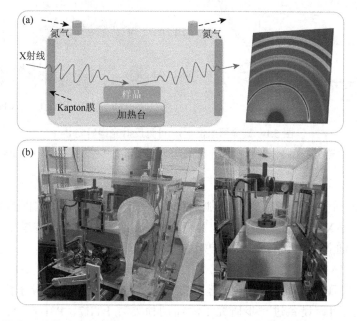

图 5.2 上海光源衍射线站的旋涂成膜和热退火的原位 GIWAXS 表征[6]

（a）原位设备示意图，左右两边的窗口材料是 Kapton 膜，用于透射 X 射线；（b）原位旋涂加热设备，包括 N₂ 氛围下的手套箱、旋涂仪、加热平台和反溶剂滴加装置，图中左边为手套箱整体，右边为内部放大图

5.1.2　刮涂成膜

　　从分子堆叠到纳米级相分离，优化活性层的形貌对器件性能至关重要。相比较旋涂而言，刮涂是一种更理想的印刷方法，可以实现大面积制备 OSCs，但由于缺乏对叶片涂层薄膜形貌特征的了解，刮涂器件的 PCE 往往落后于旋涂器件。与旋涂相比，刮涂制备的活性层的形貌演化动力学过程要比旋涂的慢，展现了明显不同的形貌特征。例如，Zhao 等报道了刮涂的溶剂干燥速度比旋涂慢了 60%～70%，因而也促进了给体和受体的进一步混合[10]。因此，阐明刮涂共混膜的演化和形成以获得优化的形貌是实现高 PCE 性能的基础。刮涂的工艺参数（如刮涂速率、温度、浓度、刮刀和衬底的间隙）可以调节聚合物给体、富勒烯和非富勒烯小分子受体的微观结构和光伏性能。

　　鲍哲南等开发了一种小型轻便的剪切装置，可以安装在 GIWAXS 相机上游的样品测角仪上。样品台可加热至 120℃，使用精密滑块和用于刮刀对准的运动平台实现了平行于衬底的精确运动。他们发现在刮涂过程中，双轴取向薄膜获得的关键是在溶液干燥结晶之前将黏弹性剪切效应和浓度梯度引入薄膜并引起其形貌取向[11]。Bi 等设计了基于一种在斯坦福同步辐射光源 7-2 光束线的原位 GIWAXS 刮涂设备 [图 5.3（a）]，研究了温度、溶剂和添加剂对 PffBT4T-2OD 给体成核，以及从溶液到干燥膜转化过程中晶体形貌演变后续生长的影响。他们发现温度影响了聚合物的成核行为，溶剂影响了聚合物烷基链的排序，而添加剂 DIO 可以减慢聚合物的成核和生长速度[12]。

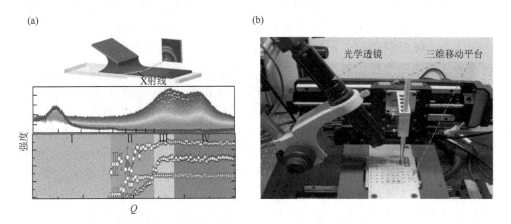

图 5.3　刮涂成膜的原位表征研究

（a）Bi 等使用的 GIWAXS 的原位刮涂设备示意图以及采集的 PffBT4T-2OD 成核的原位变化过程[12]；
（b）Guo 等用来观察刮涂成膜过程中三相接触线的原位光学显微镜[13]

　　Guo 等通过光学显微镜进行了 P3HT:PCBM 溶液毛刷刮涂过程中三相接触线（triphase contact line，TCL）的原位监测［图 5.3（b）］[13]。他们发现，在适当的刮涂速率（约 400μm/s 或 500μm/s）下，TCL 与毛刷的前沿平行，从而产生具有更大晶粒尺寸和更高取向的聚合物薄膜。Hernandez 等应用原位紫外-可见吸收光谱/反射光谱同时采集刮涂成膜过程的 s 偏振反射和 p 偏振透射光谱，原位测量发现添加剂 DIO 有助于增加聚合物给体的成核密度，从而减小平均结晶畴尺寸并提高结晶度和相纯度[14]。

　　杨春明等基于上海光源小角散射线站（BL16B1）建立了有机太阳能电池液相成膜原位 GISAXS、原位 GIWAXS 以及和原位紫外-可见（UV-vis）光谱相结合的实时测量技术（图 5.4）[15, 16]。GIWAXS 探测器（Pilatus S 900K）采用缺角“L型”的独特设计，GISAXS 探测器为 Pilatus 2M 面探测器，可以实现 GISAXS/GIWAXS/UV-vis 光谱同时测量。在能量 10keV 下，可以实现散射矢量 $q = 0.1 \sim 1\text{nm}^{-1}$ 的原位 GISAXS 测量，也可以实现散射矢量 $q = 2 \sim 25\text{nm}^{-1}$ 的原位 GIWAXS 测量，而 UV-vis 光谱可实现 220～900nm 的探测范围。2022 年，杨春明等利用上述原位装置，首次揭示了刮涂三元 OSCs 的溶液剪切成膜机制及其构效关系（图 5.5）[17]。通过 GISAXS 研究发现，随着刮速的增加，二元共混薄膜（PM6:N3）的给体相干长度逐渐减小，三元共混薄膜（PM6:N3:N2200）的给体相干长度则是先减小后增大，在中等涂层速度（20mm/s）下达到一个最小值。而无论是二元体系还是三元体系，随着刮速的增加，受体相区尺寸都是先减小后增大。此外，三元体系的受体相区尺寸比二元体系的小，说明第三元组分 N2200 的引入可以减小受体相区尺寸。这些结果表明，溶液剪切速率是影响活性层相分离的重要因素之一，而第三元组分的添加也将有利于适当尺寸微相区的形成，这将有助于激子的扩散和解离。原位 GIWAXS 研究得到了 OSCs 剪切液相成膜过程中层状晶的晶面间距、峰面积和相干长度随时间的演化规律。由此可以将成膜过程分为溶解状态，成核和生长，溶剂膨胀状态和玻璃态四个阶段。在中等涂层速度下，二元和三元体系成膜过程中的第二和第三阶段相对较长，这将有利于晶体微观结构的改善和结晶度增加。与二元共混薄膜相比，三元共混体系相干长度的增加过程更长，溶剂膨胀的有序聚集体初始尺寸更小，更有利于提高分子有序堆积和微晶的完善。原位 UV-vis 吸收光谱时间分辨测量，通过分析给体和受体吸收峰强度和位置随时间的演变，研究了给体（PM6）和受体（N3）的动态聚集。结果发现，在中等刮速下，二元体系和三元体系从溶液到薄膜的转变阶段要比其他刮速所需的时间更长，聚合物和小分子将有足够的时间来聚集和结晶，对优化微晶结构、提高结晶度有一定帮助。这也解释了为什么在中等刮涂剪切速率下 OSCs 表现出最高的结晶度和更为有序的分子排列。更为重要的是，光电转换性能测试结果表明，随着刮速的增加，PCE 先升高后降低，中等刮速下器件表现出最佳的光伏特性。形貌-演变-性能间的构效关系及溶液剪切机制通过该原位实时测量研究得以阐明。

图 5.4　上海光源小角散射线站的原位刮涂装置[15]

UV-vis 的入射光垂直于样品衬底和 X 射线

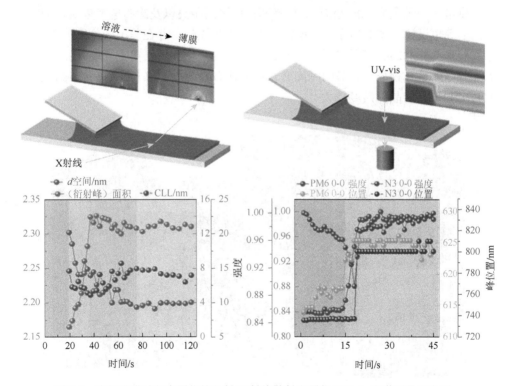

图 5.5　液相成膜过程中原位掠入射 X 射线散射和原位 UV-vis 光谱测量示意图，
以及相应的测量结果[17]

5.1.3　狭缝涂布成膜

凭借低溶液消耗、高薄膜均匀性和良好的器件性能等优点，狭缝涂布技术在片对片和卷对卷（roll to roll，R2R）大面积溶液印刷中具有优势。狭缝涂布是刮刀涂布大规模商业化应用的最终体现。然而，由于在打印过程中缺乏对给体/受体形成动力学的深入了解，通过狭缝涂布制造的 OSCs 的 PCE 仍然低于旋涂的结果。因此，需要进一步探究活性层形貌演变与器件效率之间的关系，详细理解印刷 BHJ 活性层的成膜动力学。

通过原位技术实时在线检测 OSCs 形貌的演变过程，对理解其非平衡形貌演变机制具有重要意义。Liu 等将狭缝涂布机与 GISAXS 和 GIXRD 结合，原位研究了不同薄膜干燥条件下的形貌演变[18]。他们所用的狭缝加热装置连接到一个三轴微调台上，然后通过铝柱来支撑，涂布速率可调。使用真空吸盘固定衬底，狭缝与衬底的间距可调。使用氮气作为保护氛围气，以避免空气杂散。在活性层制备过程中，前驱体溶液被泵入狭缝，然后衬底以恒定的速度平移来实现涂布。薄膜的厚度可以通过温度、溶液浓度、狭缝和衬底之间距离以及涂布速率来实现调节。Zhang 等也设计了类似的原位狭缝涂布设备（图 5.6），并在美国劳伦斯伯克利国家实验室 7.3.3 线站实现了原位 GIWAXS 的数据采集，原位实验发现添加剂 DIO 的加入导致聚合物分子结晶的时间变长；并且 DIO 在室温条件下挥发缓慢，造成 PTB7-Th 形成的晶体尺度较大[19]。

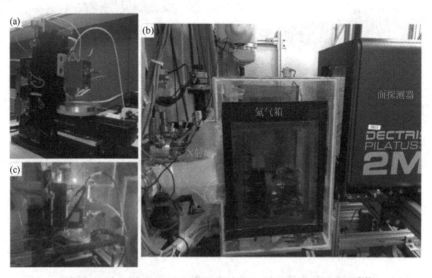

图 5.6　Zhang 等使用的狭缝涂布的原位 GIWAXS 测量装置[19]

（a）狭缝涂布刀头组件；（b）原位设备整体图；（c）在氮气氛围箱中狭缝涂布

Ma 等利用德国 DESY 光源 P03 光束线的原位狭缝涂布设备研究了 PM6:Y6 共混物从溶液到膜的形态演化过程，通过温度控制，不同溶剂可以得到相似的成膜动力学过程。经 3, 3′, 5, 5′-四甲基联苯胺（TMB）和邻二甲苯（o-XY）溶剂处理后，PM6:Y6 基 OSCs 的 PCE 分别可以达到 15.4%和 15.6%，接近旋涂器件 PCE 水平[20]。此外，Ma 等通过采用狭缝涂布与逐层涂布相结合策略，利用原位荧光光谱和原位 UV-vis 光谱发现了顺序处理的狭缝涂布薄膜是通过给体和受体之间的交叉扩散和随后的渐进聚集来产生梯度 BHJ 形貌的[21]。

5.1.4　印刷成膜

有机太阳能电池使用卷对卷工艺进行加工，具有可以更加高速印刷的特点，这激发了人们的希望，即有朝一日太阳能电池也能以类似的方式制造出来。由于薄膜形成过程本身会影响电池的效率，因此目前的挑战是优化工艺打印出高效太阳能电池的活性层。2009 年，Krebs 等通过卷对卷的方法制备了柔性大面积器件，在 4.8cm^2 和 120cm^2 面积下分别获得了 2.3%和 1.28%的器件效率[22]。2014 年，Joe 等打印制备了从单个单元（1cm^2）到由四个连续拼接组成的模块，总有效面积为 8cm^2，效率达到了 3%以上。2017 年，Heo 等将有机阳离子添加到碘化铅溶液并用于钙钛矿太阳能电池的卷对卷生产，得到 PCE 高达 11.0%的柔性钙钛矿太阳能电池[23]。

2014 年，Rossander 等开发了一种小型原位卷对卷印刷装置，可以在印刷过程中原位测量 GIWAXS 信号，并对 P3HT 有机太阳能电池进行了原位研究。通过空间换时间的策略，获得了 4 个不同干燥阶段的测量值。样品曝光后，X 射线散射信号进入真空小角相机管道，然后在下游 1m 处被探测器接收（X 射线波长 0.154nm）。他们使用注射器将聚合物/富勒烯混合物以恒定的速度泵入涂布仪头部，同时卷对卷机将柔性衬底从开卷机中拉出，从而实现在柔性衬底上的印刷[24]。通过 GIWAXS 原位测量发现，P3HT 在卷对卷镀膜过程中在第 14s 和 23s 时出现了明显的（100）峰（$q = 3.9\text{nm}^{-1}$），如图 5.7（b）和（c）所示。实际上，9s 开始（对应的涂布刀头位置为 80mm）就会有(100)结晶峰出现 ［图 5.7（c）］。

2016 年，Len 等采用小型原位卷对卷设备，应用 GIWAXS 技术原位研究了玻璃和柔性衬底上的卤化铅（$CH_3NH_3PbI_{3-x}Cl_x$）太阳能电池成膜过程。为了达到均匀的涂层厚度，所有测量都是采用注射泵速率为 0.25μL/s，速度为 0.25m/min。原位 GIWAXS 测量是在瑞士光源的 cSAXS 线站完成的，X 射线能量为 13.6keV，样品处的光斑尺寸为 100μm×50μm（高×宽）。所有测量均使用 Pilatus 2M 探测器，数据连续采集的频率是 10Hz。

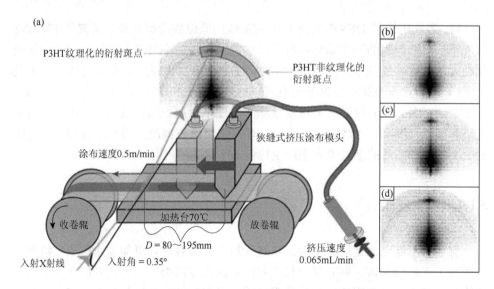

图 5.7　卷对卷印刷过程的 GIWAXS 原位研究[24]

（a）卷对卷印刷过程中 GIWAXS 原位测量示意图；在不同干燥时间下，也就是距离涂布刀头不同位置处 14s（120mm）(b)、23s（195mm）(c) 和 80mm（d）处干燥 1h 后的离线测量结果

图 5.8 为基于玻璃衬底和 PET 柔性衬底的原位 GIWAXS 测量结果。其中，前驱体峰用◆标记，PbI_2 的降解峰用‡标记。图 5.8（b）是稍微移动样品后观察到的

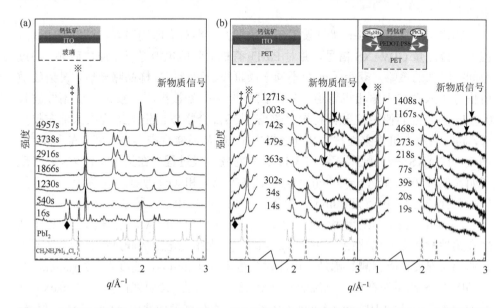

图 5.8　三种不同衬底（玻璃-ITO-P4083、PET-ITO-P4083 和 PET-PH1000-P4083）上钙钛矿薄膜的原位 GIWAXS 测量结果[24]

图形。对于 PET-ITO-P4083 衬底的薄膜，前驱体的峰位分别是 0.79Å^{-1} 和 0.85Å^{-1}，即使是新材料也显示出减弱的钙钛矿信号和 PbI$_2$ 降解产物；图中虚线是 CH$_3$NH$_3$PbI$_{3-x}$Cl$_x$ 在温度 400K 的参考结构图。在 PET-PH1000-P4083 衬底上，前驱体的特征结晶峰比 PET-ITO-P4083 和玻璃-ITO-P4083 衬底上薄膜的持续时间更长。这是因为柔性衬底吸收了部分溶剂，从而延缓了蒸发，改变了钙钛矿周围的溶剂环境。此外，PET-ITO-P4083 样品观察到降解产物 PbI$_2$ 的清晰信号，而 PET-PH1000-P4083 样品在原位实验的 20min 时间内没有类似迹象。

实现卷对卷制备技术"从实验室到工厂"的转换，面临实验室环境中不会遇到的工程挑战，卷对卷制备器件的 PCE 明显滞后实验室获得的最高 PCE[25]。总之，为了研究新兴光伏材料的液相成膜机制和优化新型光伏产业，研究人员设计了越来越多的时间分辨原位成膜设备，用来进一步探究成膜动力学对性能的影响，进一步指导大面积、高性能的光伏器件的制备。为了实现高质量原位信号的快速测量，这些设备多数耦合在同步辐射光源，因此进一步开发高时间分辨率且便携的原位设备和相关原位实验方法仍然是一个值得广泛关注的课题。

5.2　后处理的原位表征及其实验装置

随着有机太阳能电池（OSCs）研究的深入，研究者们发现高效光伏材料必须同时满足以下几个要求：在可见光-近红外区具有广泛而强的吸收、合适的能级、高载流子迁移率，以及良好的溶解性和成膜性质，特别是给体和受体之间适当的聚集尺寸和互穿网络结构[26]。因此，形貌控制和活性层的表征对于 OSCs 的进一步发展变得越来越重要。为了确保光电过程顺利进行，活性层中的给体和受体应以适当的形态混合：形成具有合适域尺寸（10～20nm）的互穿网络，以保证激子扩散和电荷传输[27]。此外，给体和受体应具有相同的分子取向，以保证激子解离，给体和受体足够高的结晶度和域纯度对于抑制电荷传输过程中的复合至关重要。同时，应根据器件结构形成合适的垂直相分离，以实现高效的电荷收集。然而，这些理想形貌的实现是一个复杂的过程，容易受到分子量、溶解度、混溶性等诸多因素的影响[28]。

后处理可以实现活性层成膜后结晶度的再调节，目前已广泛用于改善体异质结 OSCs 的形貌，其主要分为热退火（TA）和溶剂蒸气退火（SVA）[29]。热退火是指活性层在高于其玻璃化转变温度条件下加热一段时间，通常为数十秒到几分钟，是一种广泛用于诱导活性层结晶和相分离的方法。在热退火过程中，给体和受体都发生了重组，从而促进了相互渗透网络的形成。溶剂蒸气退火是优化活性层形态的另一种有效方法。在溶剂蒸气退火工艺过程中，溶剂到活性层的渗透导致活性层的膨胀。分子自由体积的增大导致给体和受体分子的扩散速率增加，促进了活性层的重排，从而产生更大的结构域尺寸，更高的结晶度和纯度。对于溶剂蒸气退火，溶剂沸点、共轭分子在溶剂中的溶解度、蒸气压和溶剂蒸气退火过程的持续时间等都是影响活性层最终形貌的重要因素[30]。

与液相成膜的快速过程（通常几十秒内成膜）不同，后处理的形态演变过程通常需要几分钟或者更长时间来完成，但却能导致活性层形态发生较大变化，因此想要了解活性层在不同处理条件下的形貌演变仍然需要具有高时空分辨率的先进表征方法。目前对于形貌的观察大多数集中在活性层处理前后的离线表征，实时检测后处理过程中形貌动态演变能够得到活性层在后处理条件下的演变机制，开发后处理下的原位设备和实验方法对进一步提高OSCs性能具有重要促进作用。

5.2.1 热退火原位表征和实验装置

热退火是指将制备的活性层在一定温度（通常为 90～160℃）下加热一段时间（数秒至数分钟）。热退火是一种改善活性层分子堆积和晶体网络常用而有效的方法，通过热退火处理可以实现结晶度、相分离和域大小等的变化。例如，Marks等研究发现，PM6:Y6 共混薄膜在 110℃ 下热退火可使 Y6 向共混膜的表面垂直迁移，进而改变了垂直相分离并降低衬底界面的粗糙度[31]。从性能上看，热退火处理引起的这些形貌变化显著提高空穴、电荷迁移率，加速双分子复合并降低光生自由电荷的产率。然而，增加的迁移率主导了器件的整体性能，从而提高了光伏性能[32]。许多原位研究聚焦于太阳能电池从溶液到薄膜的演化途径，而活性层对退火温度的敏感变化是进一步调控结晶度的关键。因此，设计更多的原位设备来探测热退火下形貌变化机制，将对有机太阳能电池的形貌工程具有深远影响。

Huang 等利用原位的热原子力显微镜（AFM）研究了有机太阳能电池热退火过程中活性层形貌的变化，AFM 使用额外的控制器对样品施加热量并控制样品的温度，其原理如图 5.9 所示[32]。在该原位 AFM 实验中，升温速率为 5℃/min，然后在保温状态下捕获 AFM 图像，从而可以监测薄膜表面形貌随温度的变化。

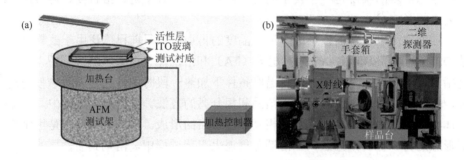

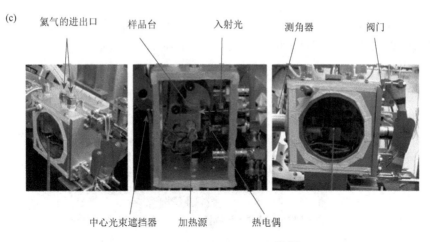

图 5.9　热退火原位表征装置[32-35]

（a）原位变温原子力显微镜示意图；（b）上海光源 BL16B1 线站的 GIWAXS 原位装置；（c）斯坦福
同步辐射光源的一种掠入射 X 射线散射热台

Verploegen 等基于斯坦福同步辐射光源（Stanford Synchrotron Radiation Lightsource，SSRL）11-3 线站设计了一种掠入射 X 射线散射热台 [图 5.9（c）]，可以对薄膜进行高温下的原位形态表征。他们对 P3HT:PCBM 薄膜从室温加热到 220℃的过程中，发现了 P3HT 和 PCBM 的分子重排演变，从而进一步总结出 P3HT 分子在退火时所发生的两种不同的结晶机制[33, 34]。

杨春明等基于上海光源（SSRF）的小角 X 射线散射光束线（BL16B1）开发了 GIWAXS 原位退火技术，样品台由手套箱内的四个 Kohzu 控制平台组成，分别控制四个方向的偏移和旋转，手套箱可以为样品提供保护气氛，可实现从室温到 200℃的精确温度控制 [图 5.9（b）][35]。原位的 GIWAXS 研究表明，在热退火过程中添加 DIO 可以诱导活性层形貌快速演变，过多的 DIO 添加会导致热稳定性变差。Zawacka 等设计一种带有加热台的原位卷对卷实验装置，研究了退火过程中添加剂氯萘对 P3HT/PCBM 薄膜结构演变的影响，发现氯萘的添加提高了共混膜的结晶度，其对薄膜形貌优化的作用要大于退火工艺[36]。

Michael 团队利用 SSRL7-2 线站的原位 XRD 系统结合辐射热退火（radiative thermal annealing，RTA）技术高效地监测了 $FAPbI_3$ 钙钛矿薄膜在不同温度下的相变动力学[37]。RTA 具有升温迅速、实现高温容易的特点，广泛应用于半导体加工工业。图 5.10（a）为 RTA 腔室的横截面，以卤素灯作为加热源，在受控辐射下对样品进行退火和热稳定性研究，光子能量为 12keV 或 12.6 keV。为了避免 X 射线对 $FAPbI_3$ 造成辐射损伤，在退火过程中 X 射线曝光时间控制在 30s。为了观察前驱体到钙钛矿的快速转变过程，曝光周期为 1～2s。通过不同温度、不同时间下的原位 XRD 测量获得了 FAPbI$_3$ 钙钛矿薄膜的相空间图 [图 5.10（b）]，其中浅灰色区域表示具有最佳性能的区域，此时大量 PbI$_2$ 尚未形成（橙色区域）。

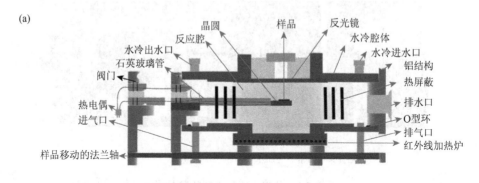

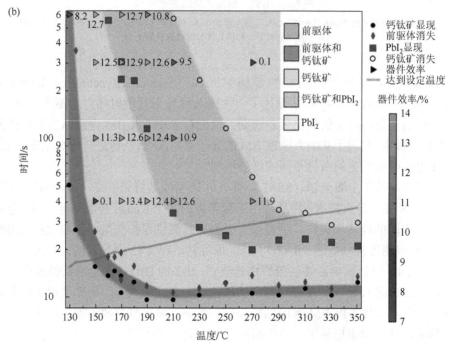

图 5.10 FAPbI$_3$ 钙钛矿薄膜 RTA 的相变动力学 XRD 原位研究[37]

（a）RTA 腔的横截面示意图；（b）经 RTA 处理的 FAPbI$_3$ 钙钛矿薄膜的相空间图，其中，实心黑色圆圈、红色菱形、蓝色方块和黑色圆圈分别表示钙钛矿相、前驱体消失、PbI$_2$ 相和钙钛矿消失，粉红色的线表示温度随时间的变化，三角形表示 PCE

5.2.2 溶剂退火原位表征和实验装置

TA 和 SVA 都旨在促进分子结晶，从而引起相分离，但实施策略各不相同。

SVA 处理允许溶剂蒸气渗透到薄膜中，降低玻璃化转变温度软化共混膜，从而赋予分子结晶的流动性。监测薄膜形貌演化的热力学和动力学，进而明晰和优化 SVA 处理机制，对建立形貌-动力学-器件性能间关系起到至关重要的作用[38]。

Miller 等开发了原位拉曼光谱和原位荧光光谱技术来观察溶剂退火下活性层的原位形貌和光电变化。他们制造了一个特殊的样品架，其中底物倒放在装有溶剂的培养皿的顶盖中，激光可以穿过 ITO 和传输层到达活性层，从而可以同时测量 SVA 下活性层的拉曼光谱和荧光光谱的原位演变[39]。Min 等设计了一种原位光致发光的荧光（photoluminescence，PL）设备，监测 SVA 处理过程中活性层形貌的演变，配备了热控样品台和受控气氛系统，入射激光光束与衬底法线呈一定夹角（34°）。在 100℃及一个大气压下，饱和的氯仿气氛（载气为氮气）中进行 SVA 实验，结果发现 TA 影响整个活性层的形貌，而 SVA 仅能影响薄膜表面的结晶形貌[40]。

Radford 等设计了一种蒸气压可调的原位 SVA 设备，可用于 GIWAXS 原位实验。如图 5.11 所示，该设备以氮气为溶剂蒸气载体，通过流量控制器与样品腔相连。通过调节溶剂蒸气浓度，能够重复地微调活性层内的薄膜膨胀和结构重构程度[41]。他们应用该设备，系统地研究了给体聚合物 PBDB-T 和非富勒烯小分子 ITIC 共混膜的结构演变。在低于溶剂饱和蒸气压的最佳退火条件下，不损坏给体聚合物纳米互穿网络的前提下，原位 GIWAXS 测量观察到了受体结晶的优化重构过程。这些原位结果表明，利用 SVA 处理来控制活性层形貌对于制备高效 OSCs 至关重要。

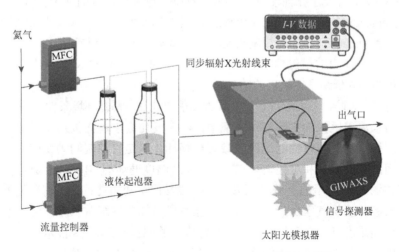

图 5.11　蒸气压可调的原位溶剂退火系统示意图[41]

简而言之，深入理解 TA 和 SVA 对形貌演变的动态影响对于后处理方法的精确选择起着重要作用。因此，需要发展更高时间和空间分辨率，以及多种表征技术联用方法来进一步研究后处理下的动态形貌演变，从而为 OSCs 的快速发展与大规模应用提供充足动力。

5.3 稳定性的原位表征及其实验装置

5.3.1 热、湿度稳定性原位表征和实验装置

有机太阳能电池、钙钛矿太阳能电池等太阳能电池在使用环境中的稳定性是其商业化的关键问题之一。太阳能电池正常工作时的环境温度会达到 85℃左右，因此太阳能电池需要具备良好的热稳定性，同时空气中的水分会使器件内部活性层及界面材料发生降解[42]。在降解过程中，太阳能电池的有机和无机成分都会发生变化。为了了解这种降解过程，原位研究所涉及结构的降解途径是至关重要的。

1. 热稳定性的原位研究

上海光源衍射线站（BL14B1 线站）搭建的手套箱式旋涂成膜原位 GIWAXS 测量装置［图 5.2（b）］，不仅可以通过远程控制实现样品液相旋涂并同时开启 GIWAXS 时间分辨测量，也可以用来开展可控环境下的热稳定性 GIWAXS 原位测量。巴西国家同步辐射实验室（Brazilian National Synchrotron Light Laboratory，LNLS）的 XRD2 线站也有类似原位 GIWAXS 测量装置。Ana 团队采用原位 GIWAXS 技术研究了在前驱体中加入一种基于聚环氧乙烷的共聚物[poly(ethylene oxide-*co*-epichlorohydrin), P(EO/EP)]来提高基于 $MAPbI_3$ 的钙钛矿太阳能电池的稳定性[43]。旋涂 10min 后，在相对湿度约 53%的环境条件下，原位监测具有不同 P(EO/EP) 含量的钙钛矿薄膜的衍射信号随时间的演变。原位 GIWAXS 结果表明，聚合物 P(EO/EP)的掺入延缓了钙钛矿的结晶，减小了钙钛矿层的平均晶粒尺寸，钝化了钙钛矿层的表面缺陷，从而增加了钙钛矿太阳能电池在所暴露环境条件下的稳定性。

在日夜温差巨大的实际应用环境中，温度变化会引起卤素钙钛矿材料的相变和晶格应变，致使器件性能迅速衰减直至损坏，这是目前制约钙钛矿太阳能电池走向应用的关键挑战和难题之一。热稳定性及温度循环的 GIWAXS 原位测试也可以采用如图 5.12 所示的上海光源 BL14B1 线站原位变温装置。该简易装置由聚酰亚胺薄膜腔体提供气氛保护，通过加热丝对样品加热并配备水冷，可以准确控制样品的环境温度。Li 等基于上海光源衍射线站的原位 GIWAXS 技术研究了温度循环过程中钙钛矿晶格结构的演变[9]。研究发现，加入 β-聚（1, 1-二氟乙烯）的钙钛矿薄膜由温度诱导的降解受到了抑制，变温过程中晶粒挤压引起的晶界形变也受到抑制，钙钛矿结构稳定性显著提高［图 5.13（a）和（b）］。图 5.13（c）为钙钛矿应变随温度循环的变化，也对应于钙钛矿中晶格参数的变化。优化后的钙钛

矿薄膜表现出稳定的应变循环（−0.06%～0.38%），这表明其具有可恢复的晶体结构和可释放的晶格应力，进而显著提升器件的变温稳定性。

图 5.12　上海光源 BL14B1 线站原位变温装置

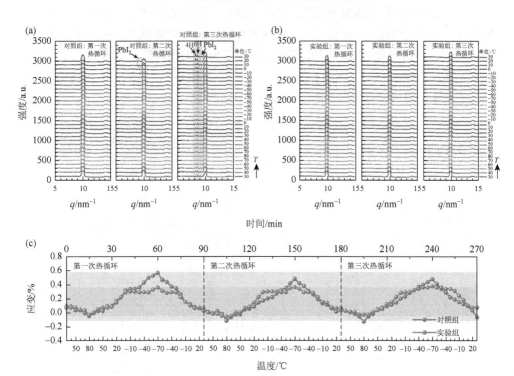

图 5.13　温度循环过程中钙钛矿晶格结构演变原位研究[9]

（a）和（b）原位变温优化前后钙钛矿薄膜的一维 GIWAXS 积分曲线；（c）循环变温（从室温开始，升温到 80℃，然后降温至−70℃，再返回室温结束）下的应变变化

　　基于同步辐射光源的光电子能谱（PES）是可以探测样品表面的化学成分和状态的技术，通过测量样品在不同光子能量下发射的光电子能谱，可以获得样品表面的元素、化学键和价态等信息。这对于研究铅卤钙钛矿单晶表面在真空条件下的热降解机制是非常有用的，因为可以直接观察到有机阳离子和卤素离子从表面脱离的过程，以及可能形成的固态降解产物。通过测试三种不同的铅卤钙钛矿单晶（FAPbBr$_3$、MAPbBr$_3$、MAPbI$_3$）在不同温度下的芯能级信号来研究热分解过程[44]。从图 5.14（a）可以看出，随着温度的升高，N 1s 的信号强度都相对于 Pb 4f 信号减小，表明有机阳离子发生了降解和脱离。其中，MAPbI$_3$ 的降解最为严重，而 FAPbBr$_3$ 和 MAPbBr$_3$ 的降解较为缓慢。这说明替换碘离子为溴离子可以提高 MA$^+$ 基钙钛矿的热稳定性，而替换 MA$^+$ 为 FA$^+$ 对 Br$^-$ 基钙钛矿的热稳定性没有影响。图 5.14（b）显示了三种不同的铅卤钙钛矿单晶在不同温度下 N 1s 和 C 1s 芯能级信号相对于 Pb 4f 信号的强度比值。这些信号反映了有机阳离子在晶体表面的含量变化。可以看出，MAPbI$_3$ 的 N 1s 和 C 1s 信号几乎消失，表明 MAI 几乎完全降解。FAPbBr$_3$ 和 MAPbBr$_3$ 的 N 1s 和 C 1s 信号仍然存在，但比初始值低很多，表明 FABr 和 MABr 也发生了部分降解。另外，FAPbBr$_3$ 还出现了一个新的 N 1s 信号和一个新的 C 1s 信号，它们可能对应于由 FA$^+$ 降解产生的一个新的有机固态产物。铅卤钙钛矿单晶表面在真空条件下会发生热降解，导致有机阳离子和卤素离子从表面脱离。碘离子和 MA$^+$ 阳离子都会降低铅卤钙钛矿的热稳定性，而溴离子和 FA$^+$ 阳离子都会提高铅卤钙钛矿的热稳定性。

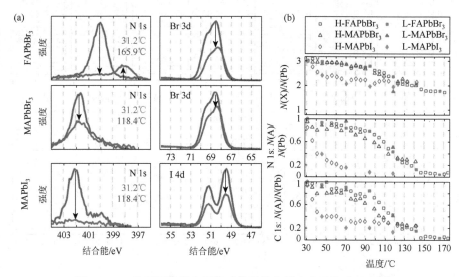

图 5.14　三种不同的铅卤钙钛矿单晶热分解光电子能谱研究[44]

（a）三种不同的铅卤钙钛矿单晶（FAPbBr$_3$、MAPbBr$_3$、MAPbI$_3$）在不同温度下的 N 1s 芯能级信号；（b）三种不同的铅卤钙钛矿单晶在不同温度下相对于 Pb 4f 信号的 N 1s 和 C 1s 芯能级信号强度比值，其中 L 表示低能量的 X 射线探测，H 表示高能量的 X 射线探测

2. 湿稳定性的原位研究

Kelly 团队在环境湿度下利用原位 UV-vis 光谱和原位 GIWAXS 技术监测了钙钛矿降解过程中的物相变化[45]。图 5.15（a）和（b）分别为相对湿度（RH）控制装置示意图和用于原位 UV-vis 光谱测量和分析的样品台。图 5.15（c）为 MAPbI$_3$ 薄膜暴露于相对湿度 98%±2% 的流动 N$_2$ 气氛中获得的原位 UV-vis 光谱结果，图 5.15（d）为不同相对湿度下 UV-vis 光谱在 410nm 处的归一化吸光度随时间的演变。结果发现在相对湿度 50% 以上的情况下，吸光度随时间迅速下降，表明钙钛矿发生降解。

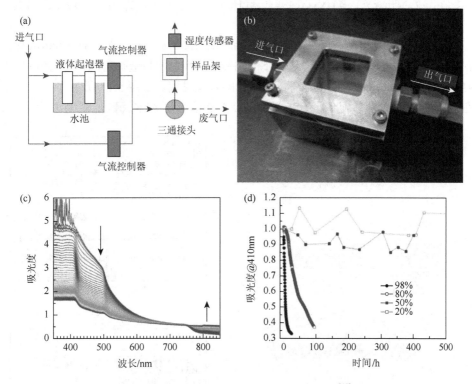

图 5.15　环境湿度下钙钛矿降解原位研究[45]

（a）相对湿度控制装置示意图；（b）用于原位 UV-vis 光谱测量和分析的样品台；（c）每隔 15min 获得的 UV-vis 光谱；（d）不同相对湿度下 UV-vis 光谱在 410nm 处的归一化吸光度随时间的演变

原位 GIWAXS 是在加拿大光源（CLS）的硬 X 射线显微分析（HXMA）光束线站上完成，能量为 17.998keV，X 射线波长为 0.6888Å，曝光时间为 30s。在原位实验中将薄膜置于用 Kapton 窗口密封的样品室中，每 30s 收集一次 GIWAXS 图谱，实验装置如图 5.16 所示。约 2.5h 之后 XRD 图谱中在 5nm^{-1} 和 7nm^{-1} 处出现新特征，表明在钙钛矿薄膜与水蒸气反应的过程中，形成了一种新的晶体相中间体。

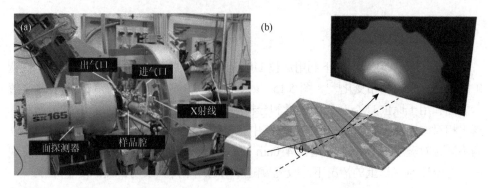

图 5.16　（a）加拿大光源 HXMA 光束线站原位 GIWAXS 实验装置；（b）GIWAXS 示意图

　　近常压 X 射线光电子能谱（near-ambient-pressure X-ray photoelectron spectroscopy，NAPXPS）可以实现在实际水蒸气压下的钙钛矿薄膜原位测量研究。Wendy 团队应用 NAPXPS 原位研究了不同环境下 MAPbI$_3$ 的降解过程。如图 5.17 所示[46]，该工作使用的 NAPXPS 设备配备了 SPECS Focus 500 单色化 Al K$_\alpha$ 源，能量为 1486.6eV。

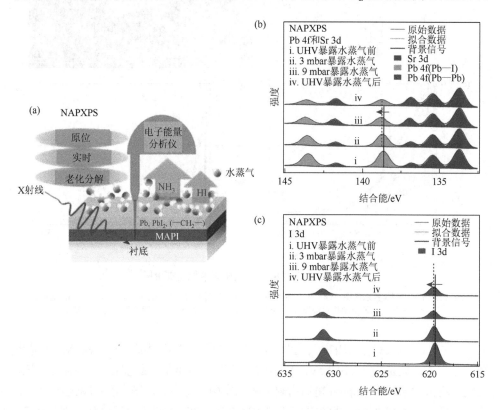

图 5.17　NAPXPS 原位研究不同环境下 MAPbI$_3$ 的降解[46]

（a）MAPbI$_3$ 在潮湿环境下的降解过程示意图；不同环境下的 Pb 4f 和 Sr 3d（b）及 I 3d（c）光谱，1bar = 10^{5}Pa

在标准大气温度 25℃下，以水蒸气为氛围气，压力 3mbar 和 9mbar 大致对应相对湿度分别为 10%和 30%。他们发现 MAPbI$_3$ 直接分解为 PbI$_2$、HI 和 NH$_3$，而并没有生成 MAI。Chen 等利用原位 GIWAXS 观察由丁胺蒸气诱导 MAPbI$_3$ 从 3D 转为 2D 的相变过程[47]。该原位 GIWAXS 实验是在上海光源 BL14B1 线站完成的，能量为 10keV（波长为 1.2398Å），入射角为 0.4°，曝光时间为 10s。原位实验将薄膜样品置于聚酰亚胺薄膜密封的腔室中，并提供惰性气氛保护。

5.3.2　光稳定性原位表征和实验装置

为了阐明复杂的光诱导的降解过程，可以通过原位测量实现对太阳能电池内部微观结构演变的可视化。Chen 等通过原位 X 射线衍射和原位 X 射线吸收光谱研究了钙钛矿太阳能电池在工作光照条件下的降解情况[48]。该实验装置及原理如图 5.18 所示，图 5.18（a）和（b）分别为原位 X 射线衍射测量装置示意图和实物图。对电池进行背光照射，通过两个金探针测量光生电流和电压［图 5.18（c）］。图 5.18（d）是原位 XRD 测量结果和电池性能参数随时间的演变。他们发现现在电池内部形成了一种新相——氢氧化铅碘化物（PbIOH），最终确定了其为钙钛矿太阳能电池的一种降解产物。

除了原位 XRD 技术外，Huang 等通过将样品置于光学显微镜（Olympus BX61）下，并连接到高分辨率电荷耦合检测器（CCD）相机（Photometrics，CoolSNAP-cf），对电场下离子漂移进行原位观察[49]。在极化过程中，样品保持在氮气氛围中，以防止氧气和水分的吸收，施加在钙钛矿薄膜上的电场为 1.2V/μm。同时靠近阳极的钙钛矿条纹区域变得越来越透明，并出现了许多针孔，表明离子从阳极侧发生了漂移。

钙钛矿太阳能电池（PSCs）通常将介孔二氧化钛（mp-TiO$_2$）作为电子传输层材料来使用。然而，TiO$_2$ 会降低 PSCs 在光照（包括紫外线）下的稳定性。Shin 等报道了一种低温胶体法沉积镧（La）掺杂 BaSnO$_3$（LBSO）钙钛矿薄膜，作为 TiO$_2$ 的替代品，以减少这种紫外线引起的损伤。Seok 等利用原位变温 EXAFS 阐明了结晶超氧化物-分子簇（crystalline superoxide-molecular cluster，CSMC）的初晶相以及在低温下从初始相到 BaSnO$_3$ 钙钛矿相的相变过程[50]。整个实验在浦项光源（PLS-II）的 BL10C 光束线站（WEXAFS）上完成，采用液氮冷却的双晶单色器（Bruker ASC），可在 Si(111) 和 Si(311) 晶对之间进行真空切换。他们发现在加热到 150℃之前，在较高的径向空间区域没有观察到明显的峰出现。在 190℃时傅里叶变换（FT）峰完全消失后，在 200℃时在 3.31Å 和 3.84Å 处出现了新的双重态 FT 峰。这两个 FT 峰分别对应于钙钛矿晶体结构中 Sn—Ba 和 Sn—(O)—Sn 分布特征，表明在 200℃时样品有效地转化为纯钙钛矿相。最终，该太阳能电池在 1000h 的全光照后仍保持了 90%以上的初始性能。

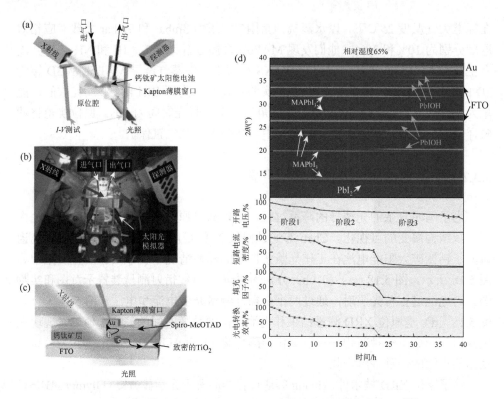

图 5.18　钙钛矿太阳能电池在工作光照条件下的降解原位研究[48]

光照条件下原位 XRD 实验装置示意图（a）和实物图（b）；（c）钙钛矿太阳能电池的结构图，光生电子（红球）和空穴（绿球）及流向（黑色箭头）；（d）在相对湿度 65%和 25℃氮气环境下原位 XRD 测量结果和相应的电池性能随时间的演变

5.4　柔韧性的原位表征及其实验装置

5.4.1　原位拉伸 SAXS/WAXS 表征和实验装置

有机光伏材料的关键优势之一就是具有柔韧性和可以拉伸的特点。虽然目前基于非富勒烯小分子受体（NF-SMA）的 OSCs 表现出较高的光电转换性能，但由于 SMA 固有的脆性，其柔韧性（拉伸性）相对较差[51,52]。NF-SMA 活性层的起裂应变（crack-onset strain，COS）一般小于 10%，远远落后于皮肤可穿戴设备对断裂应变大于 30%（即人体皮肤延展性）的要求[53,54]。此外，基于 NF-SMA 的柔韧性稳定性较差，据韩国 Lee 等报道，PM6:Y7 有机太阳能电池在 15%应变下 PCE 仅能保持其初始 PCE 的一半左右，而在 20%的应变下 PCE 几乎完全丧失[55]。虽然，全聚合物太阳能电池具有优异的可拉伸韧性，但目前其 PCE 有限，落后于基于 SMA 的

OSCs[56, 57]。这阻碍了 OSCs 在可穿戴和便携式设备中的应用。此外，形态稳定性和柔韧性通常是矛盾的，如何增加柔韧性 OSCs 的稳定性是一个新的挑战[58]。

为了研究纳米有机光伏薄膜的机械性能，2009 年 Donngha 等应用薄膜褶皱（Bucking）方法在弹性体聚二甲基硅氧烷（PDMS）衬底上测量了 P3HT/PCBM 共混薄膜（30～80nm）的力学模量[59]。在基于褶皱的计量中，材料薄膜通常是在柔软的、柔韧的弹性衬底上制备的，如 PDMS 等。当纳米薄膜受到压缩应变，也就是施加的压应变大于给定体系的临界屈曲应变时，薄膜发生屈曲，形成波浪形、起皱的表面。利用如下的屈曲公式，结合测量到的屈曲波长和其他材料特性，可以得到薄膜材料的力学模量。

$$\bar{E}_f = 3\bar{E}_s \left(\frac{\lambda}{2\pi h} \right)^3 \tag{5.1}$$

其中，$\bar{E}$ 为平面应变模，$\bar{E} = E / (1-\nu^2)$，ν 为泊松比，下标 s 和 f 分别表示衬底和薄膜；h 为薄膜厚度；λ 为屈曲波长。屈曲波长被绘制为薄膜厚度的函数，利用拟合线的斜率计算薄膜材料的力学模量。对于底材 PDMS，杨氏模量和泊松比分别为 2MPa 和 0.5MPa。

图 5.19 为 P3HT 和 P3HT/PCBM 褶皱膜的代表性光学显微镜（OM）图像。通过波长与厚度的线性拟合，得到其斜率并进而得到薄膜材料的模量。P3HT 的杨氏模量约为 1.3GPa，P3HT/PCBM 共混膜的力学模量则显著增加到约 6.2GPa，约为纯 P3HT 的 5 倍。这主要是由分散在 P3HT 基体聚合物中的 PCBM 纳米颗粒的填充效应造成的。因此，薄膜与弹性体衬底之间的弹性模量不匹配会导致薄膜在压缩时发生起皱，从而测量薄膜力学模量的方法也称为薄膜-弹性体（film-on-elastomer，FOE）方法。FOE 方法也能够捕捉应力松弛、延展性和柔韧性等，常用于有机光伏薄膜二元和三元体系的弹性模量测量[60]。

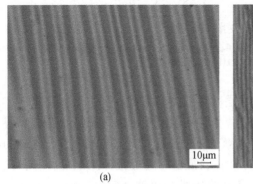
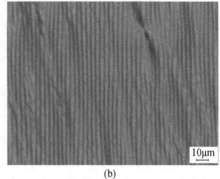

(a)　　　　　　　　　　　　　　　(b)

图 5.19　弹性衬底 PDMS 上褶皱膜的代表性光学显微镜图像[59]

（a）P3HT；（b）P3HT/PCBM

由于高效 PSCs 的 BHJ 活性层的厚度通常小于 300nm，甚至只有 20～30nm，薄膜与底层衬底之间的黏附性势必对从衬底中提取活性层的力学性能造成一定的额外困难，是非常具有挑战性的。在自然中，水面为滑翔运动提供了良好的环境，从水面生活的动物（如水黾、轮虫等）到现代技术中被广泛应用的 LB（Langmuir-Blodgett）膜。水的高表面张力使接触物体漂浮，水的低黏度使物体在其表面几乎无摩擦滑动。基于这些启示，Kim 等利用水面作为无支撑超薄膜（free-standing ultrathin films）的底层支撑，开发了一种新的拉伸测试方法，并用于精确测量薄膜的力学性能[61, 62]。该方法称为准无支撑拉伸实验（pseudo free-standing tensile test），样品的制备和测试过程均在水面上进行［图 5.20（a）］。利用范德瓦耳斯附着力对超薄膜试样进行无损伤夹持，处理方便，滑动几乎无摩擦，并且不存在样品的损伤和衬底的影响。基于此种方法，测量得到 P3HT/OXCBA 薄膜的杨氏模量为 3.87GPa［图 5.20（b）］。分别添加 5% P3HT-*b*-P2VP 和 P3HT-*g*-P2VP 相容剂后，拉伸模量降低至 3.03GPa 和 2.79GPa[62]。

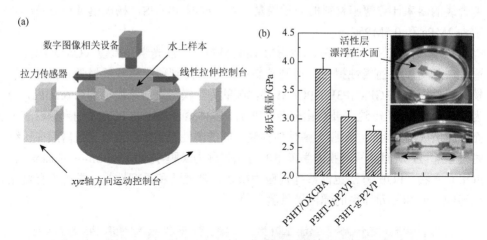

图 5.20　无支撑拉伸实验[61]

（a）准无支撑拉伸实验装置；（b）利用 PDMS 与薄膜样品之间的范德瓦耳斯黏附，对超薄膜试样进行无损夹持，不同活性层的拉伸模量测量结果

上述 FOE 方法虽然可以测量活性层薄膜的力学模量，但是无法测量应力-应变。薄膜水面（film on water）准无支撑拉伸实验虽然可以测量应力-应变特性，但是无法进行变温测量或者是对易水溶解的或易膨胀的薄膜有局限性。O'Connor 等发展了一种聚合物薄膜层压在薄弹性体衬底上，通过拉伸测试复合材料来获得应力-应变，并将这种方法称为薄弹性体薄膜层压法（film laminated on thin elastomer，FLOTE）。该方法的优点包括：①可以在较宽的温度和应变速率范围内测试共轭聚合物的黏弹性行为；②可以在大循环应变下测量薄膜行为，包括在平

面内压缩下；③获得相邻弹性体对聚合物薄膜行为的影响。

　　P3HT 的厚度为 140nm，PDMS 为 4μm。由于 P3HT 相对于 PDMS 明显更硬，因此相对于整齐的 PDMS 试样，复合材料应变所需的力有明显差异。为了提取 P3HT 的力学特性，采用了平行复合材料模型，其中复合材料上的力（F）为 $F_c = \sigma_c A_c = \sigma_s A_s + \sigma_f A_f$，其中 σ 为应力，A 为横截面积，下标 c、s 和 f 分别代表复合材料、衬底和聚合物薄膜。研究发现，P3HT 的黏弹性特性随试样温度的变化而变化（图 5.21），显著影响循环应变下薄膜的稳定性[63]。

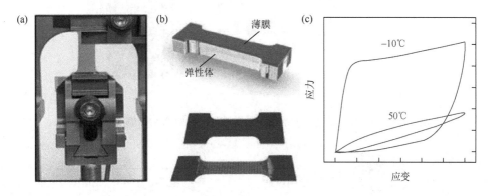

图 5.21　（a）FLOTE 测量图；（b）复合薄膜样品；（c）不同温度下应力-应变循环曲线[63]

　　上述测量纳米薄膜力学特性的 FOE、FOW、FLOTE 三种方法有着各自的特点，虽然可以得到相应的柔韧性特性，但还是无法深入理解有机太阳能电池薄膜在应力-应变过程中关键的微观结构信息的变化，包括结晶特性［结晶相干长度（CCL）、π-π 堆积、取向］和相分离特性。2020 年，上海光源杨春明等应用水浮法制备无支撑有机太阳能电池活性层纳米薄膜，并首次将有机太阳能电池活性层拉伸和原位 WAXS 进行了有机结合（图 5.22）[64]。

　　上海光源杨春明和中国科学院青岛生物能源与过程研究所 Bao 等的合作研究发现，PM6/Y6 薄膜的拉伸强度和断裂伸长比分别为 40.75MPa 和 5.75%。而添加了 30wt% PAEF 树脂的 PM6/Y6 样品，拉伸强度提高到 49.25MPa，断裂伸长比增加到 25.07%，断裂伸长比提高了 3.3 倍。对于 PM6/Y6 薄膜，原位 WAXS 结构表明，当应变从 0% 增加到 5% 时，(100)晶面和(200)晶面强度略有增加，进一步增大应变会导致 PM6/Y6 薄膜产生裂纹并断裂。然而，对于添加了 30wt% PAEF 的 PM6/Y6 薄膜，拉伸变形过程中(100)晶面和(200)晶面强度明显增大，垂直和沿着拉伸方向的结晶增强。因此，从原位 WAXS 结果［图 5.23（b）～（e）］可以看出，添加 30wt% PAEF 树脂的 PM6/Y6 薄膜分子链间产生了增强的链缠结效应。

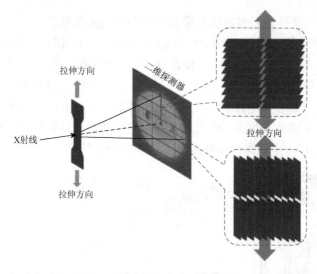

图 5.22 有机太阳能电池纳米活性层首次原位拉伸 WAXS 测量示意图[64]

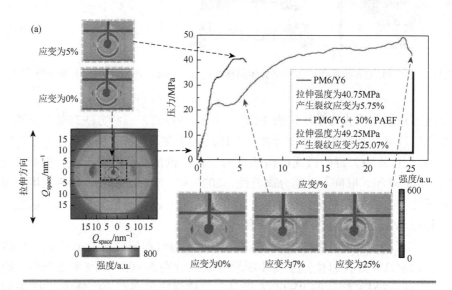

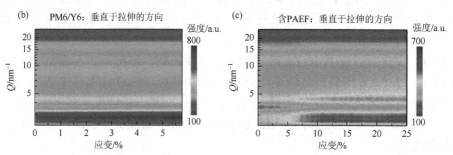

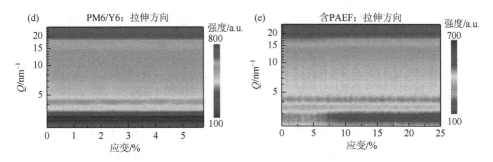

图 5.23 PM6/Y6 等活性层拉伸原位研究[64]

（a）PM6/Y6 等活性层拉伸变形过程中的应力-应变曲线和不同应变下原位测量获得的 WAXS 图；
（b）～（e）原位拉伸过程中沿着拉伸方向和垂直拉伸方向上一维 GIWAXS 信号的演变

2022 年，上海光源杨春明等又将原位 SAXS/WAXS 方法应用到有机太阳能电池活性层拉伸过程的结构-性能构效关系研究中。杨春明和天津大学的叶龙等合作深入研究了 PM6:N3/P(NDI2OD-T2)三元体系的结晶和相分离演化过程（图 5.24）。

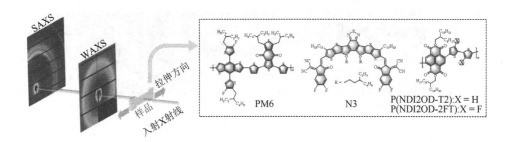

图 5.24 三元体系纳米活性层原位拉伸 SAXS/WAXS 测量[65]

研究发现，对于 P(NDI2OD-T2)纯薄膜，未拉伸的薄膜呈现出几乎各向同性的模式，表明晶体在薄膜平面上随机分布。拉伸受力后随着应变增加，(100)峰的强度沿赤道方向和子午线方向都减小，赤道方向的减小幅度大于子午线方向，表明拉伸过程中子午线方向（垂直于拉伸方向）上的层状堆积比例较大。(001)和(002′)晶面的衍射强度沿赤道方向增大，而沿子午线方向减小，表明沿着拉伸方向上的分子主链排列的比例较高。(100)和(001)的晶面间距（d-spacing）均沿赤道方向增大，而沿子午线方向减小，表明分子排列间距沿拉伸方向增大，垂直于拉伸方向减小。晶面间距的增大和减小可以分别归因于相应方向上的拉力和泊松收缩。(100)晶面的 CCL 值沿赤道方向和子午线方向减小，(001)晶面的 CCL 值沿赤道方向增大，沿子午线方向减小，表明晶体在拉伸过程中沿拉伸方向的旋转和结晶变形，即晶体破碎和滑移（图 5.25）。

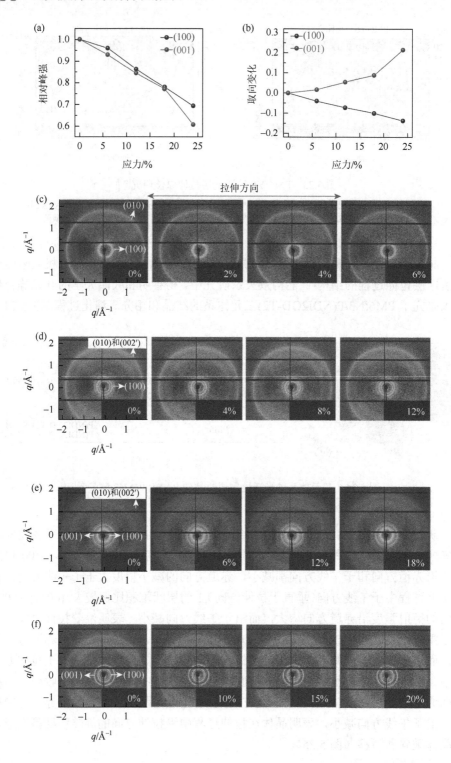

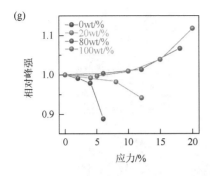
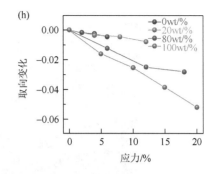

图 5.25　PM6:N3/P(NDI2OD-T2)三元体系原位 WAXS 研究[65]

P(NDI2OD-T2)膜的(100)和(001)相对峰强（a）和 Herman 取向（b）随着拉伸应变的变化；含有 0wt%（c）、20wt%
（d）、80wt%（e）和 100wt%（f）P(NDI2OD-T2)的 PM6:N3/P(NDI2OD-T2)在不同拉伸应变下的二维 WAXS 图谱；
不同 P(NDI2OD-T2)含量三元共混薄膜在拉伸过程中(100)相对峰强（g）和 Herman 取向（h）的变化

对于 PM6:N3 共混膜，(100)和(001)晶面的峰强度在各方向上均随应变的增加而减小。方位角积分证明了片层堆积和 π-π 堆积的数量在各个方向上都在减少。对于添加 20wt% P(NDI2OD-T2)的三元共混膜，其(100)的强度沿赤道方向略有减弱，沿子午线方向基本保持不变，而 P(NDI2OD-T2)的(001)晶面及(010)和(002′)晶面混合峰的强度随应变的增加而保持不变。在拉伸过程中，由于 P(NDI2OD-T2)和 PM6:N3 分子的变形和旋转，(010)和(002′)晶面混合峰的 CCL 值沿赤道和子午线方向均增大。方位角积分表明，片晶数量在各个方向上都在减少，而且子午线方向上的减少比赤道方向上的减少要小。π-π 堆积与 P(NDI2OD-T2)分子主链堆积数量在各个方向上基本相同。

原位拉伸 SAXS/WAXS 研究表明，添加柔韧性聚合物受体可以通过增加链纠缠和结链的数量，减少脆性界面的数量和大小，增强组分之间的相互作用来显著提高共混膜的拉伸性能。这项工作建立了一种合适的方法来表征拉伸下的微观结构演变，为可拉伸有机电子学的未来发展提供了启示。

5.4.2　柔性光伏器件制备和掠入射散射表征

与无机光伏技术相比，柔性被认为是 OSCs 最突出的特点。然而，柔性 OSCs 的性能仍然明显落后于刚性器件的最高性能[66]。典型的柔性 OSCs 器件由柔性衬底、柔性透明电极（transparent bottom electrode，FTE）、光活性层、两个电极界面层（interfacial layer）和顶部电极组成（图 5.26）[67]。

其中，电极界面层位于活性层和电极之间，负责高效的电荷传输和收集。考虑到柔性 OSCs 中与卷对卷技术和塑料衬底的兼容性，开发低温加工厚膜界面材

图 5.26 柔性透明 OSCs 示意图

料具有重要意义[66, 68]。相对于刚性器件来说，FTE 对于柔性 OSCs 具有非凡的重
要性，不仅需要高的透光性、低的电阻，还需要良好的机械柔性和卷对卷适配性
等工艺的大面积加工。目前用于柔性 OSCs 的 FTE 材料有 ITO、碳纳米材料、导
电聚合物、银纳米线（AgNWs）、超薄金属薄膜和金属网等。ITO 是一种传统的
透明导电薄膜，然而其固有脆性是一个重大缺陷，限制了在柔性器件中的实际应
用[69]。此外，ITO 薄膜通常采用物理气相沉积（PVD）和磁控溅射方法制备，这
与卷对卷工艺不兼容。石墨烯和碳纳米管（CNTs）等碳纳米材料具有含量丰富、
电导率高、透光性好、柔韧性好等优点，已广泛应用于柔性 OSCs 研究中[70, 71]，
但需要通过化学气相沉积（CVD）制备，其高成本是大规模生产的一个瓶颈。导
电聚合物 PEDOT:PSS 具有固有的灵活性和易于加工，是另一种具有前景的 ITO
替代材料。但与 ITO 相比，PEDOT:PSS 的电性能还不够好[72]。Fan 等通过喷雾掺
杂微量高氯酸（HClO₄）优化并制备了 PET/PEDOT:PSS（图 5.27），获得了约 29Ω/sq
的低电阻，PM6:Y6 共混的柔性 OSCs 的 PCE 为 16.71%[73]。从 HClO₄ 处理前后
PEDOT:PSS 薄膜的 X 射线衍射结果可以看出，处理前没有明显的衍射峰，表明
PEDOT 分子的结晶度很低。经 HClO₄ 喷雾处理后，分别在 6.2°、12.2°、19.0°和
26.0°出现鲜明的衍射峰，表明 PEDOT 分子结晶度的增加。PEDOT 分子高的结晶
度可以使电荷跳变传输更容易，最终导致阳极导电性的极大增强。HClO₄ 的喷雾
掺杂降低了阳极的费米能级和片材的电阻，使其在界面上产生紧密接触。此外，
柔性器件在经过 1000 次剧烈弯曲（半径为 1.5mm）后仍能保持 93.6%的初始效率，
表明其具有良好的机械稳定性。由于以 AgNWs 为代表的金属纳米线具有优越的
光电性能和良好的机械灵活性，同时溶液处理 AgNWs 适用于大面积设备的卷对
卷生产，因此最近几年被广泛应用于柔性 OSCs 并开展了深入研究，是非常有应
用价值和前景的高导电 FTE 材料[74, 75]。

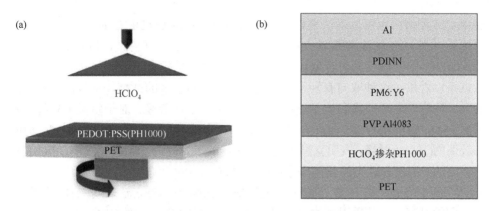

图 5.27　喷雾 HClO$_4$ 处理阳极界面层的柔性 OSCs[73]

（a）利用 HClO$_4$ 喷雾处理 PEDOT:PSS 层示意图；（b）器件示意图

无论是对于刚性 OSCs 还是柔性 OSCs，给体和受体材料构成的活性层都是太阳光转换为电能的关键部分。虽然基于非富勒烯小分子的发展，刚性 OSCs 小面积器件得以快速提升，但是由于各种复杂的原因，大面积柔性 OSCs 器件的 PCE 远远低于小面积器件。首先，由于所涉及的镀膜工艺不同，大面积装置与小面积装置相比，难以控制薄膜的均匀性、厚度、结晶度和形貌。其次，大面积 OSCs 的性能往往受到寄生串联电阻效应的限制，因为串联电阻引起的功率损耗与器件长度的平方成正比。Chen 等通过各种印刷工艺探索出控制柔性 OSCs 活性层形貌的新方法，提出在狭缝涂布过程中施加剪切脉冲的策略，在大面积器件中很好地控制了薄膜的形貌演变[66]。他们发现，当单位面积墨量仅为 0.67mL/min 时，其形貌与旋涂时相似。两种活性层均发生过度聚集，相分离较大。当单位面积墨量增加到 1.00mL/min 时，微观形貌的聚集规模减小。当单位面积墨量进一步增强到 1.30mL/min 时，大规模聚集几乎消失。其形貌与旋涂时间为 7s（PTB7-Th:PC$_{71}$BM）和 11s（PBDB-T:ITIC）制备的形貌一致，并且从旋涂器件性能来看，这已是该研究中柔性器件的最优形貌。当单位面积墨量增加到 2.00mL/min 时，单位面积墨量过多导致成膜不均匀，BHJ 活性层再次出现过度聚集现象。最终，在活性面积为 1.04cm^2 情况下，采用 PBDB-T:ITIC 为给/受体的柔性 OSCs 通过印刷获得了 9.77% 的 PCE。此外，15cm^2 柔性模块的 PCE 也达到 8.90%。

Wei 等使用狭缝涂布的方法，采用 PET/ITO 电极制备的 PTB7-Th:COi8DFIC:PC$_{71}$BM 三元器件（1cm^2）的 PCE 为 7.44%，远低于旋涂制备的小面积器件的性能。为了进一步提高 FTE 的导电性，在柔性器件中采用 PET/银栅格电极，与 PET/ITO 器件相比，PET/银栅格柔性器件（1cm^2）的 PCE 显著提高到 12.16%[71]。对于狭缝涂布膜，GIWAXS 图谱中散射矢量 0.49Å^{-1}、0.59Å^{-1} 和 0.64Å^{-1} 处峰分别对应的(010)、(100)和(01$\bar{1}$)面的面间距是 12.8Å、10.6Å 和 9.8Å。对于旋涂膜，从

GIWAXS 图谱中也可以确认来自 PTB7-Th 的(100)和 COi8DFIC 的 (01$\bar{1}$)面的弱衍射弧。此外，在旋涂薄膜的 OOP 方向观察到一个弱而宽的 (01$\bar{1}$)峰。这表明 COi8DFIC 的结晶度相对较低，而分子链的取向几乎垂直于衬底，从电荷迁移率数据可以看出，这种取向有利于电荷的传输。涂布温度的升高，导致晶体取向的变化，同时空穴迁移率和电子迁移率都增加了一个数量级。对于室温下狭缝涂布薄膜（SD-25），GIWAXS 面外方向上分别在 0.49Å^{-1} 和 0.59Å^{-1} 处强的(010)衍射峰和较弱的(100)衍射峰，表明室温下是一个缓慢的干燥过程，而受体 COi8DFIC 表现出较高的结晶度和较大的晶体尺寸。对于 40℃时狭缝涂布制备的薄膜，除了(010)和(100)两个峰外，在 OOP 方向上还观察到一个弱 (01$\bar{1}$) 峰，这表明三种不同的分子取向同时存在。随着温度进一步升高到 60℃和 80℃，二维 GIWAXS 图不仅与旋涂薄膜相似，而且在 OOP 方向上还可以观察到一个明显的 (01$\bar{1}$) 峰，表明所有薄膜具有相同的取向。在 80℃制备的器件表现出最平衡的空穴和电子迁移率，最终产生最佳的器件性能。然而，当加工温度提高到 100℃时，COi8DFIC 的二维 GIWAXS 衍射峰消失，表明在狭缝（slot-die，SD）涂覆过程中，较高的温度抑制了受体 COi8DFIC 的结晶。因此，GIWAXS 数据表明，具有优化取向的受体对于获得高性能至关重要，这种优化取向可以通过在 SD 涂层期间调整加工温度来实现。

参 考 文 献

[1] LI H，LIU S，WU X，et al. Advances in the device design and printing technology for eco-friendly organic photovoltaics[J]. Energy & Environmental Science，2023，16（1）：76-88.

[2] RAAB T，MAYER T，SEEWALD T，et al. Resolving the spin coating process via *in situ* transmission measurements[J]. The Journal of Physical Chemistry C，2022，126（45）：19542-19548.

[3] MA R，YAN C，FONG P W K，et al. *In situ* and *ex situ* investigations on ternary strategy and co-solvent effects towards high-efficiency organic solar cells[J]. Energy & Environmental Science，2022，15（6）：2479-2488.

[4] MANLEY E F，STRZALKA J，FAUVELL T J，et al. *In situ* analysis of solvent and additive effects on film morphology evolution in spin-cast small-molecule and polymer photovoltaic materials[J]. Advanced Energy Materials，2018，8（23）：1800611.

[5] WU W R，SU C J，CHUANG W T，et al. Surface layering and supersaturation for top-down nanostructural development during spin coating of polymer/fullerene thin films[J]. Advanced Energy Materials，2017，7（14）：1601842.

[6] HE B，WANG C，LI J，et al. *In situ* and *operando* characterization techniques in stability study of perovskite-based devices[J]. Nanomaterials，2023，13（13）：1983.

[7] HUI W，CHAO L，LU H，et al. Stabilizing black-phase formamidinium perovskite formation at room temperature and high humidity[J]. Science，2021，371：1359-1364.

[8] WANG K L，SU Z H，LOU Y H，et al. Rapid nucleation and slow crystal growth of CsPbI$_3$ films aided by solvent molecular sieve for perovskite photovoltaics[J]. Advanced Energy Materials，2022，12：2201274.

[9] LI G，SU Z，CANIL L，et al. Highly efficient p-i-n perovskite solar cells that endure temperature variations[J]. Science，2023，379：399-403.

[10]　ZHAO K，HU H，SPADA E，et al. Highly efficient polymer solar cells with printed photoactive layer：rational process transfer from spin-coating[J]. Journal of Materials Chemistry A，2016，4（41）：16036-16046.

[11]　SMILGIES D M，LI R，GIRI G，et al. Look fast：crystallization of conjugated molecules during solution shearing probed *in-situ* and in real time by X-ray scattering[J]. Physica Status Solidi：Rapid Research Letters，2013，7（3）：177-179.

[12]　BI Z，NAVEED H B，MAO Y，et al. Importance of nucleation during morphology evolution of the blade-cast PffBT4T-2OD-based organic solar cells[J]. Macromolecules，2018，51（17）：6682-6691.

[13]　GUO C，GAO X，LIN F J，et al. *In situ* characterization of the triphase contact line in a brush-coating process：toward the enhanced efficiency of polymer solar cells[J]. ACS Applied Materials & Interfaces，2018，10（46）：39448-39454.

[14]　HERNANDEZ JEFF L，DEB N，WOLFE R M W，et al. Simple transfer from spin coating to blade coating through processing aggregated solutions[J]. Journal of Materials Chemistry A，2017，5（39）：20687-20695.

[15]　杨春明，洪春霞，周平，等. 一种液体刮涂成膜 GISAXS/GIWAXS/UV-Vis 同时测量的原位实验装置：202211683802.8[P]. 2022-12-27.

[16]　杨春明，缪夏然，黄达，等. 一种用于掠入射 X 射线散射实验的变温气氛实验装置：202011588432.0[P]. 2020-12-29.

[17]　PENG Z，ZHANG Y，SUN X，et al. Real-time probing and unraveling the morphology formation of blade-coated ternary nonfullerene organic photovoltaics with *in situ* X-ray scattering[J]. Advanced Functional Materials，2023，33（14）：2213248.

[18]　LIU F，FERDOUS S，SCHAIBLE E，et al. Fast printing and *in situ* morphology observation of organic photovoltaics using slot-die coating[J]. Advanced Materials，2015，27（5）：886-891.

[19]　张明，朱磊，邱超群，等. 有机薄膜光伏电池印刷制备与原位形貌检测[J]. 高分子学报，2019，50（4）：352-358.

[20]　ZHAO H，NAVEED H B，LIN B，et al. Hot hydrocarbon-solvent slot-die coating enables high-efficiency organic solar cells with temperature-dependent aggregation behavior[J]. Advanced Materials，2020，32（39）：2002302.

[21]　XUE J，ZHAO H，LIN B，et al. Nonhalogenated dual-slot-die processing enables high-efficiency organic solar cells[J]. Advanced Materials，2022，34（31）：2202659.

[22]　KREBS F C，GEVORGYAN S A，ALSTRUP J. A roll-to-roll process to flexible polymer solar cells：model studies，manufacture and operational stability studies[J]. Journal of Materials Chemistry，2009，19（30）：5442-5451.

[23]　HEO Y J，KIM J E，WEERASINGHE H，et al. Printing-friendly sequential deposition via intra-additive approach for roll-to-roll process of perovskite solar cells[J]. Nano Energy，2017，41：443-451.

[24]　ROSSANDER L H，ZAWACKA N K，DAM H F，et al. *In situ* monitoring of structure formation in the active layer of polymer solar cells during roll-to-roll coating[J]. AIP Advances，2014，4（8）：087105.

[25]　NG L W T，LEE S W，CHANG D W，et al. Organic photovoltaics' new renaissance：advances toward roll-to-roll manufacturing of non-fullerene acceptor organic photovoltaics[J]. Advanced Materials Technologies，2022，7（10）：2101556.

[26]　ZHOU Z，XU S，SONG J，et al. High-efficiency small-molecule ternary solar cells with a hierarchical morphology enabled by synergizing fullerene and non-fullerene acceptors[J]. Nature Energy，2018，3（11）：952-959.

[27]　ZHAN L，LI S，LAU T K，et al. Over 17% efficiency ternary organic solar cells enabled by two non-fullerene acceptors working in an alloy-like model[J]. Energy & Environmental Science，2020，13（2）：635-645.

[28]　ZHAO H，WANG L，WANG Y，et al. Solvent-vapor-annealing-induced interfacial self-assembly for simplified

one-step spraying organic solar cells[J]. ACS Applied Energy Materials, 2021, 4 (7): 7316-7326.

[29] MA Y F, ZHANG Y, ZHANG H L. Solid additives in organic solar cells: progress and perspectives[J]. Journal of Materials Chemistry C, 2022, 10 (7): 2364-2374.

[30] LIANG Q, LI W, LU H, et al. Recent advances of solid additives used in organic solar cells: toward efficient and stable solar cells[J]. ACS Applied Energy Materials, 2023, 6 (1): 31-50.

[31] ZHU W, SPENCER A P, MUKHERJEE S, et al. Crystallography, morphology, electronic structure, and transport in non-fullerene/non-indacenodithienothiophene polymer: Y6 solar cells[J]. Journal of the American Chemical Society, 2020, 142 (34): 14532-14547.

[32] HUANG Y C, CHUANG S Y, WU M C, et al. Quantitative nanoscale monitoring the effect of annealing process on the morphology and optical properties of poly(3-hexylthiophene)/[6, 6]-phenyl C_{61}-butyric acid methyl ester thin film used in photovoltaic devices[J]. Journal of Applied Physics, 2009, 106 (3): 034506.

[33] VERPLOEGEN E, MILLER C E, SCHMIDT K, et al. Manipulating the morphology of P3HT-PCBM bulk heterojunction blends with solvent vapor annealing[J]. Chemistry of Materials, 2012, 24 (20): 3923-3931.

[34] VERPLOEGEN E, MONDAL R, BETTINGER C J, et al. Effects of thermal annealing upon the morphology of polymer-fullerene blends[J]. Advanced Functional Materials, 2010, 20 (20): 3519-3529.

[35] HUANG D, HONG C X, HAN J H, et al. *In situ* studies on the positive and negative effects of 1, 8-diiodoctane on the device performance and morphology evolution of organic solar cells[J]. Nuclear Science and Techniques, 2021, 32 (6): 57.

[36] ZAWACKA N K, ANDERSEN T R, ANDREASEN J W, et al. The influence of additives on the morphology and stability of roll-to-roll processed polymer solar cells studied through *ex situ* and *in situ* X-ray scattering[J]. Journal of Materials Chemistry A, 2014, 2 (43): 18644-18654.

[37] POOL V L, DOU B, VAN CAMPEN D G, et al. Thermal engineering of $FAPbI_3$ perovskite material via radiative thermal annealing and *in situ* XRD[J]. Nature Communications, 2017, 8 (1): 14075.

[38] MIN J, JIAO X, SGOBBA V, et al. High efficiency and stability small molecule solar cells developed by bulk microstructure fine-tuning[J]. Nano Energy, 2016, 28: 241-249.

[39] MILLER S, FANCHINI G, LIN Y Y, et al. Investigation of nanoscale morphological changes in organic photovoltaics during solvent vapor annealing[J]. Journal of Materials Chemistry, 2008, 18 (3): 306-312.

[40] MIN J, GüLDAL N S, GUO J, et al. Gaining further insight into the effects of thermal annealing and solvent vapor annealing on time morphological development and degradation in small molecule solar cells[J]. Journal of Materials Chemistry A, 2017, 5 (34): 18101-18110.

[41] RADFORD C L, PETTIPAS R D, KELLY T L. Watching paint dry: *operando* solvent vapor annealing of organic solar cells[J]. The Journal of Physical Chemistry Letters, 2020, 11 (15): 6450-6455.

[42] LIU Y, LIU B, MA C Q, et al. Recent progress in organic solar cells (Part I material science) [J]. Science China Chemistry, 2022, 65 (2): 224-268.

[43] DA SILVA J C, DE ARAúJO F L, SZOSTAK R, et al. Effect of the incorporation of poly(ethylene oxide) copolymer on the stability of perovskite solar cells[J]. Journal of Materials Chemistry C, 2020, 8(28): 9697-9706.

[44] KAMMLANDER B, SVANSTRöM S, KüHN D, et al. Thermal degradation of lead halide perovskite surfaces[J]. Chemical Communications, 2022, 58 (97): 13523-13526.

[45] YANG J, SIEMPELKAMP B D, LIU D, et al. Investigation of $CH_3NH_3PbI_3$ degradation rates and mechanisms in controlled humidity environments using *in situ* techniques[J]. ACS Nano, 2015, 9 (2): 1955-1963.

[46] CHUN-REN KE J, WALTON A S, LEWIS D J, et al. *In situ* investigation of degradation at organometal halide

perovskite surfaces by X-ray photoelectron spectroscopy at realistic water vapour pressure[J]. Chemical Communications，2017，53（37）：5231-5234.

[47] LIU Z，MENG K，WANG X，et al. *In situ* observation of vapor-assisted 2D-3D heterostructure formation for stable and efficient perovskite solar cells[J]. Nano Letters，2020，20（2）：1296-1304.

[48] CHEN B A，LIN J T，SUEN N T，et al. *In situ* identification of photo- and moisture-dependent phase evolution of perovskite solar cells[J]. ACS Energy Letters，2017，2（2）：342-348.

[49] XIAO Z，YUAN Y，SHAO Y，et al. Giant switchable photovoltaic effect in organometal trihalide perovskite devices[J]. Nature Materials，2015，14（2）：193-198.

[50] SHIN S S，YEOM E J，YANG W S，et al. Colloidally prepared La-doped $BaSnO_3$ electrodes for efficient，photostable perovskite solar cells[J]. Science，2017，356（6334）：167-171.

[51] KIM T，KIM J H，KANG T E，et al. Flexible，highly efficient all-polymer solar cells[J]. Nature Communications，2015，6（1）：8547.

[52] SAVAGATRUP S，PRINTZ A D，O'CONNOR T F，et al. Mechanical degradation and stability of organic solar cells：molecular and microstructural determinants[J]. Energy & Environmental Science，2015，8（1）：55-80.

[53] ROOT S E，SAVAGATRUP S，PRINTZ A D，et al. Mechanical properties of organic semiconductors for stretchable，highly flexible，and mechanically robust electronics[J]. Chemical Reviews，2017，117（9）：6467-6499.

[54] PENG Z，JIANG K，QIN Y，et al. Modulation of morphological，mechanical，and photovoltaic properties of ternary organic photovoltaic blends for optimum operation[J]. Advanced Energy Materials，2021，11（8）：2003506.

[55] NOH J，KIM G U，HAN S，et al. Intrinsically stretchable organic solar cells with efficiencies of over 11%[J]. ACS Energy Letters，2021，6（7）：2512-2518.

[56] LI Z，YING L，ZHU P，et al. A generic green solvent concept boosting the power conversion efficiency of all-polymer solar cells to 11%[J]. Energy & Environmental Science，2019，12（1）：157-163.

[57] JIA T，ZHANG J，ZHONG W，et al. 14.4% Efficiency all-polymer solar cell with broad absorption and low energy loss enabled by a novel polymer acceptor[J]. Nano Energy，2020，72：104718.

[58] GHASEMI M，HU H，PENG Z，et al. Delineation of thermodynamic and kinetic factors that control stability in non-fullerene organic solar cells[J]. Joule，2019，3（5）：1328-1348.

[59] TAHK D，LEE H H，KHANG D Y. Elastic moduli of organic electronic materials by the buckling method[J]. Macromolecules，2009，42（18）：7079-7083.

[60] O'CONNOR B，CHAN E P，CHAN C，et al. Correlations between mechanical and electrical properties of polythiophenes[J]. ACS Nano，2010，4（12）：7538-7544.

[61] KIM J H，NIZAMI A，HWANGBO Y，et al. Tensile testing of ultra-thin films on water surface[J]. Nature Communications，2013，4（1）：2520.

[62] KIM H J，KIM J H，RYU J H，et al. Architectural engineering of rod-coil compatibilizers for producing mechanically and thermally stable polymer solar cells[J]. ACS Nano，2014，8（10）：10461-10470.

[63] SONG R，SCHRICKX H，BALAR N，et al. Unveiling the stress-strain behavior of conjugated polymer thin films for stretchable device applications[J]. Macromolecules，2020，53（6）：1988-1997.

[64] HAN J，BAO F，HUANG D，et al. A universal method to enhance flexibility and stability of organic solar cells by constructing insulating matrices in active layers[J]. Advanced Functional Materials，2020，30（38）：2003654.

[65] PENG Z，XIAN K，LIU J，et al. Unraveling the stretch-induced microstructural evolution and morphology-stretchability relationships of high-performance ternary organic photovoltaic blends[J]. Advanced Materials，2023，35（3）：2207884.

[66] SUN Y，CHANG M，MENG L，et al. Flexible organic photovoltaics based on water-processed silver nanowire electrodes[J]. Nature Electronics，2019，2（11）：513-520.

[67] SUN Y，LIU T，KAN Y，et al. Flexible organic solar cells：progress and challenges[J]. Small Science，2021，1（5）：2100001.

[68] CHEN X，XU G，ZENG G，et al. Realizing ultrahigh mechanical flexibility and ＞15% efficiency of flexible organic solar cells via a "welding" flexible transparent electrode[J]. Advanced Materials，2020，32（14）：1908478.

[69] CAIRNS D R，WITTE R P，SPARACIN D K，et al. Strain-dependent electrical resistance of tin-doped indium oxide on polymer substrates[J]. Applied Physics Letters，2000，76（11）：1425-1427.

[70] HUANG W，JIANG Z，FUKUDA K，et al. Efficient and mechanically robust ultraflexible organic solar cells based on mixed acceptors[J]. Joule，2020，4（1）：128-141.

[71] WANG G，ZHANG J，YANG C，et al. Synergistic optimization enables large-area flexible organic solar cells to maintain over 98% PCE of the small-area rigid devices[J]. Advanced Materials，2020，32（49）：2005153.

[72] SONG W，FAN X，XU B，et al. All-solution-processed metal-oxide-free flexible organic solar cells with over 10% efficiency[J]. Advanced Materials，2018，30（26）：1800075.

[73] WAN J，FAN X，HUANG H，et al. Metal oxide-free flexible organic solar cells with 0.1M perchloric acid sprayed polymeric anodes[J]. Journal of Materials Chemistry A，2020，8（40）：21007-21015.

[74] WANG Z，HAN Y，YAN L，et al. High power conversion efficiency of 13.61% for 1cm^2 flexible polymer solar cells based on patternable and mass-producible gravure-printed silver nanowire electrodes[J]. Advanced Functional Materials，2021，31（4）：2007276.

[75] QU T Y，ZUO L J，CHEN J D，et al. Biomimetic electrodes for flexible organic solar cells with efficiencies over 16%[J]. Advanced Optical Materials，2020，8（17）：2000669.

第6章 其他先进表征手段

6.1 同步辐射和常规手段的联用

有机太阳能电池（OSCs）或钙钛矿太阳能电池所用溶液中并非单一溶质，以有机太阳能电池为例，其活性层是通过含有给/受体材料溶液挥发而自发形成具有独立连续电子和空穴传输通道的纳米互穿网络结构的体相异质结。体相异质结中一般存在晶体和非晶的分子构象，结晶取向、π-π 堆积取向和尺寸、结晶尺寸等，都是影响激子分离和电荷传输的关键因素。研究表明，高效的体相异质结中给体和受体材料间的相分离特征尺度应接近且小于激子的扩散长度 5～30nm，激子分离和电荷传输才会更加有效。因此，先进光伏材料存在着从原子分子尺度、超分子组合到纳米尺度等不同尺度的微观结构。另外，在溶液成膜过程中，其微观结构往往伴随着外场（温度、剪切、溶剂蒸气）的作用而演化。多方法联用，特别是同步辐射和常规方法（Raman 光谱、UV-vis 光谱等）联用，是全方位深入理解成膜演变机制的关键。

6.1.1 XRD/Raman 联用技术

WAXS 或 XRD 对材料的周期结构敏感，可获取晶型、晶胞参数及晶粒尺寸等信息。Raman 光谱对非极性基团的对称性分子振动敏感，可探测分子的骨架结构。SAXS 对材料的电子密度分布敏感，可用于研究复杂流体中新材料的纳米尺度结构，分子聚集形状、大小和分布等。以上三种技术的组合可以从原子排列、分子构成、分子聚集三方面对液相成膜或其他原位过程进行实时监测。

喷雾干燥过程在工业生产中非常重要，但对于其干燥过程和结构演变机制却知之甚少。Radnik 等在德国 BESSY II 同步辐射中心通过 X 射线散射和 Raman 光谱联用技术（图 6.1）监测了含磷钼酸铵为催化剂前驱体结晶的动态过程[1]。他们使用波长为 785nm 的 RXN 拉曼光纤光谱仪（Kaiser 光学系统），该光谱仪配备了 70mW 二极管激光器，激光束通过透射组光学聚焦后光斑直径为 1mm、焦距为 178mm。同步辐射加速器储存环内电流为 100mA、光子通量为 1×10^9 光子/s，光斑直径为 20～100μm。实验采用的波长为 1.03358Å。XRD 图谱的获取采用二维面探测器（MarMosaic，CCD，点扩散函数宽度约为 100μm），样品到探测器距离

230mm。XRD/Raman 联用可以从原子到纳米尺度上研究液体样品干燥和结晶过程中的动态演变。

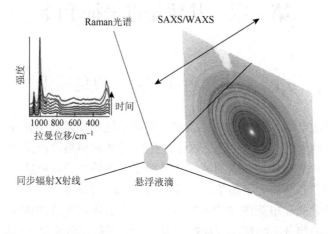

图 6.1　同步辐射 SAXS/WAXS 和 Raman 光谱同时测量示意图[1]

有机-无机界面是设计复杂功能材料的一个重要研究领域。其中，基于有机-无机界面的高效的生物传感器具有医疗应用前景，有机物质与碳纳米管的相互作用是研究热点之一。Haas 等在瑞士 MAX Ⅳ同步辐射光源，利用 SAXS/Raman 联用技术研究了溶液中单壁碳纳米管（SWCNT）分散在十二烷基硫酸钠（SDS）中的散射。图 6.2 是该 SAXS/Raman 和 SAXS/UV-vis 联用的示意图，液体样品池采用内径为 2.0mm，壁厚为 0.01mm 的石英玻璃毛细管。SAXS、Raman 光谱和

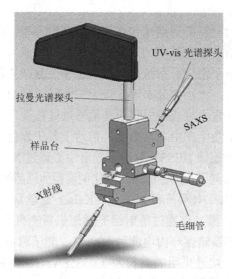

图 6.2　SAXS、Raman 光谱和 UV-vis 光谱联用测量的示意图[2]

UV-vis 光谱可探测样品同一点，光斑尺寸分别为 SAXS：200μm×200μm，UV-vis
光谱：直径 500μm，Raman 光谱：直径 85μm。支架配有基于铜管的温度控制单
元和恒温水浴，允许在 10～70℃ 范围内控制样品的温度。他们应用 SAXS/Raman
联用技术研究了 SDS 在溶液中修饰 SWNT 的机制。

众所周知，高分子材料聚醚酰亚胺（PEI）可通过吸水转换为四种晶体形式：
无水（EI/水 = 1/0）、半水（1/0.5）、倍半水（1/1.5）和二水（1/2）。分子链构象由
无水化合物（0）的双螺旋结构转变为半水化合物（0.5）、倍半水化合物（1.5）和
二水化合物（2）的平面之字形结构。Toshiro 等在日本同步辐射光源 SPring-8 的
BL45XU 线站应用 SAXS/WAXS/Raman 光谱联用（图 6.3）技术的时间分辨测量
研究 PEI 的转变动力学。X 射线波长 0.9Å，每隔 10s 采集一次 SAXS、WAXS 和
Raman 光谱数据。在 Raman 光谱测量中，采用激光波长为 633nm 的光纤光谱仪
（Lambda Vision 有限公司）。

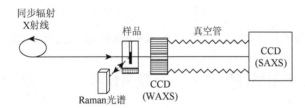

图 6.3　SAXS/WAXS/Raman 光谱联用测量的示意图[3]

研究发现，当 WAXS 测量显示其从无水化合物（0）到半水化合物（0.5）再
到倍半水化合物（1.5）时，拉曼带强度发生平行变化（图 6.4）。而当从无水化合
物（0）到半水化合物（0.5）、倍半水化合物（1.5）和二水化合物（2）的相变发
生时，SAXS 模式发生了显著变化。

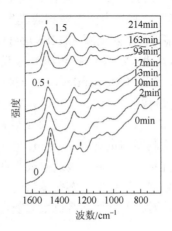

图 6.4　SAXS、WAXS 和 Raman 光谱联用测量得到的原位 Raman 光谱的变化[3]

上海光源的 Miao 等基于上海光源小角散射线站发明了一种用于 SAXS/WAXS/Raman 光谱联用测量的温度压力控制样品腔（图 6.5）。采用金刚石封窗结构，其原位压力达到 15MPa，温度达到 700K。该样品腔可用于有机太阳能电池或钙钛矿溶液在高温高压下联用研究[4]。

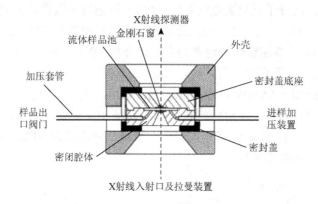

图 6.5　SAXS、WAXS 和 Raman 光谱联用温度压力样品腔

6.1.2　掠入射 X 射线散射和 UV-vis 联用技术

基于 X 射线在临界角附近的全反射特性，GISAXS 和 GIWAXS 可研究气-液界面、固-液界面微结构特性，可有效探测复杂流体中微相区大小、形状、取向、非晶区厚度、缓冲层厚度、长程有序结构等表面和内部微观形貌信息，还可得到缓冲层晶型、晶粒尺寸、结晶分子链取向等信息。UV-vis 吸收光谱可用于检测复合材料分子键的电子跃迁特性，确定分子的电子状态、极化特性、介电受限，进而推断分子空间立体结构。GISAXS、GIWAXS 和 UV-vis 光谱技术的组合可以从分子电子状态、分子聚集和吸收特性方面对液相成膜生长过程进行原位同时探测。

Hanrath 等在康奈尔高能同步辐射光源(CHESS)的 D1 线站应用 GISAXS/UV-vis 联用技术研究了胶体 CdSe/CdS 点/纳米棒（NR）薄膜的自组装过程。采用的 X 射线波长 $\lambda = 1.117\text{Å}$，面探测器（MedOptics）为一种光纤耦合 CCD 相机，像素大小为 $46.9\mu m \times 46.9\mu m$，总像素为 1024×1024，每个像素动态范围为 14 位。GISAXS 的掠入射角度在 $0.2° \sim 0.5°$ 之间，即略高于硅衬底的临界角。典型的曝光时间为 $0.1 \sim 1.0$s，样品到检测器的距离为 946mm。使用 FilMetrics F30 光谱仪测量 NR 薄膜的 UV-vis 透射光谱，其垂直于玻璃衬底平面，GISAXS 与 UV-vis 光谱为正交模式（图 6.6）。该腔室还设计用于溶剂蒸气退火，可精确控制温度、溶剂蒸气浓度和吹扫气体流速，因此可以用于有机太阳能电池和钙钛矿太阳能电池的溶剂蒸气退火原位研究。

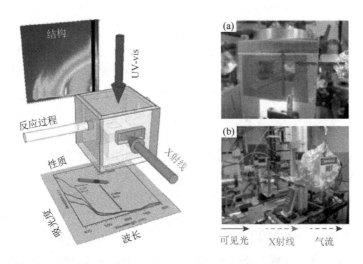

图 6.6　GISAXS/UV-vis 联用示意图和实物图

GISAXS 原位研究发现，预组装薄膜中的 NR 呈六角形排列，其长轴垂直于衬底平面，平行于 UV-vis 光轴（图 6.7）。UV-vis 光谱研究结果表明，与 NR 阵列相比，无序 NR 薄膜的光学吸收明显增强。因此，通过溶剂蒸气退火可以使 NR 从与 UV-vis 光轴平行方位转变到无序状态，同时薄膜从低吸收转变到高吸收状态。该 GISAXS/UV-vis 联用技术在新兴的光电技术中具有潜在应用。

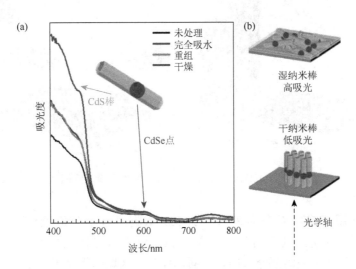

图 6.7　NR 薄膜的 GISAXS/UV-vis 联用原位研究[5]

（a）波长为 46nm（长宽比为 9）NR 阵列的不同结构构型对应的 UV-vis 吸收光谱；（b）光束相对于衬底上 NR 阵列的方向

为了理解和掌握金属-聚合物界面的纳米结构演化及其对光电性能的影响，Matthias 等在聚苯乙烯薄膜上溅射金的过程中，采用原位时间分辨微聚焦掠入射小角 X 射线散射（µGISAXS）和原位 UV-vis 镜面反射光谱（SRS）相结合的方法研究了金属-聚合物界面的纳米结构演化[6]。µGISAXS 是在德国 DESY 的 PETRA Ⅲ的 P03/MiNaXS 线站完成的。该 µGISAXS 实验站集成了高度自动化的射频（RF）溅射室，可以实现对其形态演变进行原位、实时测量。入射光子能量为 13keV，光斑尺寸为 31µm×24µm。样品与检测器的距离（SDD）设置为(1836±2)mm，探测器为 PILATUS 300k（Dectris 公司，瑞士），像素尺寸为 172µm×172µm。溅射沉积实验是在(91±5)nm 薄聚苯乙烯薄膜（PS280，分子量 M_w = 280000g/mol，Sigma-Aldrich 公司，英国）上进行的，该薄膜是由 13.1g/L 甲苯聚合物溶液旋涂到事先酸清洗的 Si 衬底上获得的。

对于 UV-vis 镜面反射光谱（图 6.8），采用 150W 的 LOT-Oriel（Darmstadt 公司，德国）氙灯光源及光纤引入和光纤接收。入射角 α_{inc} = 53.47°，反射角等于入射角，接收光纤直接连接到 Andor Shamrock 光谱仪（Belfast 公司，英国），聚焦光斑大小约为 0.5mm×0.5mm。样品曝光时间为 0.02s，累计 50 次以获得平均光谱。使用 He-Ne 激光器（Newport Spectra-Physics 公司，德国）对光谱仪进行了特定校准，其波长为 632.816nm。

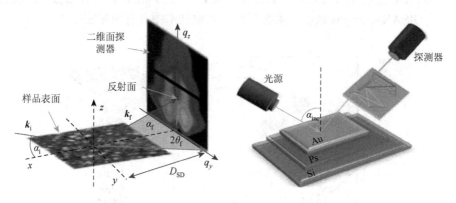

图 6.8　µGISAXS 和 UV-vis 光谱联用测量示意图[6]

他们使用 DPDAK 软件对 µGISAXS 数据进行了分析处理[7]。基于原位µGISAXS 实时测量，观察到金纳米薄膜的四个不同生长阶段：孤立球形岛的成核和生长、半球形星团的部分聚结、平面球体分支区域的粗化聚结生长和连续层生长（图 6.9）。此外，他们还发现在溅射沉积过程中，原始灰蓝色聚苯乙烯薄膜的光学反射率发生了变化，即从深蓝色（界面上存在孤立的纳米团簇）转变为鲜红色（有较大的金纳米颗粒的聚集）。

图 6.9 基于原位 μGISAXS 测量得到纳米金薄膜的演变过程[6]

对于有机太阳能电池（OSCs），Yan 等利用 UV-vis 原位研究了 OSCs 溶液的 UV-vis 吸收光谱随温度变化（图 6.10），吸光度光谱的显著红移表明聚合物在低于约 58℃ 的温度下发生了聚集。在 90℃ 的刮涂过程中，原位 UV-vis 在 700nm 处的吸收强度变化表明，成膜过程大致可以分为两个阶段，8s 左右薄膜形成。但是，在 ALS 的 7.3.3 线站完成的原位 GISAXS 和 GIXRD 研究表明，成膜时间大约 80s。可以注意到，分别测量的掠入射散射的演变与 UV-vis 得到的聚集特性的演变并不相同[8]。

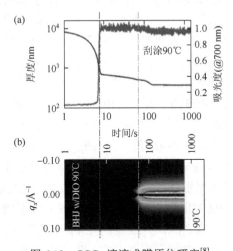

图 6.10 OSCs 溶液成膜原位研究[8]

成膜过程中原位 UV-vis 吸收光谱（a）和掠入射 X 射线散射（b）随时间变化

2020 年，德国同步辐射光源 PETRA Ⅲ 的实验站的原位 GIWAXS 测量结果表明刮涂成膜的时间约为 132s，而在实验室原位 UV-vis 吸收光谱测量结果表明成膜时间为 30s 左右[9]，掠入射 X 射线散射和 UV-vis 光谱分别测量得到的结果有着动力学分歧。上海光源的杨春明等发明了一种用于液体刮涂成膜的 GISAXS/GIWAXS/UV-vis 同时测量的原位实验装置，包括：液相刮涂成膜原位系统和 GISAXS/

GIWAXS/UV-vis 同时测量系统。液相刮涂成膜原位系统可以通过刮刀对溶液的刮涂实现纳米级别薄膜的形成，可以通过变温块对样品进行成膜的温度控制；GISAXS/GIWAXS/UV-vis 同时测量系统可以实现与 X 射线系统的切光校准，完成沿着 X 射线方向的 GISAXS/GIWAXS 的测量和垂直 X 射线方向上的 UV-vis 吸收光谱的同时采集。该发明可以实现有机太阳能电池、钙钛矿太阳能电池等液相成膜过程中，太阳光谱吸收、结晶特性及相分离形貌的同时测量[10]。

6.1.3 XAFS-IR 联用谱学技术

X 射线吸收精细结构（XAFS）是研究原子近邻结构独具特色的方法，红外光谱（infrared spectroscopy，IR）敏感于偶极矩或电荷分布变化等的不对称分子振动，因此对于研究钙钛矿太阳能电池（PSCs）内部结构的表征上述两种技术是非常有力的工具。

对于使用溶液工艺制造钙钛矿太阳能电池，了解钙钛矿前驱体溶液的特性以实现高性能和可重复性是至关重要的。烷基铵三卤化铅钙钛矿（alkylammonium lead trihalide perovskite，ALHP）光伏在 2012~2022 年发展迅速，但仍存在一些关键性的挑战，如质子缺陷，这可能导致 ALHP 材料的不稳定。虽然一些策略，如使用卤化物添加剂等，已经显著减少了缺陷，但对缺陷钝化机制的基本理解仍然是不充分的。Park 等采用原位 XAFS 研究在钙钛矿前驱体溶液中加入离子卤化物来减少 ALHP 晶体中质子缺陷的机制[11]。

基于韩国浦项光源（PLS-II）的 BL10C 线站，3.0GeV、400mA 储存环电流及恒流（top-up）运行模式，采集了样品的 Pb L_3 边 XANES 谱和 I K 边 EXAFS 的 X 射线吸收谱线[11]。BL10C 线站是一条 Wiggle 插入件光束线，使用 N_2/Ar 混合气体电离室（IC-SPEC，FMB Oxford）记录样品前后光强。在第三离子室前放置参考铅箔，同时对每次测量进行能量校准。原位变温 EXAFS 实验采用由 V 型折叠聚酰亚胺管［直径 0.075in（1in = 2.54cm）］组成的原位光谱加热池（图 6.11）。溶液管放置在两个加热卡盘之间，并压至约 150μm 的厚度。在原位变温 EXAFS 测量中，前驱体溶液在温度控制下以 0.42℃/min 的加热速率加热到 100℃。通过标准的数据分析过程，在 2.5~12.0Å^{-1} 范围内，获得了 k^3 加权 Pb L_3 边和 I K 边的 EXAFS 谱的傅里叶变换径向分布函数 $k^3\chi(k)$。

利用原位 EXAFS 表征钙钛矿的结构变化，可以发现钙钛矿相的特征峰。共观察到 M_n（低于 13042eV）、a^n（13050eV）、b^n（约 13060eV）和 c^n（超过 13070eV）四个峰（其中 n 为整数）。较强的 M_n 峰对应于 β-MAPbI$_3$ 和 α-MAPbI$_3$。最深的 b^2 峰对应 β-MAPbI$_3$。前驱体 ALHP-E 的 b 峰出现在 100℃，比 ALHP-T 的 b 峰出现的时间早。这种变化归因于 ALHP-E 中 β-MAPbI$_3$ 的形成。对比 EXAFS 模拟和

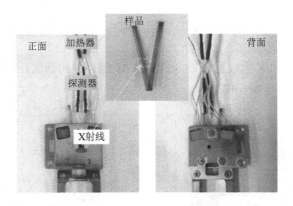

图 6.11　XAFS 测量用 V 型原位变温样品池[11]

实验结果，在 MAPbI$_3$ 前驱体溶液中加入 I$_3^-$ 的初始作用是防止碘铅的氧化。当 ALHP-T 和 ALHP-E 的温度升高时，I$_3^-$ 与 2e$^-$ 转化为 3I$^-$，类似于染料敏化太阳能电池中的 I$_3^-$/3I$^-$ 氧化还原反应前驱体中 I$^-$ 的保留。ALHP-C 中 H$_2$O 分子在室温下的稳定可归因于少量未反应的催化 Pb 原子，湿度控制空气中的 H$_2$O 分子通过在 ALHP-C 中形成亚稳的 Pb—OH 键而丧失 Pb 的催化作用，从而增加 α-MAPbI$_3$ 和 β-MAPbI$_3$ 相形成的活化能（E_a）。在另外两种 ALHP 前驱体中，加入 I$_3^-$ 和保留部分 Pb 可以生成碘铅簇。同时，H$_2$O 分子可以作为强催化剂与 I$^-$ 进行预反应。这最终导致 β-MAPbI$_3$ 相通过 E_a 的降低而形成，这也反映在 b 和 c 深峰的出现上。

　　另外，为了获得傅里叶变换红外光谱（Fourier transform infrared spectroscopy，FTIR），将溶液（约 3μL）加载在两个抗折射涂层 ZnSe 窗口（直径为 25mm，厚度为 2mm）之间，并用 9μm 厚的聚四氟乙烯隔开。窗口安装在样品池上（DLC-M25，Harrick Scientific 公司，美国）。所有的 FTIR 都是在(25.0±0.1)℃的 N$_2$ 气体环境中收集的。对于每个 FTIR，平均扫描 128 次，光谱分辨率为 0.5cm^{-1}。为了消除两个 ZnSe 窗口的吸收，分别收集窗口的 FTIR 并从样品光谱中减去，将样品池放置在一个温控腔内来升降温。

　　利用 FTIR 可以基于分子动力学在皮秒时间尺度上观察钙钛矿成膜过程。在约 972cm^{-1} 和 1000cm^{-1} 处的峰值分别对应于 H$_3$C—NH$_3^+$ 键的 ν12 振荡振动和 MA$^+$ 的 C—N—键的 ν5 拉伸振动。三种 MAPbI$_3$ 前驱体均含有 MA$^+$，差异不大，这意味着 ALHP-C 和 ALHP-T 在不同质子转移动力学下以某种方式稳定了 MA$^+$。在约 955cm^{-1} 处观察到一对窄峰，这与异丙醇（IPA）的 CH$_3$—C—CH$_3$ 键延伸有关。因此，FTIR 测量结果表明，质子转移引起的稳定的 MA$^+$ 触发了 β-MAPbI$_3$ 核的形成，最终产生了更稳定的薄膜。EXAFS 分析也证实了 I$_3^-$ 的加入可以控制 ALHP 前驱体中 β-MAPbI$_3$ 核的优先形成，从而获得以 β 相为主的 MAPbI$_3$ 薄膜。

上海光源 BL14W 吸收谱线站开发的 XAFS/IR 联用装置，可以对钙钛矿等进行原位的同时检测（图 6.12）。

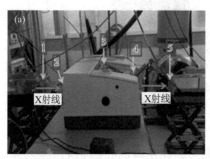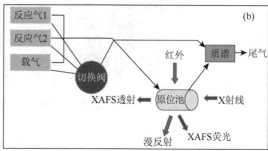

图 6.12　上海光源 BL14W 吸收谱线站 XAFS/IR 联用装置

1. 前电离室；2. 入射窗口；3. 红外吸收光谱仪；4. 出射窗口；5. 后电离室

6.1.4　其他联用技术

除了上述原位技术以外，基于同步辐射装置也发展了其他的多方法联用技术。Weckhuysen 等[12]在欧洲同步辐射光源（European Synchrotron Radiation Facility，ESRF）建立了 X 射线吸收光谱/小角 X 射线散射/广角 X 射线散射/紫外-可见吸收光谱（XAS/SAXS/WAXS/UV-vis）的多方法联用装置（图 6.13）。他们利用电离室和光电二极管来记录 XAS 数据，应用一个多通道一维探测器（INEL）作为 WAXS 探测器，SAXS 相机真空管道直径为 1.8m，UV-vis 光谱采用的是 400mm 的光纤光谱仪。样品填充入 0.7mm 的毛细管中，通过热风鼓风机实现加热。

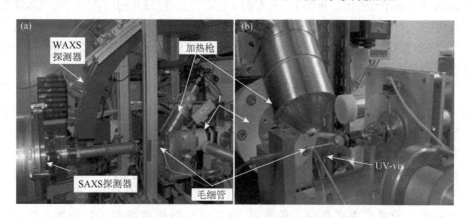

图 6.13　XAS/SAXS/WAXS/UV-vis 联用装置

图 6.14 为 SAXS/WAXS/XAFS/Raman 多方法联用示意图[13]，研究了 ZnAPO-34
（CHA 型）分子筛的水热结晶，跟踪了非晶前驱体凝胶向结晶微孔材料复杂转变
过程中的各个步骤。从 Raman 光谱可以看出，在 664cm^{-1} 和 674cm^{-1} 处对应于两个
构象异构体 TEAOH 模板发生变化；从 XAFS 可以看出 9.677keV Zn K 边的演变，
表明是一个 Zn$_2^+$ 结构。在 SAXS 图谱中，散射矢量 q 为 0.01Å^{-1} 和 0.04Å^{-1} 处有着
明显的变化。从 WAXS 图谱中可以看到典型的 ZnAPO-34 特征衍射峰的变化，表
明其结晶的四个阶段。该多方法联用工作研究了反应的各个阶段的所有成分从原
子/分子水平到纳米尺度的完整演变过程。

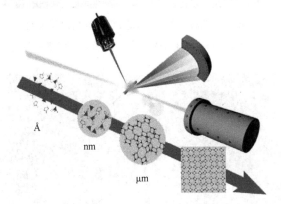

图 6.14　SAXS/WAXS/XAFS/Raman 测量联用示意图[13]

偏振光显微镜（POM）可以有效地观测到具有双折射特性的各向异性结构。
许多研究采用 POM 分析来表征聚合物的非均质结构。微聚焦束小角 X 射线散射
（μSAXS）具有微米级的空间分辨能力。Miao 等在上海光源 BL19U2 线站建立了
由复合折射透镜（compound refractive lenses，CRLs）和原位偏光显微镜组成的
μSAXS/POM 同轴同步测量系统（图 6.15）。通过应用 CRLs 实现了尺寸为
5.43μm×6.52μm 的微聚焦光斑（图 6.16），光子通量为 2.52×10^{11} 光子/s[14]。

为了获得真实的显微结构信息，偏光显微镜的可见光路径被设置为与 X 射线
同轴，以消除视场偏差。

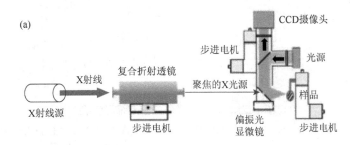

图 6.15　上海光源 μSAXS/POM 联用测量系统

（a）μSAXS/POM 同步测量系统的示意图；（b）实物图

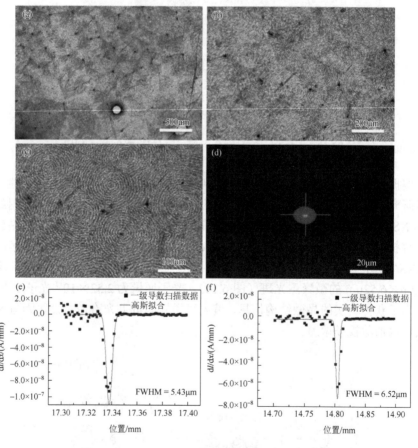

图 6.16　μSAXS/POM 联用测量系统测量结果[14]

（a）～（c）经复合屈光透镜聚焦后偏振光显微镜视场中不同放大倍率下的图像；（d）碘化铯晶体上的光束；
微聚焦 X 射线水平方向（e）和垂直方向（f）上光斑尺寸及拟合结果

6.2　基于衍射极限环的同步辐射实验方法及其应用

6.2.1　基于衍射极限环的同步辐射光源发展过程及其主要特点

自从 1947 年首次观测到同步辐射现象以来，经历 70 多年的发展，同步辐射装置已经遍布全球各地。基于同步辐射的谱学、衍射/散射、成像和显微等先进技术在诸多领域如物理、化学、材料科学、能源、环境、生命科学、考古、医学等都有重要应用，为前沿领域的发展提供了强有力的技术支撑[15-18]。

迄今，同步辐射光源经历了四代的发展。

第一代同步辐射光源被称为"兼用光源"，主要是"寄生"于高能物理粒子对撞实验装置中的电子同步加速器。从电子同步加速器的偏转磁铁引出的同步辐射光。同步辐射的发射度较大（1000nm·rad 量级），亮度较低。

第二代同步辐射光源则是专用光源。1970 年以后，同步辐射开始被广泛利用，通常由电子储存环的偏转磁铁产生的同步辐射通过束线输出到各个实验站。同步辐射的发射度降低到 40～150nm·rad。相应地，其亮度相较于第一代同步辐射光源有一定提升。

第三代同步辐射光源。1980 年之后建造的电子储存环中加入了波荡器和扭摆器等插入件作为同步辐射的输出装置。通过对束流发射度的优化（<10nm·rad），光源的亮度得到了极大提升，这使得传统的谱学、衍射/散射和显微/成像等技术得到充分发挥。并且，从波荡器输出高亮度且部分相干的 X 射线，孕育了一些新的相干成像技术。

第四代同步辐射光源。随着同步辐射技术在众多前沿科学领域的重要应用，科学家对物质微观结构和量子现象的理解逐渐深入。然而，随着科学技术的迅猛发展及新技术的孕育，科学研究对高亮度、高相干性、高能量分辨和高时空分辨的同步辐射的需求日益增强，以期探索复杂体系的微观世界。衍射极限同步辐射光源和自由电子激光是发展趋势[19]。

衍射极限同步辐射光源通过将束流发射度降低到光学衍射极限（辐射波长/4π，<10nm·rad），获得高亮度、高空间相干的同步辐射。目前已建成的衍射极限同步辐射装置有瑞典 MAX Ⅳ光源和巴西的 Sirius 光源[20]，在建的有美国先进光子源（APS-U）、北京高能同步辐射光源（HEPS）和合肥先进光源（HALF，中低能区）。

衍射极限同步辐射光源的优点主要有：

（1）高亮度。衍射极限同步辐射光源比第三代同步辐射光源亮度高 2～3 个量级，相应的实验表征速度提升 2～3 个量级，这大大提高了检测效率。

（2）小光斑。第三代同步辐射光源的光斑从几十微米到几百微米，衍射极限同步辐射光源的光斑可以达到几微米，比第三代同步辐射光源的光斑小 1～2 个量级。结合聚焦技术，可以获得纳米尺度光斑，进而获得纳米尺度的空间分辨率，以实现纳米尺度的探测。

（3）高能量分辨率。衍射极限同步辐射光源可以获得毫电子伏特量级的能量分辨率，这有助于提升谱学技术的整体能量分辨率，进而提高检测效率和检测极限。

（4）高相干性。第三代同步辐射光源中相干光占比小于 0.1%，衍射极限同步辐射光源中相干光占比有 2 个量级以上提升，非常适合发展新型 X 射线相干衍射成像技术。

（5）高时间分辨率。衍射极限同步辐射的脉冲间隔提升到纳秒量级，可以获得纳秒量级的时间分辨率，用于物质微观结构动力学过程研究。然而，该时间分辨率与自由电子激光飞秒量级的时间分辨率还有差距。

6.2.2 基于衍射极限环的同步辐射技术及应用实例

基于同步辐射的传统实验技术，如谱学技术、X 射线衍射/散射技术以及相应成像和显微技术都能在衍射极限环上实现[21]。衍射极限环的高亮度、高能量分辨率和高时空分辨率赋予这些同步辐射技术更高的灵敏度和探测精度，大大提高探测能力[22]。

（1）X 射线吸收谱（XAS）、光电子能谱、X 射线磁圆二色（XMCD）谱等光子进-电子出模式的谱学技术是研究体相材料和大尺寸异质界面电子结构的重要工具[23]。衍射极限同步辐射的高亮度、高能量分辨率可提高谱学数据采集效率以及谱学技术的检测极限，实现低元素含量或者弱磁性的检测；小光斑及相应高空间分辨率使得纳米材料和应用器件的电子结构的研究成为可能，将研究对象从模型体系拓展到应用材料和实际器件，揭示真实体系宏观物性的微观机制，直接建立电子结构和器件性能之间的关系；纳秒量级时间分辨率一方面提升谱学技术的时间分辨率，另一方面衍生的时间分辨 XAS 和时间分辨 XMCD 谱，可以研究自旋流的产生、传输及耗散，理解自旋电子学器件甚至自旋光电器件的工作机制。

（2）共振非弹性 X 射线散射（RIXS）是一种光子进-光子出模式的谱学技术。RIXS 也是由 X 射线吸收过程演变而来的。图 6.17（a）为 X 射线吸收过程示意图，材料吸收 X 射线，导致芯能级电子受激跃迁到未占据态轨道，同时产生一个芯能级空穴的激发中间态。价电子退激发，填补芯能级空穴，同时发射出另一个光子 [图 6.17（b）]。因此，RIXS 是一种光子进-光子出模式的谱学技术。X 射线吸收过程可以提供未占据态信息；而退激发过程涉及芯能级空穴、导带受激电子和价带电子之间的相互作用，因此 RIXS 可以同时获得材料占据态和未占据态信息，用以探测样品原子轨道、电荷、电子自旋与轨道耦合和磁自由度等信息。图 6.17(c)为 5190eV 光子能量测得 MAPbI₃、

PbI_2 以及一些二维钙钛矿的 RIXS 谱[24]。谱峰对应于 I 5p 到 I 2s 的退激发及 $L\gamma_4$ 发射。相较于二维钙钛矿薄膜，$MAPbI_3$ 和 PbI_2 薄膜的 I 5p 电子态具有更高能量。这一结果与光电子能谱结果一致，如图 6.17（d）中插图所示，二维钙钛矿薄膜的价带顶更靠近费米面。然而，不同于光电子能谱，价带顶的信号对 RIXS 贡献较大。当光电子能谱信号较弱时，RIXS 或是一种获得占据态信息的替代方法。

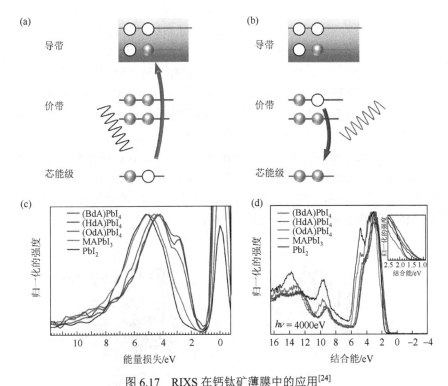

图 6.17　RIXS 在钙钛矿薄膜中的应用[24]

X 射线吸收（a）和 X 射线发射（b）过程示意图；$MAPbI_3$、PbI_2 以及一些二维钙钛矿的 RIXS 谱（c）和价带光电子能谱（d）

　　RIXS 在第三代同步辐射光源硬 X 射线波段已广泛应用。然而，在软 X 射线波段，由于测量的轻元素的荧光产额小，谱图信噪比差，相应技术发展和应用缓慢。衍射极限同步辐射的高亮度、高能量分辨率将促进 RIXS 技术在软 X 射线波段的应用。光子进-光子出的模式使得 RIXS 比光子进-电子出的技术有更深的探测深度，可以达到 100nm。同时，基于软 X 射线共振吸收和退激发过程在元素分辨性、轨道分辨性以及化学环境敏感性上的优势，RIXS 通过测量二次电子的退激发获得更高的谱学能量分辨率，进而用于复杂混合价态体系的价态分析和强关联体系精细电子结构研究[25-28]。

　　（3）掠入射 X 射线散射（GIXS）和共振软 X 射线散射（R-SoXS）。X 射线散射技术的基本原理见第 1 章 1.4.2 节。GIXS 是表征薄膜材料表界面纳米结构的有力工具。衍射极限同步辐射的高亮度、小光斑优势有利于纳米器件的深度敏感测量，揭示真实器件界面结构。R-SoXS 技术由 X 射线吸收过程演变而来，XAS 技术的基本原理见第 1 章 1.4.1 节。利用入射 X 射线的偏振性，R-SoXS 技术同样可以研究有机分子的取向[29]。在有机太阳能电池和钙钛矿太阳能电池中，有机光吸收层和有机电荷传输层[30]存在有机电子给体和受体的非均匀分布的界面，以及光吸收层/有机电荷传输层异质界面。非均匀界面处有机材料相区尺寸及相区纯度、分子取向、异质界面处的分子取向等影响电荷分离效率[31-33]。在全有机薄膜太阳能电池的溶液印刷过程中，Bao 课题组提出一种控制液体流速的 FLUENCE 方法来优化 PII-tT-PS5 和 P(TP)共混有机薄膜形貌[34]。利用 R-SoXS 技术对薄膜内相区尺寸进行了研究，如图 6.18 所示。使用具有线偏振性的 283.5eV 软 X 射线作为激发能量，该能量对应于在 C 1s⟶π*跃迁。从图 6.18（b）可以看出，FLUENCE 方法制备薄膜的散射图具有明显的散射各向异性，而参比样品的散射各向异性较弱。PII-tT-PS5 电子给体分子的有序取向可以解释这种差异。图 6.18（c）说明了 PII-tT-PS5 电子给体相从无序到有序的转变以及相应相区尺寸的减小。相应的结果也用于解释太阳能电池性能提升的微观机制。

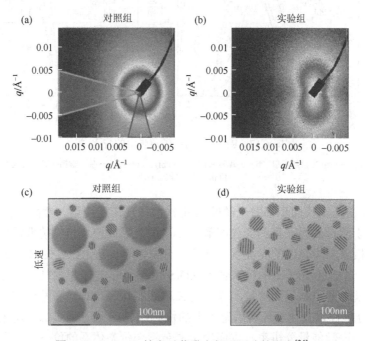

图 6.18　R-SoXS 技术对薄膜内相区尺寸的研究[34]

常规方法（a）和控制液体流速法（b）制备的薄膜的二维 R-SoXS 谱，亮度越强代表信号越强；（c）和（d）相应薄膜的相分离结构示意图

利用衍射极限同步辐射的高亮度、高空间分辨率和高时间分辨率，使 R-SoXS 成为有机薄膜表界面形貌及毫秒时间尺度演变表征的重要手段。

（4）光电子显微镜（PEEM）和扫描透射 X 射线显微（STXM）技术。其基本原理见第 1 章 1.4.3 节。PEEM 技术基于光电效应原理，利用光学系统对光电子进行成像。扫描透射 X 射线显微技术以纳米 X 射线为探针，基于样品中的元素对 X 射线吸收敏感性，扫描探测样品不同位置的成分及相应分布[35]。衍射极限同步辐射的高亮度和小光斑优势，大大提高显微和成像技术的空间分辨率和实验测试效率。

同时，衍射极限环的高相干性，适合发展相干 X 射线衍射成像技术，如叠层相干衍射成像和平面波相干衍射成像技术[36]。图 6.19 展示了在瑞典 MAX Ⅳ 光源 NanoMAX 光束线[37]上相干 X 射线衍射测量示意图、CsPbBr$_3$ 纳米晶及三维图像[38]。如图 6.19（a）所示，k_i 和 k_s 分别为入射光和散射光的波矢；$Q = k_s - k_i$ 代表 x 轴方向的波传递矢量。当纳米晶的尺寸小于入射同步辐射相干长度，且布拉格反射不与探测器平面交叠时，才能在二维探测器上获得相干衍射信号（红色等值面图）。图 6.19（b）展示了 CsPbBr$_3$ 纳米晶的扫描电子显微镜图。立方 CsPbBr$_3$ 纳米晶的尺寸在几百纳米量级，且没有出现明显的缺陷和畴结构。图 6.19（c）为利用衍射

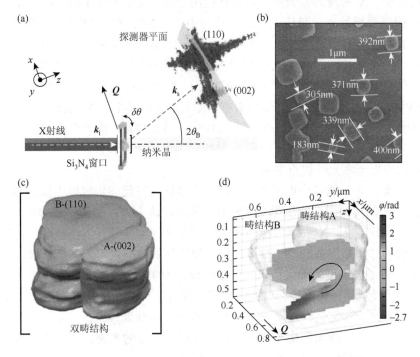

图 6.19　相干 X 射线衍射测量 CsPbBr$_3$ 纳米晶[38]

（a）相干 X 射线衍射实验测量示意图；（b）CsPbBr$_3$ 纳米晶 SEM 图；（c）CsPbBr$_3$ 纳米晶畴结构三维图像；
（d）垂直于 Q 矢量的畴结构 A 和 B 的截面图，白色区域由位错导致

信号构建的纳米晶的实空间三维结构。在立方纳米晶内存在(002)和(110)取向两个 A、B 畴，两个畴的体积比 A/B≈0.36。从剖面图 6.19（d）看出(110)畴中存在位错缺陷。相干 X 射线衍射成像作为无损的探测技术可以获得纳米材料微结构信息，如纳米晶和纳米线的铁弹畴[39]，理解应力和缺陷对微结构的影响，促进新型功能器件的开发。

6.3　基于 X 射线自由电子激光的相关技术及其应用

6.3.1　自由电子激光技术的发展及其主要特点

自由电子激光和衍射极限同步辐射光源同属于第四代同步辐射光源。

自由电子激光的发展早于衍射极限同步辐射光源。1971 年，John Madey 发现自由电子与光的相互作用产生相干辐射放大，提出了自由电子激光的概念。1976 年，John Madey 发明了远红外自由电子激光器。随后建成了近红外和可见光波段的自由电子激光器。由于缺少极紫外和 X 射线波段的反射镜材料，限制了该波段自由电子激光的发展。X 射线的波长短到可以直接用于解析物质的原子结构，是研究物质微结构的重要探针。在科研人员的不断努力下，2005 年，德国率先建成软 X 射线波段自由电子激光装置[40]。2009 年，美国直线加速器相干光源的成功推动了世界范围内基于加速器的 X 射线自由电子激光的发展[41]。随后，日本[42]、意大利[43]、韩国[44]、瑞士[45]和中国[46]都陆续建成了 X 射线自由电子激光装置[47]。截至 2022 年，全球共有 8 台 X 射线自由电子激光装置，其中软 X 射线自由电子激光装置 3 台。我国上海已建成软 X 射线自由电子激光装置；大连已建成极紫外自由电子激光装置。目前，上海在建硬 X 射线自由电子激光装置。

X 射线自由电子激光的优点主要有：

（1）高亮度。X 射线自由电子激光的峰值亮度比第三代同步辐射光源高 9~10 个量级，相应的实验表征速度提升 9~10 个量级，这大大提高了检测效率。

（2）高时间分辨率。X 射线自由电子激光的脉冲间隔提升到飞秒量级，可以获得飞秒量级的时间分辨率。原子核运动和电子输运的时间尺度为飞秒量级，因此 X 射线自由电子激光可用于飞秒量级分子结构动力学和电子动力学的研究。

（3）全相干性。第三代同步辐射光源中相干光占比小于 0.1%，X 射线自由电子激光为全相干光，非常适合发展新型 X 射线相干衍射成像技术。

（4）小光斑。X 射线自由电子激光可以实现纳米尺度的光斑，结合飞秒量级时间分辨率，可以实现纳米空间的超快动力学探测。

（5）高能量分辨率。X 射线自由电子激光可以实现高于 10000 的能量分辨率，这有助于提高谱学技术的整体能量分辨率，进而提高检测效率和检测极限。

6.3.2　X 射线自由电子激光相关技术及应用实例

X 射线自由电子激光的突出优点就是超高的亮度和飞秒时间分辨率，使其成为研究原子尺度超快过程的重要探针。基于泵浦-探测方法的飞秒技术，如飞秒 X 射线散射和衍射、超快电子衍射（UED）等技术是研究超快微观结构动力学过程的利器。基于 X 射线自由电子激光的超快相干成像技术，可用于研究材料纳米尺度的晶格动力学过程，适合无法结晶或者晶粒在微米尺度的样品的结构研究。飞秒 X 射线吸收光谱、飞秒 X 射线荧光发射光谱、飞秒 X 射线磁圆二色性谱、飞秒共振非弹性 X 射线散射技术可以获得电子态信息，研究电子激发态超快动力学过程[48]。

Zhang 等使用基于 X 射线自由电子激光的超快电子衍射技术研究了二维钙钛矿材料光激发态下的结构动力学，以期理解电荷-晶格之间的相互作用[49]。使用 75fs 的脉冲激光作为激发光源，实现价电子到导带的激发。使用 150fs 的脉冲电子束对结构动力学进行探测，揭示电荷和晶格相互作用相关的能量耗散过程。根据激发态不同时间的电子衍射图，用以理解皮秒量级的结构演变过程。从激发态经过 (2 ± 1)ps 之后的 UED 图看到(040)、(400)及(220)衍射峰信号明显增强。光生电子与晶格之间的相互作用导致面内晶格重排。层间 Pb—I 键的夹角 2θ 由 24°减小到 0.5°。

在 2009～2025 年的十几年间，铅卤钙钛矿材料由于较长的载流子寿命和载流子扩散长度、高的光致发光量子产率在光电子学领域表现出极大的前景。这些材料可以通过低温溶液处理而较廉价地获得，然而它的微观工作机制还不是很清楚。Guzelturk 等[50]应用美国加利福尼亚州直线加速器相干光源（linac coherent light source，LCLS）的飞秒 X 射线脉冲对单晶 $MAPbBr_3$ 进行了 X 射线漫散射研究。单色 X 射线探测脉冲的能量为 13.5keV，该脉冲由 4.5keV 基波的三次谐波产生。X 射线的频率为 120Hz，脉冲持续时间约为 80fs。X 射线的每个脉冲约含 10^6 个光子，可避免 X 射线对钙钛矿样品造成辐照损伤。X 射线以 0.3°的掠入射角入射到样品表面，样品处的 X 射线光斑尺寸为 30μm×30μm。

平行于晶体表面的晶格平面的 X 射线衍射信号被记录在一个大面积探测器上。$(\bar{1}\bar{3}2)$ 面布拉格峰附近（$q\approx0$nm^{-1}）和尾区（$q=0.4$nm^{-1}）的瞬态散射强度随时间的演变用于探测和理解激发后局部晶格畸变的时空演变。在 $q=0.4$nm^{-1} 时，时间从零开始相对强度迅速下降，而当 $q\approx0$nm^{-1} 时却有数十皮秒的延迟发生。波矢 q 处的响应对应着实际空间中约 $1/q$ 长度尺度的失真。对比不同极化畸变情况下的一维摇摆曲线结果，发现极化畸变半径 r 为 1nm（下）、5nm（上）引起的摇摆曲线中诱导漫射信号的差异，与极化子（polaron）的半径密切相关。该研究揭示了铅卤钙钛矿中的光生载流子导致了皮秒量级时间尺度以及纳米量级空间尺度上的结构扭曲，并由此产生了极化子。飞秒分辨率漫散射技术实时测量了铅卤钙钛矿的结构演变，并定量获得了局部应变场的大小及形状。

参 考 文 献

[1] RADNIK J R, BENTRUP U, LEITERER J, et al. Levitated droplets as model system for spray drying of complex oxides: a simultaneous *in situ* X-ray diffraction/Raman study[J]. Chemistry of Materials, 2011, 23 (24): 5425-5431.

[2] HAAS S, PLIVELIC T S S, DICKO C. Combined SAXS/UV-vis/Raman as a diagnostic and structure resolving tool in materials and life sciences applications[J]. The Journal of Physical Chemistry B, 2014, 118 (8): 2264-2273.

[3] HASHIDA T, TASHIRO K, ITO K, et al. Correlation of structure changes in the water-induced phase transitions of poly(ethylenimine)viewed from molecular, crystal, and higher-order levels as studied by simultaneous WAXD/SAXS/Raman measurements[J]. Macromolecules, 2010, 43 (1): 402-408.

[4] 缪夏然, 周平, 宋良益, 等. 一种用于流体微观结构联用测量的温度压力控制样品腔: 202023014523.1[P]. 2020-12-15.

[5] OCIER C R, SMILGIES D M, ROBINSON R D, et al. Reconfigurable nanorod films: an *in situ* study of the relationship between the tunable nanorod orientation and the optical properties of their self-assembled thin films[J]. Chemistry of Materials, 2015, 27 (7): 2659-2665.

[6] SCHWARTZKOPF M, SANTORO G, BRETT C J, et al. Real-time monitoring of morphology and optical properties during sputter deposition for tailoring metal-polymer interfaces[J]. ACS Applied Materials & Interfaces, 2015, 7 (24): 13547-13556.

[7] BENECKE G, WAGERMAIER W, LI C, et al. A customizable software for fast reduction and analysis of large X-ray scattering data sets: applications of the new DPDAK package to small-angle X-ray scattering and grazing-incidence small-angle X-ray scattering[J]. Journal of Applied Crystallography, 2014, 47 (45): 1797-1803.

[8] RO H W, DOWNING J M, ENGMANN S, et al. Morphology changes upon scaling a high-efficiency, solution-processed solar cell[J]. Energy & Environmental Science, 2016, 9 (9): 2835-2846.

[9] ZHAO H, NAVEED H B, LIN B, et al. Hot hydrocarbon-solvent slot-die coating enables high-efficiency organic solar cells with temperature-dependent aggregation behavior[J]. Advanced Materials, 2020, 32 (39): 2002302.

[10] 杨春明, 洪春霞, 周平, 等. 一种液体刮涂成膜 GISAXS/GIWAXS/UV-Vis 同时测量的原位实验装置: 202211683802.8[P]. 2022-12-27.

[11] PARK B W, KIM J, SHIN T J, et al. Stabilization of the alkylammonium cations in halide perovskite thin films by water-mediated proton transfer[J]. Advanced Materials, 2023, 35 (13): 2211386.

[12] IGLESIAS-JUEZ A, BEALE A M, O'BRIEN M G, et al. Multi-technique *in situ* approach towards the study of catalytic solids at work using synchrotron radiation[J]. Synchrotron Radiation News, 2009, 22 (1): 22-30.

[13] BEALE A M, O'BRIEN M G, KASUNIC M, et al. Probing ZnAPO-34 self-assembly using simultaneous multiple *in situ* techniques[J]. The Journal of Physical Chemistry C, 2011, 115 (14): 6331-6340.

[14] FAN Y, LIU G, MIAO X, et al. Coaxial μSAXS/POM simultaneous measurement for microstructural characterization of one-dimensional and two-dimensional crystalline polymer[J]. Polymer Testing, 2022, 106: 107461.

[15] 姜晓明, 修立松. 同步辐射及其应用[M]. 北京: 北京科学技术出版社, 1996.

[16]　马礼敦，杨福家. 同步辐射应用概论[M]. 上海：复旦大学出版社，2001.

[17]　SHENG L，ZHAO Y，YANG G，et al. Heavy-ion radiography facility at the institute of modern physics[J]. Laser and Particle Beams，2014，32（4）：651-655.

[18]　FAN C，ZHAO Z. Synchrotron Radiation in Materials Science：Light Sources，Techniques，and Applications[M]. Weinheim：Wiley-VCH GmbH，2018.

[19]　HETTEL R. DLSR design and plans：an international overview[J]. Journal of Synchrotron Radiation，2014，21（5）：843-855.

[20]　ERIKSSON M，VAN DER VEEN J F，QUITMANN C. Diffraction-limited storage rings：a window to the science of tomorrow[J]. Journal of Synchrotron Radiation，2014，21（5）：837-842.

[21]　HITCHCOCK A P，TONEY M F. Spectromicroscopy and coherent diffraction imaging：focus on energy materials applications[J]. Journal of Synchrotron Radiation，2014，21（5）：1019-1030.

[22]　CHU W S，Zhang G，SUN Z，et al. Brief introduction of low-energy diffraction limited storage-ring-based synchrotron radiation and its applications[J]. High Power Laser and Particle Beams，2022，34：104006.

[23]　GARCíA-FERNáNDEZ A，SVANSTRöM S，STERLING C M，et al. Experimental and theoretical core level and valence band analysis of clean perovskite single crystal surfaces[J]. Small，2022，18（13）：2106450.

[24]　PHUYAL D，SAFDARI M，PAZOKI M，et al. Electronic structure of two-dimensional lead(Ⅱ)iodide perovskites：an experimental and theoretical study[J]. Chemistry of Materials，2018，30（15）：4959-4967.

[25]　COMIN R，DAMASCELLI A. Resonant X-ray scattering studies of charge order in cuprates[J]. Annual Review of Condensed Matter Physics，2016，7：369-405.

[26]　JIA C，WOHLFELD K，WANG Y，et al. Using RIXS to uncover elementary charge and spin excitations[J]. Physical Review X，2016，6（2）：021020.

[27]　QIAO R，LI Q，ZHUO Z，et al. High-efficiency in situ resonant inelastic X-ray scattering（iRIXS）endstation at the advanced light source[J]. Review of Scientific Instruments，2017，88（3）：033106.

[28]　CHUANG Y D，FENG X，GLANS-SUZUKI P A，et al. A design of resonant inelastic X-ray scattering（RIXS）spectrometer for spatial- and time-resolved spectroscopy[J]. Journal of Synchrotron Radiation，2020，27（3）：695-707.

[29]　YOUNG A T，ARENHOLZ E，MARKS S，et al. Variable linear polarization from an X-ray undulator[J]. Journal of Synchrotron Radiation，2002，9（4）：270-274.

[30]　LIU F，BRADY M A，WANG C. Resonant soft X-ray scattering for polymer materials[J]. European Polymer Journal，2016，81：555-568.

[31]　TUMBLESTON J R，COLLINS B A，YANG L，et al. The influence of molecular orientation on organic bulk heterojunction solar cells[J]. Nature Photonics，2014，8（5）：385-391.

[32]　COLLINS B A，COCHRAN J E，YAN H，et al. Polarized X-ray scattering reveals non-crystalline orientational ordering in organic films[J]. Nature Materials，2012，11（6）：536-543.

[33]　JIAO X，YE L，ADE H. Quantitative morphology-performance correlations in organic solar cells：insights from soft X-ray scattering[J]. Advanced Energy Materials，2017，7（18）：1700084.

[34]　DIAO Y，LENN K M，LEE W Y，et al. Understanding polymorphism in organic semiconductor thin films through nanoconfinement[J]. Journal of the American Chemical Society，2014，136（49）：17046-17057.

[35]　ZUKER M，SZABO A，BRAMALL L，et al. Delta function convolution method（DFCM）for fluorescence decay experiments[J]. Review of Scientific Instruments，1985，56（1）：14-22.

[36]　SHI X，BURDET N，CHEN B，et al. X-ray ptychography on low-dimensional hard-condensed matter materials[J].

Applied Physics Reviews, 2019, 6 (1): 011306.

[37] CARBONE D, KALBFLEISCH S, JOHANSSON U, et al. Design and performance of a dedicated coherent X-ray scanning diffraction instrument at beamline NanoMAX of MAX IV[J]. Journal of Synchrotron Radiation, 2022, 29 (3): 876-887.

[38] DZHIGAEV D, ZHANG Z, SALA S, et al. Three-dimensional coherent X-ray diffraction imaging of ferroelastic domains in single CsPbBr$_3$ perovskite nanoparticles[J]. New Journal of Physics, 2021, 23 (6): 063035.

[39] MARÇAL L A B, OKSENBERG E, DZHIGAEV D, et al. *In situ* imaging of ferroelastic domain dynamics in CsPbBr$_3$ perovskite nanowires by nanofocused scanning X-ray diffraction[J]. ACS Nano, 2020, 14 (11): 15973-15982.

[40] ACKERMANN W A, ASOVA G, AYVAZYAN V, et al. Operation of a free-electron laser from the extreme ultraviolet to the water window[J]. Nature Photonics, 2007, 1 (6): 336-342.

[41] EMMA P, AKRE R, ARTHUR J, et al. First lasing and operation of an ångström-wavelength free-electron laser[J]. Nature Photonics, 2010, 4 (9): 641-647.

[42] ISHIKAWA T, AOYAGI H, ASAKA T, et al. A compact X-ray free-electron laser emitting in the sub-ångström region[J]. Nature Photonics, 2012, 6 (8): 540-544.

[43] ALLARIA E, APPIO R, BADANO L, et al. Highly coherent and stable pulses from the FERMI seeded free-electron laser in the extreme ultraviolet[J]. Nature Photonics, 2012, 6 (10): 699-704.

[44] KANG H S, MIN C K, HEO H, et al. Hard X-ray free-electron laser with femtosecond-scale timing jitter[J]. Nature Photonics, 2017, 11 (11): 708-713.

[45] PRAT E, ABELA R, AIBA M, et al. A compact and cost-effective hard X-ray free-electron laser driven by a high-brightness and low-energy electron beam[J]. Nature Photonics, 2020, 14 (12): 748-754.

[46] ZHAO Z, WANG D, GU Q, et al. SXFEL: a soft X-ray free electron laser in China[J]. Synchrotron Radiation News, 2017, 30 (6): 29-33.

[47] DECKING W, ABEGHYAN S, ABRAMIAN P, et al. A MHz-repetition-rate hard X-ray free-electron laser driven by a superconducting linear accelerator[J]. Nature Photonics, 2020, 14 (6): 391-397.

[48] ZHANG W, ALONSO-MORI R, BERGMANN U, et al. Tracking excited-state charge and spin dynamics in iron coordination complexes[J]. Nature, 2014, 509 (7500): 345-348.

[49] ZHANG H, LI W, ESSMAN J, et al. Ultrafast relaxation of lattice distortion in two-dimensional perovskites[J]. Nature Physics, 2023, 19 (4): 545-550.

[50] GUZELTURK B, WINKLER T, VAN DE GOOR T W, et al. Visualization of dynamic polaronic strain fields in hybrid lead halide perovskites[J]. Nature Materials, 2021, 20 (5): 618-623.